求是智库
ZJU Think Tank

舟山群岛新区自由港研究丛书

丛书主编 罗卫东 余逊达

浙江海洋经济创新发展研究

Innovative Development of
Marine Economy in Zhejiang Province

以舟山为例

A Case of Zhoushan City

魏 江◎著

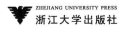

ZHEJIANG UNIVERSITY PRESS
浙江大学出版社

总　序
开启舟山"自由港"筑梦之旅

　　舟山群岛是中国第一大群岛,拥有 1390 个岛屿和 270 多千米深水岸线,历史上被誉为东海鱼仓和中国渔都。从地缘区位来看,舟山是"东海第一门户",地处中国东部黄金海岸线与长江黄金水道的交汇处,背靠长三角广阔腹地,面向太平洋万顷碧波,是我国开展对外贸易和交往的重要通道。从自然地理来看,舟山港域辽阔,岸线绵长,航门众多,航道畅通,具有得天独厚的深水港口和深水航道优势,是大型深水港及集装箱码头的理想港址。

　　舟山独特的地缘区位优势与自然地理优势,使它在 16 世纪上半叶就成为当时东亚最早、最大、最繁华的贸易港,汇聚了葡萄牙、日本等十多个国家的商人,呈现出自由贸易港的雏形。但后来由于倭寇入侵等原因,舟山成为海盗、海商与朝廷对抗的地方。明朝开始实行的"海禁"政策,使舟山的区位优势和地理优势未能转化为支撑舟山经济发展的产业优势。鸦片战争期间,那些来到舟山的侵略者也赞叹它优越的地缘区位和自然禀赋。一名英国海军上校在信中就曾这样写道:"舟山群岛良港众多……如果英国占领舟山群岛中的某个岛屿,不久便会使它成为亚洲最早的贸易基地,也许是世界上最早的商业基地之一……其价值不可估量。"然而,晚清政府孱弱无能,舟山的岛屿价值和港口优势并没有得到应有的重视和开发。因此,在近代中国百年历史中,舟山一直以"渔都"存在着,无人梦及"自由港"。

新中国成立后特别是改革开放政策实施以来,舟山开始焕发勃勃生机,它的地缘区位优势与自然地理优势也受到广泛关注。随着改革开放的深化,2011 年 6 月 30 日,国务院正式批准设立浙江舟山群岛新区,舟山成为我国继上海浦东、天津滨海和重庆两江之后设立的第四个国家级新区,也是首个以海洋经济为主题的国家级新区,舟山群岛的开发开放上升成为国家战略。2013 年 1 月 17 日,国务院批复了《浙江舟山群岛新区发展规划》,明确了舟山群岛新区的"三大定位"(浙江海洋经济发展先导区、全国海洋综合开发试验区、长江三角洲地区经济发展重要增长极)和"五大目标"(我国大宗商品储运中转加工交易中心、东部地区重要的海上开放门户、重要的现代海洋产业基地、海洋海岛综合保护开发示范区、陆海统筹发展先行区),舟山的国家战略使命更加清晰。而后,随着我国"一带一路"倡议的提出,2014 年 11 月,李克强总理在考察浙江期间指出,舟山应成为 21 世纪海上丝绸之路的战略支点。殷殷期许承载了多少历史的蹉跎、时代的重托。

根据国际经验和中国的发展目标及具体情况,我们认为,实现舟山的战略使命,关键在于利用舟山的地缘区位优势与自然地理优势,把舟山创建成中国内地首个自由贸易港区。这既是舟山对国务院提出的"三大定位"、"五大目标"的深入贯彻,也是舟山"四岛一城一中心"建设目标的突破口和核心环节,更是我国发展海洋经济、创建国际竞争新优势的重大举措。

把舟山创建成中国内地首个自由贸易港区,其技术路线图大致是:从综合保税区到自由贸易园区,再到自由港区。具体而言,第一步,建设综合保税区,让舟山先拥有传统的海关特殊监管区。第二步,选择合适的区域建设舟山自由贸易园区,实行国际通行的自由贸易园区政策,实现贸易自由、投资自由、金融自由和运输自由,使之成为中国内地经济活动自由度最高、最活跃的地区。第三步,争取将舟山全境建设成自由港区,实现贸易和投资自由化,成为能与德国汉堡、荷兰鹿特丹、新加坡、中国香港等相媲美的自由港。

　　自由港作为国际通行的一国或地区对外开放的最高层次和最高形态，其建设内容是多方面的，比如推动建立完备的自由贸易区法律体系，建立简洁高效的自由贸易区管理体制，逐步放开海关监管、提高海关工作效率，促进金融制度改革等。同时，这些改革举措如何与国家的宏观制度环境相契合，也需要认真考量和应对。这就需要我们从国家战略的角度，先期进行科学的理论研究和顶层设计。基于这样的思路，从 2013 年开始，浙江大学社会科学研究院设立"浙江大学文科海洋交叉研究专项课题"，组织金融、管理、贸易、法律、生态等相关领域的专家学者，一方面研究借鉴国内外相关经验，一方面深入舟山进行调查研究，多领域、多角度、多层次地提出问题和分析问题，进而为舟山群岛新区"自由港"建设提供理论论证和决策咨询建议。现在，我们将成果结集为"舟山群岛新区自由港研究丛书"，并作为"求是智库"系列丛书之一献给大家，以响应我国"一带一路"倡议和海洋强国战略建设的伟大号召。

　　是为序。

余逊达

2016 年 12 月 8 日

前　言

　　回顾西方国家发展历程,在 15 世纪,偏居欧洲大陆西南角的葡萄牙和西班牙,虽面积不大,但依靠一流的造船技术,培养了一大批一流的航海家,建立了世界上一流的船队,开辟了从大西洋往南绕过好望角到达印度的航线,首开向未知海洋探索的先河。1492 年,哥伦布的船队代表西班牙抵达了美洲,在 1522 年,当承载麦哲伦遗志的"维多利亚号"返抵西班牙塞维利亚港时,人类历史上首次环球航行宣告胜利,原先割裂的世界被环球航行中的数次地理大发现连接成了一个整体。由此,葡萄牙和西班牙这两个第一代世界性大国诞生。

　　尽管葡萄牙和西班牙进入 18 世纪之后逐渐衰落,但历史昭示未来。葡萄牙和西班牙这两个国土面积、人口数量、陆地资源等都不具有任何优势的国家,为什么能够开启人类历史大幕,成为第一代世界性大国?因为它们以世界一流的造船技术及强大的航海能力,伴随着一代代航海家披荆斩棘、远渡重洋和随之而来的数次地理大发现,开拓了海外市场,积累了生产资料,推动了国家生产水平、科技水平、经济水平的提升。

　　几百年过去了,神秘的海洋可以说还是一片待开垦的处女地。随着海洋经济时代大幕的徐徐拉开,世界各国开始注意到海洋已经成为它们无论如何也不能忽视的必争之地,"谁控制了海洋,谁就能控制世界"已经被各国十分深刻甚至是痛彻心扉地领悟。当历史的车轮驶入 21 世纪,世界各国纷纷开始制定雄心勃勃的海洋经济发展计划。发展海洋经济已成为 21 世纪的一个重要主题。例如,美国已经明确指出海洋是地球上"最后的开辟疆域",未来 50 年要从外层空间转向海洋。早在 2012 年,美国海洋经济总量就达到了 3430 亿美元(去掉通货膨胀的影响),占美国当年 GDP 总值的 10.5%,共创造了 290 万个工作岗位,超过了种植业、电信业、建筑业所创造工作岗位的总和。英国则把发展海洋科学作为 21 世纪的一次革命。日本更是将海洋视为其发展的命脉,大力推行"海洋立国",海洋开发经费逐年增加,海洋开发向社会各领域全方位推进。

综观我国,人口众多,人均土地及各种自然资源十分匮乏,海洋之于我国的意义,相比其他国家有过之而无不及。大力发展海洋经济、成为海洋强国是"中华民族伟大复兴"必不可少的条件。然而,和世界海洋强国相比,我国过去对海洋经济的重视程度较低,直到改革开放之后,我国海洋经济才逐渐呈现出平稳发展的趋势。"十一五"期间是我国海洋经济转型和快速增长的重要阶段,海洋高新技术产业开始形成并获得较快发展。"十二五"期间,发展海洋新兴产业成为我国经济结构调整和增长方式转变的重要手段。2012 年,党的十八大报告明确要求"提高海洋资源开发能力,发展海洋经济,保护海洋生态环境,坚决维护国家海洋权益,建设海洋强国"。"十三五"规划则首次以"拓展蓝色经济空间"之名单列一章,对我国海洋经济的发展进行部署,具体指出"深入推进山东、浙江、广东、福建、天津等全国海洋经济发展试点区建设"。可以说,经过几代人的不断探索与实践,我国已经勾勒出了海洋经济创新发展的雄伟蓝图。

浙江具有得天独厚的地理优势、丰富的海域资源及重要的经济地位,因此,在这一雄伟蓝图中,浙江被列为我国深入推进海洋经济发展的重要试点区。为此,国务院于 2011 年 3 月正式批复了《浙江海洋经济发展示范区规划》,这是我国第一个海洋经济发展示范区规划,也是新中国成立后浙江省第一个国家级经济发展规划,这意味着浙江向海洋经济时代迈进的大门已经洞开,建设好浙江海洋经济发展示范区关系到我国实施海洋发展规划和完善区域发展总体规划的全局。《浙江海洋经济发展示范区规划》的定位是:把浙江建设成我国大宗商品国际物流中心、海洋海岛开发开放改革示范区、现代海洋产业发展示范区、海陆统筹协调发展示范区和生态文明及清洁能源示范区。在《浙江海洋经济发展示范区规划》中,舟山群岛被列为海洋综合开发试验区,国务院于 2013 年 1 月 23 日又正式批复《浙江舟山群岛新区发展规划》,全力打造国际物流岛,建设海洋综合开发试验区,探索设立舟山群岛新区,这对于促进浙江海洋经济创新发展有着极其重要的意义。

　　国家的宏观政策为浙江海洋经济创新发展提供了重要的历史机遇。如何充分把握国家的相关政策,同时立足浙江海洋经济的现实情况,构建出具有浙江特色的海洋经济创新发展模式已经成为浙江必须解决的重大问题。通过前期大量的调研、咨询与文献研究,我们发现构建浙江海洋经济创新发展模式需要重点从三个层面思考。一是区域层面:分析浙江海洋经济创新发展的现状,明确浙江海洋经济创新发展的总体思路,重点阐明东方价值大港以及舟山群岛新区在浙江海洋经济区域创新发展中的先导作用。二是产业层面:明晰浙江核心临港产业的发展模式,对具有重要意义的海洋新兴产业进行重点关注,提出打造浙江海洋经济产业生态系统的思路和产业生态化发展模式。三是政策层面:围绕创新发展主线,针对浙江海洋产业生态化发展的体制机制问题,提出较系统的政策建议。

　　遵循以上思路,本书在系统分析世界主要海洋强国,以及我国主要沿海省份海洋经济发展布局的基础上,充分考虑浙江省海洋经济的现状,依据战略管理、创新管理、产业经济的相关理论,综合运用文献研究法、数据分析法、案例研究法、比较研究法等多种研究方法,以"区域创新发展—产业创新发展—体制机制创新发展"为线索,通过四篇十五章,系统地构建出了"三位一体"的浙江海洋经济创新发展模式,给出了相应的政策建议与保障措施,以期为浙江抓住海洋经济创发展的重大历史机遇提供理论支撑与实践指导,同时为我国其他沿海省份推动海洋经济创新式发展提供示范。

目　录

第四篇　舟山群岛新区海洋产业创新发展

第一篇

国内外海洋经济发展概况

第一章
绪　论

一、海洋与海洋经济

海洋是地球上最大的水体地理单元,具有丰富的生物、石油、矿产、水资源,以及清洁型可再生能源,在世界经济体系中的地位举足轻重。海洋也是地球上最大的政治地理单元,古罗马政治家西塞罗曾经说过,"谁控制了海洋,谁就能控制世界"。纵观世界历史,不难发现所有世界性大国——葡萄牙、西班牙、荷兰、英国、美国等的崛起,几乎都和海洋有着密切的关系,因此随着海洋科学技术的不断进步,世界各国纷纷推出海洋发展规划,蓝色经济已经成为全球兴起的新型经济模式。

从广义上讲,海洋经济涵盖多个产业,包括以开发海洋资源和依赖海洋空间而进行的生产活动,以及直接或间接为开发海洋资源及空间配套的相关服务性产业活动,例如海洋渔业、海洋交通运输业、海洋船舶工业、海盐业、海洋油气业、海洋服务业等。

和世界海洋强国相比,我国历史上对海洋经济的重视程度相对较低,但改革开放以来,海洋经济长期保持平稳快速发展。"十一五"期间是我国海洋经济转型和快速增长的重要阶段,一些对国民经济可持续发展具有重要意义的海洋高新技术产业开始形成并获得较快发展;"十二五"期间,海洋新兴产业的培育和发展已成为我国经济结构调整和增长方式转变的重要手段;"十三五"规划首次以"拓展蓝色经济空间"之名单列一章,对我国海洋经济的发展做出规划,并明确指出要"深入推进山东、浙江、广东、福建、天津等全国海洋经济发展试点区建设"。未来,世界性、大规模开发利用海洋资源将成为国际竞争的主要内容,走好海洋经济这步棋,充分发挥所拥有的海洋资源优势,把握好全球海洋经济发展的机遇,是未来我国经济发展获取新动力的关键所在,也是浙江省深入落实国家"十三五"规划精神、抓住海洋经济发展窗口期必须解决的重大问题。

二、海洋新兴产业的现状

海洋新兴产业是指在未来较长时间内,以海洋高新科技为基础,以海洋高新科技成果产业转化为核心,具有重大发展潜力和广阔市场前景,拥有较大带动和渗透能力,可以有力增强国家海洋开发能力并事关国民经济发展全局的未来支柱产业和海洋主导产业。海洋新兴产业的成败密切关系着在我国经济版图上具有明显比较优势的东部沿海地区的产业结构优化和经济发展方式转型的成败。海洋新兴产业具有新兴成长性、科技先导性、友好和谐性和主体协作性等特征。发展海洋新兴产业具有重要意义。

1. 资源储量巨大

地球海洋总面积约为3.6亿平方公里,约占地球表面积的70.8%。海洋是尚未充分开发利用的巨大资源宝库和环境空间,被称为人类可以开发利用的"第六大洲"。海水约占地球上总水量的97%,既可淡化为淡水,又可以用于提取多种化学元素,还可以作为工业冷却水使用。目前已知的海洋生物种类占据地球生物的80%以上,预计实际数量在这个数字的10倍以上。这些海洋生物资源不但自古以来是人类饮食中蛋白质的重要来源,还为人类提供了丰富的医学原料和工业原料。探测结果表明,世界石油可采储量约为3000亿吨,其中海底储量为1350亿吨。海洋中还有丰富的天然气资源,仅我国东海平湖油气田就拥有天然气储量 260 亿立方米。世界各大洋海底金属结核(锰结核)有 3 万亿吨,其中锰、铜、镍、钴等分别为陆地储量的几十倍乃至几千倍。以当今的消费水平估算,这些锰可供全世界用 3.3 万年,镍可供人类用 25.3 万年,钴可供人类用 2.15 万年,铜可供人类用 980 年。

2. 政治意义重大

海洋新兴产业具有显著的政治特征,对于维护国家海洋权益,占有公海和国际海底区域海洋资源份额,拓展国家发展空间,在国际竞争中占据优势地位具有重要意义。海洋可划分为领海、专属经济区、大陆架、公海和国际海底区域等 5 个法律地位不同的政治地理区域。其中,公海和国际海底区域约 2.5 亿平方公里,是全人类的共同财产,在全球人口压力巨大、资源能源短缺、生存环境恶化等危机下,海洋的地位尤为突出。发展海洋新兴产业,可以有效缓解这些危机,为沿海国家的可持续发展提供新机遇和新空间,同时也可以为人类生存与发展提供最后的地球空间。

3. 国际竞争激烈

美国把海洋作为地球上"最后的开辟疆域",确定其未来 50 年发展重心将从外层空间转向海洋,抢占蓝色经济发展制高点;俄罗斯强调恢复其海洋强国地位,依托科技打造海洋军事和航运强国;日本全面推进海洋强国,预计 21 世纪内在近海建造 2500 座"海上城市";加拿大、越南、印度、韩国,以及欧盟等国家和地区也纷纷推出海洋发展策略,海洋已然成为全球新一轮发展竞争的前沿阵地。发展海洋新兴产业不仅需要科技支撑,还要和其他国家争夺有限的公海和国际海底区域资源,时间的紧迫性、空间的有限性和地位的重要性使得这一竞争显得尤为激烈,发展海洋经济直接关系到国家安全和各国未来在全球的竞争实力。

三、海洋新兴产业的重点发展领域

2010 年 10 月 10 日,国务院发布《国务院关于加快培育和发展战略性新兴产业的决定》(国发〔2010〕32 号),该文件从我国国情和科技基础出发,在现阶段选择了节能环保、新一代信息技术、生物、高端装备制造、新能源、新材料和新能源汽车等七个重点产业领域集中力量,加快推进。根据《国务院关于加快培育和发展战略性新兴产业的决定》的具体内容,我们对新兴产业进行了细化,见表 1.1。

表 1.1　新兴产业分类和相关领域

产业分类	相关领域
节能环保产业	节能技术装备及产品,资源循环利用关键共性技术,环保技术装备及产品,废旧商品回收利用,煤炭清洁利用,海水综合利用
新一代信息技术产业	新一代移动通信、下一代互联网核心设备和智能终端,三网融合、物联网、云计算,集成电路、新型显示、高端软件、高端服务器,基础设施智能化,文化创意产业
生物产业	生物医药产业,生物医学工程产品,生物育种业,生物制造关键技术,海洋生物技术及产品
高端装备制造产业	航空装备,空间基础设施、卫星及其应用,轨道交通装备,海洋工程装备,智能制造装备
新能源产业	核能产业,太阳能产业,风电产业,智能电网,生物质能产业
新材料产业	新型功能材料,先进结构材料,高性能纤维及其复合材料,共性基础材料
新能源汽车产业	插电式混合动力汽车、纯电动汽车,燃料电池汽车

资料来源:国务院.国务院关于加快培育和发展战略性新兴产业的决定,2010.

结合对《国务院关于加快培育和发展战略性新兴产业的决定》中七大重点产业的细化分析、我国海洋经济产业的分类标准、世界海洋科技发展趋势,以及我国海洋产业发展现状,海洋新兴产业的重点发展领域主要包括海洋高端装备制造业、海水综合利用业、海洋生物医药业、海洋新能源产业、海洋勘探开发业和海洋现代服务业六大产业门类,见表 1.2。

表 1.2 海洋新兴产业的重点发展领域

海洋新兴 产业类别	短期重点发展领域（10～20 年）	中长期重点发展领域
海洋高端装备制造业	海上油气钻井平台、深潜器、大型特种船舶、海洋风力发电设备	大型海上漂浮式作业平台、海洋能电力设备、深海金属矿产开采设备
海水综合利用业	海水淡化、海水直接利用、海水提溴、海水提镁	海水提铀
海洋生物医药业	海洋生物药品、海洋功能性食品、海洋生物育种、海洋生物基因技术、海洋生物材料	深海生物基因技术、深海养殖业
海洋新能源产业	海洋风能、海洋潮汐能、海流能	海洋波浪能、温差能产业
海洋勘探开发业	深海油气开采	多金属结核、富钴结壳、海底热液硫化物开采
海洋现代服务业	海洋交通运输业、滨海旅游业、海洋资源循环利用、海洋污染防治、近海生态系统修复技术	深海生态环境保护与修复技术

1. 海洋高端装备制造业

海洋高端装备制造产业是指利用金属和非金属材料制造海洋探测、运输、生产等高新技术装备的生产活动。随着海洋开发的不断深入，资源开发呈现出由近海向远洋、由浅海向深海的发展趋势，因此海洋开发对海洋高端装备的需求不断加大，例如，海洋油气开发对海洋大型钻井作业平台的需求、海洋能开发对海洋电力设备的需求等都在持续增加。海洋高端装备制造业有着广阔的产业发展空间。

海洋高端装备制造业的产业关联性也较强，对于海洋油气产业、海洋交通运输业、海洋新能源产业等都具有强大的支撑带动作用。因此，对海洋高端装备制造业要重点部署，合理规划，加快推进。在短期内配合相关海洋产业重点发展海上油气钻井平台、深潜器、大型特种船舶、海洋风力发电设备等，中长期要着眼于大型海上漂浮式作业平台、海洋能电力设备、深海金属矿产开采设备等尖端科技领域。

2.海水综合利用业

海水综合利用业是指通过利用海水,实现海水淡化和海水化学元素提取的产业活动,主要包括三个领域:一是海水淡化,二是海水直接利用,三是海水化学资源的综合利用和深加工。

经过十多年的发展,我国海水综合利用业已初见成效,但仍处于产业发展的初级阶段。鉴于我国淡水资源严重短缺的现实问题,海水淡化和海水直接利用应该是近期海水综合利用业的发展重点,加快其高效化、低能化和规模化发展最为重要,同时也要积极改进海水提溴、提镁技术;中长期要突破海水提铀技术,为核电发展奠定资源基础。

3.海洋生物医药业

海洋生物医药业是指以海洋生物为原料或提取生物活性物质、特殊生物基因等有效成分,进行海洋药物、功能食品、生物材料等生产加工和制造,以及对生物品种进行改良和培育的活动。海洋生物资源的开发利用已经成为医药界的热点,目前海洋医药着重于海洋抗癌药物、海洋心脑血管药物、海洋抗菌抗病毒药物、海洋消化系统药物等领域的研究。拥有良好性能的海洋生物医药品、海洋功能食品、海洋生物新材料产品可以创造出巨大的海洋生物产品市场,市场潜力巨大。

21世纪,我国海洋生物医药业将迎来快速发展的"黄金时代"。短期内,海洋生物药品、海洋功能性食品、海洋生物育种、海洋生物基因技术、海洋生物材料等领域都要加快推进,并力求掌握核心技术知识产权;中长期则要大力发展深海生物基因技术,加快建立深海养殖、深海生物基因等深海生物产业。

4.海洋新能源产业

海洋新能源产业是指利用海洋风能和其他海洋能进行电力生产及相关设备制造的生产活动。狭义的海洋能包含潮汐能、波浪能、海流能、海水温差能、海水盐差能等,广义的海洋能还包含风能、太阳能和海洋生物质能等。

海洋新能源具有绿色环保、永续性和可再生性等明显优势,发展海洋新能源产业是人类面临资源与环境危机时必需的选择。短期内,技术相对成熟且具有一定产业基础的海洋风能发电将会获得快速发展。另外,还要重视海洋潮汐能和海流能发电,注重海洋新能源开发与海水综合利用业的结合,其中长期重点发展领域应该是海洋波浪能和温差能发电。

5.海洋勘探开发业

海洋勘探开发业是指对石油、天然气、金属矿产和其他地质矿产资源的勘探开采活动。从完整的产业链来看,还应该包含相关产品及服务业,如钻井服务、油田技术服务、船舶服务、物探勘察服务等。

石油、天然气、重要金属矿产等资源危机的不断加深,给海洋勘探开发业带来了广阔的市场需求和发展前景。现阶段,我国深海石油开发仍然处于孕育阶段,迫切需要重点发展。深海金属矿产资源开发在全球范围内都处于孕育阶段,我国要加快深海金属矿产资源开发的技术储备,尽早在公海和国际海底区域开展以多金属结核、富钴结壳、海底热液硫化物为主的深海金属矿产资源开发,为中国的海洋发展之路奠定基础。

6.海洋现代服务业

海洋现代服务业是指生产或提供各种服务的海洋领域经济部门及各种涉海企事业单位的集合,包含海洋交通运输业、滨海旅游业、海洋科研教育管理服务业等。我国海洋经济已经进入以第三产业为主导的高级转化阶段,因此积极发展现代海洋服务业、扩张总量规模、优化海洋产业结构、丰富海洋服务门类是未来我国海洋新兴产业的必然发展趋势。

现阶段尤其要抓住海洋现代服务业国际转移的关键性机遇,推进海洋第二、第三产业齐头并进发展,在国际海洋经济的竞争中取得优势地位。以海洋交通运输业为例,在其作为全球经济运行"血脉"至少50年不会改变的背景条件下,我国要积极争取东北亚枢纽港地位,并且应该充分意识到,现阶段各港口之间的竞争已经不再是自然条件的竞争,而是服务水平的竞争。

加强海洋生态环境保护,恢复和维持海洋生产力也是海洋现代服务业的重要内容。在发展海洋新兴产业的初期,要整合政府、研究机构和社会团体的信息与人力资源,从海洋环境容量等角度合理规划海洋产业的发展,积极促成近海生态环境技术服务体系的建立和发展,争取在短期内重点突破海洋资源循环利用技术、海洋污染防治技术、近海生态系统修复技术,中长期要由近海向深海、远洋发展,开展深海生态环境保护与修复活动。

四、研究目标、研究框架和内容

1. 研究目标

浙江省是我国重要的沿海省份,海洋产业类型齐全,资源丰富。浙江省海洋能蕴藏丰富,能够开发的潮汐能可装机容量约占全国的 40%,可供开发的海洋能居全国首位,潮流能占全国一半以上,其利用潜力非常大。

国务院于 2011 年 3 月正式批复《浙江海洋经济发展示范区规划》,它的定位是:把浙江建设成我国大宗商品国际物流中心,大力发展海洋新兴产业、海洋海岛开发开放改革示范区、现代海洋产业发展示范区、海陆统筹协调发展示范区和生态文明及清洁能源示范区。基于此,浙江海洋经济发展示范区建设受到国家高度重视,建设好浙江海洋经济发展示范区直接关系到我国海洋经济的全局发展。

故而,我们以深入落实《浙江海洋经济发展示范区规划》的重要精神和国务院的重要指示为着眼点,在系统分析世界主要海洋强国及我国主要沿海省市海洋经济发展经验的基础上,充分考虑浙江省海洋经济的现状,以"区域创新发展—产业创新发展—体制机制创新发展"为主线,系统地构建出一整套"三位一体"的浙江海洋经济创新发展模式,并给出相应的政策建议与保障措施,为浙江实现海洋经济创新驱动发展提供理论支撑与实践指导,同时为我国其他沿海省份推动海洋经济创新式发展提供示范。

2. 研究内容

第一篇"国内海洋经济发展概况",首先对海洋经济的内涵和重要意义进行阐述,着重分析海洋新兴产业的内涵、特征、选择范围和重点发展领域。随后,分别对世界主要海洋强国,以及我国主要沿海省份的海洋经济发展现状进行分析,总结经验,挖掘其中潜藏的发展机遇或者问题。

第二篇"浙江海洋经济创新发展",依据区域创新系统理论和创新驱动的相关理论,对浙江海洋经济创新发展现状进行分析,构建浙江海洋经济区域创新发展的模式,勾勒出浙江海洋经济创新发展的总体思路。

第三篇"舟山海洋经济创新发展研究",基于集约化发展与绿色化发展理论,对舟山临港产业进行典型案例分析,在此基础上,构建集约化发展与绿色化发展的舟山临港产业生态体系,进一步对舟山群岛新区海洋新兴产业的基本情况和产业选择进行分析,重点对舟山群岛新区的水产品加工业、船舶工业与海洋工程装备制造业、滨海旅游业等产业进行分析。

第四篇以舟山群岛新区为研究对象,以实现海洋产业生态化为目标,探讨推动海洋产业生态化发展的体制机制,并从产业、科技、金融、人才、公共管理五个方面,给出了使这些体制机制能够充分发挥效用的对策建议。

第二章
世界各国海洋经济发展概况

近年来,随着新兴产业的不断发展,海洋资源的开发利用越来越受到世界各国的重视,传统海洋强国日本的海洋经济产值已占该国 GDP 的 14%,新兴海洋经济强国挪威通过开发海洋石油,迅速成长为北欧富国之一,其国家财政的 70% 来自于海洋经济。研究美国、英国、挪威、日本、新加坡等主要海洋经济强国的海洋新兴产业的发展现状、重要举措、布局及未来发展趋势,并总结他们的经验教训,将给中国海洋新兴产业的发展带来诸多重要启示,也可为舟山市海洋经济发展规划提供重要的参考依据和借鉴思路。

第一节　美国海洋经济发展概况

一、美国海洋新兴产业发展现状

美国海洋经济的规模相当可观,80% 的 GDP 受到海岸地区的驱动,海洋经济给美国提供了 75% 的就业率。其中滨海旅游业贡献最大,提供了 75% 的海洋产业就业率和 51% 的 GDP 贡献率;矿产业和生物资源业属于高附加值产业,其 GDP 贡献率明显高于所提供的就业率;而增速最快的产业为交通运输业①。因此,美国海洋经济呈现两大特征:一是滨海旅游业(旅游娱乐业)属于低附加值海洋经济支柱产业,提供了最高的就业率,人均 GDP 贡献量却最低;二是交通运输业是高附加值的未来海洋经济支柱产业,其 GDP 增长率最高,就业率却呈下降趋势,主要是装卸、存储等服务设备的升级换代导致可吸纳就业人数大幅度降低。

1. 海洋高端装备制造业

海洋高端装备制造业主要包括两个产业:一是海洋建筑业。中心区域是油气产业区,新兴区域为人工岛和海上机场。美国海上建筑主要活动区为石油平台、港口和滨海电站,尤其与海上油气业务活动密切相关。近年,随着海洋空间利用科技的发展,人工岛、海上机场建设项目逐渐活跃,例如,纽约的拉瓜迪亚海上机场等。二是修造船业。美国造船业曾经十分发达,但由于国际市场的激烈竞争,美国造船成本相对过高,被迫逐渐淡出商用船制造,但在军用船建造方面仍保持世界领先水平,由于海军船舶制造技术复杂、附加值高,其产值有较大增加。

2. 海水淡化产业

海水淡化产业起步很早,始终保持世界领先水平。1954 年,世界上第一个海水淡化工厂在美国建成,现仍在运转;美国海水淡化产业最发达地区是加州,约有 20 多个海水淡化工厂,包括一所世界上最大的海水淡化工厂;2010 年,美国麻省理工学院利用纳米技术开发出手持海水淡化装置,为海水淡化技术的普及铺平了道路,代表着目前国际海水淡化的新技术与新思路。

3. 海洋生物医药产业

这一产业的产业链完整,处于国际领先地位。美国在海洋抗肿瘤药物、抗心血管病药物等领域均取得了突破性进展;美国辉瑞、美国施贵宝等国际知名生物技术公司和医药企业纷纷投入海洋药物研发和生产,并取得了丰硕成果;美国国家科学基金会海洋科学分会制定了海洋生物技术计划,用于研究海洋增养殖和国防相关的高新技术。

① 宋炳林.美国海洋经济发展的经验及对我国的启示.吉林工商学院学报,2012(1):50-52.

4. 海洋新能源产业

技术领先国际，多元化开拓发展。美国是世界上第一个从海洋温差能中获得实用电力的国家，他们在夏威夷建成可产生淡水、进行空调制冷和强化海水养殖的温差能发电站；在墨西哥海流上放置了一艘海流发电船；2011年，在洪堡湾运行了5个商业化波浪能发电装置。美国电力研究机构预测：水动力能源将在未来满足美国10％的能源需求。

5. 海洋勘探开发业

海洋勘探开发业包括两个产业。一是海洋油气业。它由企业出资，政府管理，共同推动科技进步。"海洋石油业合作计划"由阿莫科（Amoco）等美国知名石油公司联合出资设置，吸引相关科研人员开展海上石油勘探等技术研究，国家标准与技术研究所负责科研管理，仅轻型高级合成管状构件商品化开发成功，预计市场产值就在30亿美元以上。二是海洋环境监测业。政府投入巨资，持续不断提升海洋监测水平。2000—2002年，美国每年增拨400万美元建设立体海洋监测网，发射海洋地形卫星贾森卫星（Jason卫星）和地球观测第一颗下午星（Aqua）平台，加强海洋水色遥感项目；2009年美国国家科学基金会与海洋领导协会签署合作协议，共同构建海底观测网络；2010年，美国综合海洋观测系统投入使用。

6. 海洋现代服务业

一是滨海旅游业。这一行业成熟，增长稳定，是海洋支柱产业。美国大部分主要城市都位于海岸带，滨海旅游业开发已经十分成熟，呈现稳定增长态势，沿海的保护性公园和休闲胜地，更是其他国家难以比拟的资源；滨海旅游业中餐饮业和旅馆业发展最快，占有全产业92％的就业和85％的GDP。二是海洋运输业。它是典型的就业增长率低，GDP增长率高的高附加值产业。美国高度依赖海洋运输业，95％的对外贸易和37％的贸易额通过海洋交通运输实现。

二、美国海洋新兴产业发展与政策

1. 美国21世纪海洋政策演化

21世纪之前的美国海洋政策制定于1969年。在国际海洋新形势推动下,美国于 2000 年成立国家海洋政策委员会,重新审议和制定美国的海洋政策,经过 9 次地区性会议,18 次实地考察,16 次听证会,发布了《美国海洋政策初步报告(草案)》,在倾听社会各界修改意见后,于 2004 年 9 月,正式向总统和国会提交国家海洋政策报告,名为《21 世纪海洋蓝图》。该蓝图的原则:一是海洋管理基于生态系统而非边界行政系统;二是建立新的国家海洋政策决策机制和相关协调机制;三是提高海洋科学水平,确保使用科学方法开发和保护海洋;四是加强国民海洋教育,培养新一代海洋事务领导人。蓝图包括九大主体内容,即海洋是国家财产的重要组成部分;加强国家海洋管理,促进地方协调;推动终身海洋教育;着重加强海岸带管理;建立国家水质监测网络;加强海洋资源保护;促进海洋科研机构发展;积极参与国际海洋事务;对美国新国家海洋政策的实施提供有力资金支持。在蓝图基础上,美国于 2004 年 12 月公布了《美国海洋行动计划》作为实施海洋蓝图的具体措施,成立了一个内阁级的海洋政策委员会,设在总统行政办公室,职责是为政府提供意见,指导海洋和沿岸管理建议的落实,协调各州和联邦相关法规等。

2.美国海洋新兴产业的政策与措施

一是建立联邦政府与民间企业的伙伴关系。30 多个海洋机构组成的"海洋联盟"是上述伙伴关系的组织保证,由全国海洋资源技术总公司组织重大项目研究,公司可以从政府获得有限的项目启动种子资金。二是设置小行业革新计划,加速科技成果转化。小行业发展法规定,联邦政府部门至少拨出预算的 2% 作为全国小行业"革新"应用研究经费,联邦政府参加计划的部门目前每年总预算已接近 10 亿美元。这一计划为萌芽期的海洋新兴产业利用联邦政府科研经费进行科技成果商业化开发提供了机会。三是建立健全的技术转让机制。美国的技术转让机制包括全国技术转让中心、联邦政府实验室财团、"合作研究与发展协议"数据库,健全的技术转让机制为科研成果转化提供有力保障。四是金融系统支持。具体做法包括,增加政府财政拨款,每年投入超过 500 亿美元到海洋新技术开发和产业化领域;建立海洋信托基金改进海洋管理工作,资金来源是海洋使用费;加大海洋教育投资,包含高等海洋教育和中小学教育;完善海洋保险制度,没有投海洋环境污染责任保险,不能取得海洋工程合同。五是兴办海洋科技园,孕育海洋高新技术产业。美国已在密西西比河口区和夏威夷开办了两个海洋科技园。前者主要研究将军事和空间领域技术向海洋空间转移;后者主要致力于海洋热能转换技术的开发和市场开拓,同时从事海洋生物、海洋矿产、海洋环境保护等领域的技术产品开发。

三、美国海洋经济存在的问题

1. 沿海城市区域扩展

海洋经济的迅速发展,带来了沿海城市人口增加、农业污染、海洋和海岸带环境质量下降等问题。这些问题如果进一步深化还会影响海洋和陆地气候,造成海洋生物资源及其栖息地被破坏等更为严重的问题,这些问题都严重制约了美国海洋经济的进一步发展,并成为美国海洋城市区域扩展的巨大障碍。

2. 交通运输业遭遇就业瓶颈

美国海洋交通运输业发展迅速,对于 GDP 贡献率越来越高,但随着物流产业技术进步,货物装卸、仓储等环节对劳动力的需求锐减,这个发展迅猛的新兴产业呈现产值迅速提升,就业率却明显下降的尴尬局面,无法有效缓解美国失业率过高的状况。

3. 土地利用规划的冲突

滨海旅游业的增长需要保证季节性人口高峰的住宿,而且也需要集中开发零售、餐饮等服务设施,这些都是占用土地面积极大的开发项目。但相对内陆地区,沿海地区土地资源十分有限,如何妥善解决土地规划利用的矛盾冲突,是沿海州市重点研究的问题。

4. 滨海旅游业对传统海洋产业的冲击

滨海旅游业正逐步取代海洋渔业等传统优势海洋产业,但传统海洋产业仍具有其重要性,例如海洋渔业是沿海州市食物的重要来源之一,不能完全依赖国外进口。而滨海旅游业等海洋新兴产业对传统海洋产业造成了巨大冲击,在产业并行时也会引发海域使用等矛盾冲突,这一点在乡村沿海经济中表现尤为尖锐。

四、总结

1.海洋规划高瞻远瞩,海洋综合管理全面实施

进入 21 世纪后,美国先后出台了《21 世纪海洋发展规划》《21 世纪海洋蓝图》《美国海洋行动计划》《规划美国今后 10 年海洋科学事业》等十几项海洋规划,贯穿始终的规划原则是:实施基于海洋生态系统的管理方法,实现海洋经济的可持续发展。高瞻远瞩的海洋规划体系,使美国海洋经济逐渐走向经济效益和社会效益双重实现的良性发展轨道。内阁级的海洋政策委员会,设在总统行政办公室,其成员包括国务院国务卿,国防部、内务部等各部部长,是海洋综合管理在美国全面实施的重要标志。旨在解决各部门矛盾冲突的海洋经济协调机构随后建立,是海洋综合管理能够顺利实施的重要保障。

2.强制性制度变迁,创新式产业政策

《21 世纪海洋蓝图》的制定和海洋政策委员会的成立,是因为政府意识到在国际新形势下,必须制定更有意义的海洋发展政策,以推动海洋事业发展,因此进行了一步到位的强制性海洋制度变迁;美国连续实施了一系列产业政策措施,例如建立联邦政府与民间企业的伙伴关系、制定小行业革新计划等。政策措施的创新性和时效性,为海洋新兴产业的发展提供了有力的支持和保障。

3.加强海洋环境监测和修复

进入 21 世纪以后,美国相继投巨资建立了立体海洋监测网、海底观测网络、综合海洋观测系统等海洋观测系统,并发射了 Jason 卫星和 Aqua 平台来加强海洋观测能力。这一系列举措提高了美国收集、传递和使用海洋信息的能力,促进了他们对海洋环境的保护和修复,有助于海洋经济的可持续发展。

4.加大海洋科技支持力度

为支持海洋科技发展,美国财政投入巨大,每年投入超过 500 亿美

元到海洋新技术开发和产业化中;《21世纪海洋蓝图》建议,美国海洋研究经费应提高到联邦科研经费预算的7%,以后视国家实力,逐年增加;同时政府有针对性的投资建设了一批海洋科学研究机构,兴办了不同形式的海洋科技园区。

5. 国民海洋意识的唤醒与强化

美国推行终身海洋教育,主张加大高等海洋教育和中小学海洋教育投入,将海洋科学知识编入中小学课本,并通过各种正式和非正式形式,不断提升国民的海洋忧患意识,强化海洋保护意识,目的是使人们树立起海洋经济可持续发展的观念,促进海洋经济循环发展。

第二节　英国海洋经济发展概况

一、英国海洋新兴产业发展现状

英国是传统海洋经济强国。英国海洋产业主要包括18个产业门类,即渔业、油气业、滨海砂石开采业、船舶修造业、海洋设备业、海洋可再生能源产业、海洋修筑产业、船运产业、港口产业、航海与安全产业、海底电缆产业、商业服务产业、许可和租赁产业、研究开发产业、海洋环境产业、海洋国防产业、休闲娱乐产业、海洋教育产业。海洋油气业是海洋主导产业,其总产值、增加值和就业人数均位居第一,外向型海洋产业还包括滨海砂石开采、海洋渔业和可再生能源产业,它们的总产值占海洋经济总产值的48%;海洋设备、游艇建造、巡航和可再生能源产业是增长最快的海洋产业。

1. 海洋高端装备制造业

包括两类产业。一是修造船业和海洋设备制造业。英国曾经是世界造船中心,海洋设备制造技术一直保持世界领先水平,随着亚洲造船业的崛起,英国传统造船业逐渐走向衰落,现在主攻技术复杂的高附加值市场,例如海军船队、超级游艇、海洋油气设备、造船设备发动机和电子产品等,增长势头强劲,其出口为英国经济做出了突出贡献。二是海洋建筑业。该产业国际领先,未来发展潜力巨大。英国海洋建筑业包括港口建设,海岸防侵蚀、防洪设施建设,海上风电场建设等。因为技术先进,英国工程建筑公司参加了许多国外海洋建筑的设计和建设,随着世界各地大型港口建设、风电场建设、港口清淤等海洋建筑项目不断增加,该产业在未来具有良好的发展前景。

2.海洋新能源业

它属于发展迅速的高附加值产业。政府大力推动海洋可再生能源发展,该产业在 2003—2005 年年均增长 22%,2008 年建成世界上首台商业化潮汐能发电机和海浪能发电机。目前,英国能源消耗总量的15%～20%来源于波浪能和潮汐能发电,海洋新能源产业未来发展潜力仍旧巨大。①

3.海洋勘探开发业

海洋油气业是英国规模最大的海洋支柱产业。其发展带动了大量相关产业的发展,也为世界各地提供了能源和专业技术。随着储量日益减少,英国海洋油气产量自 2000 年以后连年下降,但由于油价上涨,石油公司收入仍持续增长。

4.海洋现代服务业

该产业非常发达,包括五类代表性产业。一是滨海旅游业。滨海旅游景点在英国分布广泛,有众多独具地方特色的度假胜地,多是世界著名度假胜地,因此还会吸引大型会议在该地召开;越来越多的人将沿海城市作为退休后的居住地;休闲游轮和休闲游艇服务在英国迅速发展,但它们对全球总体经济状况非常敏感。二是海底电信产业。它不断创新,前景广阔。国际互联网几乎完全通过海底光纤运行,海底电信业发展迅速,而且是一个日益创新的产业,英国电信行业不断地增加研发投入,海底电缆的用途将会持续增长。三是海洋商务服务。伦敦是全世界

---

① David Pugh.英国海洋经济活动的社会-经济指标——看英国海洋经济统计.经济资料译丛,2010(2):75-96.

最重要的海洋商务服务中心,人才荟萃,专业性极强,其服务框架和服务水平是世界各国学习的榜样和发展的目标,其服务内容包括资本和海上保险、船舶租赁、船舶融资、船舶分类、法律服务、争议解决和会计服务等。

5.航运业

该产业稳步增长,在世界航运领域中具有重要的地位。海上货物运输是英国国际贸易的主要运输模式,航空运输按体积计算低于海运的0.5%;2005年英国的海运量占世界海运总量的8.2%,比2002年增长近150%。

二、英国海洋新兴产业发展与政策

1."海洋2025"计划和《英国海洋法》

2007年,英国发布"海洋2025计划",英国自然环境研究委员会计划在2007—2012年向该计划提供约1.2亿英镑的科研经费,重点支持气候、海水流动、海平面、海洋生物化学循环、大陆架及海岸演化、生物多样性、生态系统、大路边缘及深海研究、可持续利用海洋资源、健康与人类活动的影响、技术开发、未来海洋预测和海洋环境中的综合持久观测等研究领域。

2009年,英国发布《英国海洋法》。《英国海洋法》由11部分组成,与海洋新兴产业相关的内容如下:成立"英国海洋管理组织",实施海洋综合管理;建立海洋规划体系,扭转分散式海洋管理局面;加强海岸附近道路的建设与管理工作,以促进滨海旅游业发展。

2.英国扶持海洋新兴产业的政策与措施

《北海石油与天然气:海岸规划指导方针》规定,海洋油气业只能在指定区域内进行。2000年提出的《5—10年海洋科技发展》,由英国自然环境研究委员会和海洋科学技术委员会制定,包括海洋资源可持续利用和海洋环境预报两方面的科技计划。英国政府2002年提出《全面保护英国海洋生物计划》,英国政府保证为生活在英国海域的4.4万个海洋物种提供更好的栖息地。2008年英国地质调查局发布

了《2009—2014 年的战略科学规划》。2010 年,英国政府发布了《英国
海洋科学战略 2010—2025》,将研究海洋生态系统如何运行、如何应
对气候变化及其与海洋环境之间的互动关系、增加海洋的生态效益并
推动其可持续发展等三个方面确定为未来 15 年英国海洋科学研究的
重点。2010 年英国政府还发布了《海洋能源行动计划》,提出在政策、
资金、技术等多方面支持新兴海洋能源发展,以帮助减少二氧化碳排
放和应对气候变化,并提供一批就业岗位。

三、英国海洋经济存在的问题

1.海洋经济比例过低

作为一个传统海洋强国,2005—2006 年,英国海洋经济产值仅占英
国 GDP 的 4.2%,海洋产业就业人数仅占全国就业总数的 2.9%,而美
国海岸经济却提供了 75%的就业率,很明显,英国海洋经济比例过低且
未得到充分开发,同时也预示着英国海洋经济未来还有巨大的发展
空间。①

2.海洋管理机构过于分散

英国各项海洋事务起步较早,每一项海洋新事务的出现,均建立一
个相应的机构来管理,导致海洋管理根据事务分散于多个管理部门。
2009 年《英国海洋法》要求建立"英国海洋管理组织",全面负责海洋管
理事务,但机构的设立及管理机制的理顺都需要较长时间,任重而道远。

3.海洋新兴产业面临挑战

英国海洋经济起步较早,在许多高科技领域处于世界领先水平,但
其他某些国家正在大力发展的海洋新兴产业,对英国造成一定的威胁。
例如交通运输业和造船业,昂贵的劳动力使订单转移到其他国家,因此,
开辟和发展适宜本国条件的海洋新兴产业,使英国始终保持海洋高新技
术领域的领先地位,是英国政府面临的现实挑战。

---

① David Pugh.英国海洋经济活动的社会-经济指标——看英国海洋经济统计.经济资料译
丛,2010(2):75-96.

四、总结

1.宏观指导与微观措施有机结合

《英国新海洋法》既有宏观指导性条款,也包含一些比较微观的实施措施,对英国海洋工作有普遍性指导意义,同时也为管理部门提供了不少可供具体操作的政策措施,具有较强的可操作性。

2.强化公众参与管理

经过深入调研和广泛磋商后出台的《英国海洋法》,是政府和社会各界智慧的结晶,其条款也规定了信息公开、决策透明、公众充分发表意见等内容。英国政府认为,利益相关者参与海洋管理,有助于提高效率。另外,英国应充分考虑政治特点和历史因素,对四个区域采用不同管理措施,充分尊重不同地区行政机构的管理权力。

3.支持海洋新能源开发

因为能源匮乏,英国政府大力支持海洋新能源开发。2010年,英国政府发布《海洋能源行动计划》,提出在政策、资金、技术等多方面支持新兴海洋能源发展,这一举措是英国在海洋新能源开发领域保持世界领先水平的重要保障。

4.大力发展高端海洋服务业

国际航运中心已由"吨位大港"向"价值大港"转化。伦敦抓住先机,利用其在服务业上的比较优势,带动生产性服务业和消费性服务业蓬勃发展,使伦敦成为现代化国际航运中心、国际金融中心、国际航运信息枢纽城市、航运融资和海上保险中心,以及重要航运交易所和国际海事机构的集聚地,在全球航运服务业的诸多方面都处于垄断地位。

5.重视海洋科技投入

持续重视对海洋科技的投入是英国海洋新兴产业领域持续发展的基础。2007年,英国自然环境研究委员会同意由七大海洋中心共同合作"海洋2025"项目,经费为1.2亿英镑;2010年,建立一个全新的国家海洋研究中心。它还将成为全球平均海平面数据中心、英国海平面检测系统的气候变化和洪水警报数据中心,以及英国国家海底沉积物数据中心。

第三节　挪威海洋经济发展概况

一、挪威海洋新兴产业发展现状

挪威是一个经济繁荣的新兴海洋国家,海洋产业是挪威的支柱产业,包括海洋渔业、海洋运输、海洋油气、滨海旅游等。挪威90%的水产品用于出口,占挪威出口总额的11%;海洋油气业是规模最大的海洋产业,每年油气出口总额约占全国出口总额的一半;远洋运输船队世界排名第三;水电事业发达,全国电力几乎全部来源于水力发电。上述海洋产业的发展也促进了海洋科技研究和海洋仪器设备的发展。

1. 海洋高端设备制造业

挪威船用设备等高端产品制造工艺先进。挪威海洋工程船行业规模巨大,仅次于美国,船舶类别涵盖了几乎所有领域,包括物资供应、原油泄漏处理等;挪威致力于发展海床和水下施工操作船舶,海洋工程船行业呈现出全面多样的特点;挪威海洋工程船公司主要面向高端市场,有许多排名世界前列的公司,盈利能力较强,如 Solstad Offshore 公司等。

2. 海洋新能源业

挪威在水电、风能、潮汐能等清洁能源领域实力强大,具有一批世界知名公司。世界上第一座海上风能发电站诞生在挪威,现在全国电力的98%~99%来自水电,水电站设备建造、水轮机装备制造等领域处于世界领先水平;挪威是世界上利用可再生能源的先锋国,如今,可再生能源(太阳能、水能、风能、生物能、波浪能、潮汐能、海洋温差能、地热能等)利用比例占能源消耗总量的60%左右。

3. 海洋勘探开发业

海洋油气行业是挪威经济的支柱产业。挪威是重要油气输出国,其油气出口量多年名列世界第三,占全国出口额的一半及 GDP 的 1/4;挪威海上油气开发技术先进,油田平均开采率将近世界平均开采率的两倍,在海上油气勘探开发、装备制造、环保安全技术等领域居世界前列;挪威国家石油海德鲁公司是世界上最大的海上石油公司,在 40 多个国家参与油气开发。

4. 海洋现代服务业

比较典型的是三个产业。一是滨海旅游业。挪威是重要的旅游目的地国家,滨海旅游业趋于成熟。挪威拥有美丽壮观的峡湾、独特的极地风光和众多人文景观,其中多处是联合国自然文化遗产;挪威还具有完善的旅游配套设施和成熟的旅游服务系统,滨海旅游业是其主要海洋产业,每年接待 300 多万境外游客。二是海洋运输业。航海运输船队规模巨大,是海洋经济发展的重要基础。挪威 19 世纪开始拥有强大的航海船队,目前其航海运输船队世界排名第三,航海运输业成为挪威的主要海洋产业之一,为其他海洋产业发展奠定了重要基础。三是海洋环境保护业。挪威的海洋环保国际影响极大,公众环保意识强烈。挪威政府向来重视海洋和其他资源的环境保护问题,公众也对环保投入极大关注度;挪威重视环保科技研究,对近海石油生产和航运的环保效果规定极其严格,海洋环保业在挪威有着广阔的发展前景。

二、挪威海洋新兴产业发展与政策

1. 政府优先选择体系

1985 年以来,挪威已建立起一套政府优先选择体系,以帮助指导研究活动。已确定的 9 个最优先发展领域中有 3 个领域与海洋直接相关,分别是水产、石油和天然气、环境技术。优先领域由独立的国家指导委员会管理,每个领域分别制订相应的国家计划;挪威科技政府基金每年适度增长拨款额。

2. 设立挪威研究理事会

挪威研究理事会是国家海洋研究的执行和咨询机构。理事会 6 个主要研究领域中有 4 个领域涉及海洋科技研究：生物制品和加工、工业与能源、海洋环境与发展、海洋自然科学与技术。理事会具体承担的项目有：多物种管理计划（鱼类资源多物种模型）、海洋哺乳动物计划、挪威北部沿岸近海生态学计划等。

3. 运行海洋科技投资私营机构

海洋科技投资私营机构的"友好赞助"体制，实现了企业效益与推动海洋科技发展的双赢。它们对研究机构的投资已成为挪威科技发展的重要资金来源。作为交换，有贡献的公司可以根据贡献来获得未来挪威油气资源开发的许可证，因此海洋石油公司也获得了明显的经济效益；1979—1991年，挪威政府的海洋科技活动接受了约 3.6 亿美元的友好赞助。

4. 建立科技研发基地和成果转化基地

以小引大，促进科研成果转化。为特别鼓励科研成果产业化，国家建立研发基地和成果转化基地，通过投入少量支持经费，促成技术转让和技术成果产业化，剩余资金以有偿服务等形式获得；仅挪威科学和工业研究基地每年在造船、航运、海洋石油、海洋渔业与水产养殖几个部门的技术转让和成果产业化收入就高达 2.5 亿多克朗。

5. 加强国际科技合作

挪威广泛参加国际海洋科学合作研究计划，取得了可观的经济效益。在欧洲海洋研究计划中，挪威参加了 67 个合作项目，在计划支持下研制成功的 Sea Watch 海洋环境监测浮标已在全世界推广使用，经济效益可观；挪威还在国际上主动发起一些海洋环境研究活动，资助一些多边研究计划，与多个国家维持双边海洋科技合作关系，通过良好的国际合作，挪威的海洋科技水平始终保持在世界前列。

三、挪威海洋经济存在的问题

1. 产业结构相对单一

其传统海洋产业只有渔业，海洋新兴产业主要是海洋高端设备制造业、海洋新能源业、海洋油气业、交通运输业、滨海旅游业等，而且几乎都是挪威的支柱产业。产业结构过于单一成为挪威经济发展的软肋,一旦相关产业市场环境出现较大变动,就会给国家经济带来巨大影响。

2.过于依赖国际市场

挪威的支柱产业几乎都是外向型产业,对国际市场依赖度很高。海洋渔业中 90％的水产品用于出口;海洋运输业以远洋运输业为主;在海洋油气业方面,挪威是世界第三大油气输出国,外贸收入约占挪威 GDP 的 45％。[①] 出口比例过高,导致国际形势发生重大动荡时,经济增长会陷入困境,例如 2008 年的国际金融危机使挪威的出口额锐减。

3.管理机构相对分散

海洋管理机构的过度分散导致管理效率较低。挪威从事海洋经济管理的部门共有 9 大类,这些部门又分别向不同的上级部门汇报工作,当诸多问题发生在同一海域时,难以迅速协调,难以达成统一意见,导致时间的浪费和效率的降低。尽快合并海洋管理机构,全面实施综合海洋管理是挪威的必然发展方向。

四、总结

1.充分发挥资源优势

充分利用资源优势,选择适宜产业发展。选对优先发展产业是挪威海洋新兴产业在短期内迅速成长为国家支柱产业的重要原因。充分利用水电资源丰富的优势,优先研究水电技术,成为世界上全面推广清洁能源的先锋国;在油气资源丰富的基础上,大力发展海上油气勘探开发等相关产业,使挪威不但成为世界第三的油气输出国,还参与 40 多个国家的油气开发,实现了产业技术输出和开发领域拓展。

2.广泛参与国际合作

广泛参与国际海洋科学合作研究,实现了经济效益与科技发展的双丰收。挪威积极参加欧洲海洋研究计划,该计划支持下研制成功的 Sea

---

① 王加林.简述挪威海洋科技发展战略与海洋产业的发展.海洋技术学报,2003,22(3):98-101.

Watch海洋环境监测浮标已在全世界推广使用,取得了可观的经济效益;挪威不但投资支持多个多边研究计划,还与基本条件十分相似的加拿大建立了双边海洋科技合作关系,取得了良好合作效果。

3.促成科研成果转化

挪威促成科研成果转化的方法主要有两种:一是"友好赞助"形式的海洋科技投资私营机构,二是建立研发基地和成果转化基地。前者的投资已被当作挪威研究所和科技发展的重要资金来源;后者是国家通过少量经费支持,吸引企业参与技术转让和技术成果产业化,科研机构因此可以通过有偿服务等形式获得剩余资金收入。

4.强化法律行政手段

法律法规的不断完善,规范了挪威海洋经济可持续发展之路。挪威政府十分重视对各个层次法律法规的制定,许多法规还经过多次修改,以适应不断变化的现实问题。例如,挪威现行海洋环境标准在许多方面高于国际同类标准,这些法律法规的出台及其不断完善,使挪威海洋经济始终走在一条清醒、规范、合理的可持续发展之路上。

5.发挥经济手段作用

挪威注重发挥经济手段来促进各项政策措施的执行。一方面,政府拿出大量资金用于新能源、环保技术等海洋新兴产业的开发和研制,并对公共和私营部门在相关产业的开发、研究给予投资、贷款和补贴;另一方面,政府又以征税(如消费税、环保税)的方式约束能源资源高消耗产业,促进能源结构调整,把环境危害减小到最低限度。

6.唤起全民环保意识

唤起公众环保意识,是挪威环保产业的重要基础。挪威环保水平堪称世界一流,这和挪威政府积极培养公众环保意识密切相关:中小学课程里编入环保内容,制定从幼儿园到大学的环保教育;政府书店及公共图书馆内常年摆放免费环保宣传资料;企业年报必须说明环境问题,银行系统对企业环境业绩进行记录和评估,作为贷款时的参考;政府拨专款在地方政府设立环保顾问职位;等等。

第四节　日本海洋经济发展概况

一、日本海洋新兴产业发展现状

日本是个岛国,海洋是其发展命脉。20世纪60年代以来,日本推行"海洋立国",海洋科技开发经费逐年增加,海洋开发向社会各领域全方位推进,构筑起新型海洋产业体系。滨海旅游业、港口及运输业、海洋渔业、海洋油气业四种海洋产业已占日本海洋经济总产值的70%左右;[1]海洋土木工程、船舶修造、海底通信电缆制造与铺设、海水淡化、海洋测量、矿产勘探、海洋食品、海洋生物制药、海洋信息等海洋新兴产业也发展到了一定规模。

1.海洋高端装备制造业

日本该产业比较有特色的是三个方面。一是造船业持续发展。传统造船业走向衰落,高附加值领域仍保有优势。日本曾是世界造船中心,随着传统优势的丧失,近年转向加强低碳、节能、环保领域的技术投入,为适应不同国家环保标准,日本政府出资协助造船企业加强技术研发;由于至今仍保有世界最高造船技术,高附加值船舶及其配套产品也是日本造船业的新增长点。二是广建人工岛,作为港口、机场依托。日本沿海星罗棋布着大量人工岛,数量仅次于美国。其建造目的,首先是作为港口和机场的依托,成为扩展交通运输产业的锚地;其次作为海陆产业集聚区。三是海洋土木工程技术先进,创众多世界之最。1985年,开通了当时世界上最长的海底隧道;1988年,建成世界第一座海上油罐式石油储备基地;2004年,为解决城市"热岛"现象,安装地下海水冷却设备,使东京品川广场的温度比周围其他普通广场低5～10℃。

---

① 张浩川,麻瑞.日本海洋产业发展经验探析.现代日本经济,2015(2):63－67.

2.海洋生物医药业

投入最大,成绩斐然。日本是全球海洋生物医药研发投入最多的国家,并且已取得巨大成绩,走在世界前列。日本海洋生物技术研究所是全球最大和最具权威的海洋生物医药研究机构之一;日本海洋生物技术研究院和日本海洋科学技术中心每年的海洋药物研发经费为 1 亿多美元;日本已率先推出海洋抗癌、抗流感、抗休克、预防心血管病等药物,市场反应良好,经济效益可观。

3.海洋新能源产业

积极探索,寻求发展。日本是个能源匮乏的国家,所以发展海洋新能源产业对日本来说非常重要,日本积极研究开发海洋温差能、波浪能、风电能等海洋新能源实验装置和发电机,已取得初步成效。

4.海洋勘探开发业

海洋油气业是海洋支柱产业,呈现出开采、进口、储备齐头并进的态势。日本海洋油气资源储量少,开采量不高,所以一直努力勘探新油源,并积极寻求国际合作。

5.海洋现代服务业

比较有特点的是三个产业。一是港口业。加强高功能化建设,积极整合港口资源。通关手续一步完成、港口 24 小时开放、港口手续电子化等一系列港口高功能化措施,已取得提高效率和降低成本的效果;同时,面对激烈的国际竞争,日本下定决心改变港口普遍过小的局面,积极整合现有港口资源,建成一个超大型港口,争取国际市场。二是滨海旅游业。这是重点发展产业。2003 年被定为“旅游观光元年”后,旅游产业成为日本最重要产业之一,滨海旅游业实施海中公园制度,即在指定的海中公园地区内进行必要的管理和开发。三是海洋监测业。日本海洋卫星已成为海岸观测系统和全球海洋观测系统的重要组成部分。利用先进对地观测卫星,日本实现了世界上第一次对海面水温、海面风及海洋水色的同时观测,现在日本每年通过互联网向全国和全世界提供大量图像信息,为改善世界公海和沿海各国近岸海域的人类活动及经济发展服务。

二、日本海洋新兴产业发展与政策

1. 颁布《海洋基本法》

《海洋基本法》于 2007 年 7 月开始实施,是日本推行综合性海洋政策的法律制度,其主要内容包括六大基本理念,贯穿于《海洋基本法》的全部内容。例如,海洋开发的必要性和保护环境的重要性,确保海洋安全,推进海洋相关科学技术开发研究和成果普及,确保海洋产业技术的先进性和加强人才培养,海洋综合管理,海洋国际协调等。二是海洋基本计划全面实施。包含制定海洋政策的基本方针;综合实施海洋政策的计划;其他推进海洋政策的相应措施;制定、修改海洋基本计划的流程;海洋基本计划的更新及实施经费等。三是更新海洋管理体制。设立综合"海洋政策总部",首相为总部长,由国土交通省、经济产业省等 8 个省厅的工作人员组成,负责策划、审议日本政策和基本计划等事务。由日本最高行政级别领导担任部长,提升了日本海洋行政管理级别,一改原分权式海洋管理模式为统筹管理格局,在应对海洋权益争端时优势突出,声音统一并提升为国家意志,反应速度和应对力度都大大提高。

2. 日本扶持海洋新兴产业的政策

一是海洋经济地区集群。在产业集群、知识集群基础上,发展"地区集群"模式。日本已形成关东广域地区集群、近瓷地区集群等九个地区集群,不仅构筑起各地区连锁技术创新机制,也形成了多层次的海洋经济区域。海洋经济地区集群有三大特点:以大型港口城市为依托;以海洋技术进步和产业化为先导;以拓宽经济腹地范围为基础。二是构筑新型海洋产业体系。积极推进海洋新兴产业的发展,构筑新型海洋产业体系。日本海洋开发向经济、社会、科技各领域全方位推进,已形成 20 多种海洋产业,构筑起新型海洋产业体系。支柱产业有滨海旅游业、港口及运输业、海洋渔业、海洋油气业等;正在蓬勃发展的海洋新兴产业有海洋土木工程、海底通信电缆制造与铺设、海水淡化、海洋测量、矿产勘探、海洋食品、海洋生物制药、海洋信息等。三是积极推进海洋科技开发。日本海洋科技开发涉及诸多方面,有海洋环境探测技术、海洋再生能源实验研究、海洋生物资源开发工程技术、海水资源利用技术、海洋矿产资源勘探开发技术等。海洋研究课题逐年增加,研究经费逐渐递增。海洋科技开发的重点领域和优势领域——日本海洋生物技术研究院及日本海洋科学和技术中心每年海洋药物开发研究经费为 1 亿多美元。

三、日本海洋经济存在的问题

1. 海洋资源短缺

日本是重要渔业国,但其海洋渔业产量无法满足国内需求,因此日本成为世界第一大水产品进口国;日本严重缺乏海洋油气资源,为此不但积极勘探寻找新的油气资源,还积极参与国际合作寻求油气开发合作伙伴;日本港口众多,但受天然地理条件限制,难以建设大型国际枢纽港。

2. 传统产业弱化

随着经济全球化发展和国际市场竞争的日益激烈,日本诸多传统海洋产业优势地位丧失。在中韩造船业的两面夹击下,日本造船业订单越来越少,即便加强了低碳、节能和环保等领域的技术投入,并不断开发高附加值船舶产业,用新技术为传统工业寻找增长点,也只是起到缓冲作用,无法挽回大局。

3. 海洋灾害频繁

近年日本附近海洋灾害频繁,有地震、海啸、强风暴、海底火山爆发等。2011 年,日本发生 9.0 级强烈地震,引发 10 米高海啸,导致核电站爆炸,失踪和死亡人数超过 2.5 万人,北部震区多处高速公路、铁路、机场停运,严重影响了人们的正常生活,并造成了难以计数的生命财产损失。

4. 海洋外交强势

日本新《海洋基本法》进一步表现出强势的外交作风。以"推进海洋政策和海洋国际秩序"为借口,把在国际事务中"有责任担负起领导性职责"上升为国家意志,根本目的是试图在新海洋秩序下将利益最大化,充分表现出日本以强势姿态进入国际舞台的惯性;但这一态度非但不能解决海事争端问题,甚至有可能导致问题激化,成为日本海洋经济发展的巨大障碍。

四、总结

1.发展海洋经济地区集群

日本在"产业集群计划"和"创建知识集群事业"的基础上,发展海洋经济"地区集群",形成关东广域地区集群等九个地区集群,构筑起地区连锁技术创新体制,并形成多层次的海洋经济区域。其海洋经济地区集群发展注重发挥地区优势,突出地方特色,并有三大基本依托,一是以大型港口城市为依托,二是以海洋技术进步为依托,三是以经济腹地为依托,取得了良好的经济和社会效益。

2.培育新型海洋产业

日本积极培育海洋新兴产业,构筑起包含 20 多种海洋产业的新型海洋产业体系。造船业重点发展低碳节能和高附加值领域,始终保持世界领先水平;巨资投入海洋生物医药产业,建成全球最大和最具权威的海洋生物医药研究机构,海洋药物市场效益突出;加强港口高功能化建设,实现了港口手续电子化等。

3.推进海洋科技开发

日本海洋科技开发领域广泛并且投资巨大。开发领域包含海洋环境探测技术、海洋再生能源实验研究、海洋生物资源开发工程技术、海水资源利用技术、海洋矿产资源勘探开发技术等。日本是全球海洋生物医药研发投入最大的国家,海洋生物技术研究院和海洋科学技术中心每年的海洋药物研发经费为 1 亿多美元,已对海洋微生物进行广泛研究。

第五节　新加坡海洋经济发展概况

一、新加坡海洋新兴产业发展现状

新加坡由一个主岛和 60 多个小岛组成,主岛称新加坡岛,也是最大的岛,开车环岛一周仅用 50 多分钟。这样一个岛国,是世界第五大金融中心,日交易量为 700 亿～800 亿美元;是世界第二大海运中心,每年容纳 4.5 万多艘船来此停泊,吞吐量约 7 亿吨;是世界第三大石油提炼中心,日产量约 100 万桶;还是全球第四大半导体生产国。作为一个岛国,海洋对它有着非常重要的意义,其海洋经济也十分发达。

1.海洋高端设备制造业

新加坡是全球主要修造船国家。目前新加坡修船产量占世界修船总产值的 9.48%,其中浮生式产储油卸油船改装产值占全球总产值的 2/3,海上平台修理、改装产值占全球总产值的 60%;因为地理位置优越、服务质量优良、安全管理系统先进等优势,新加坡将修船业作为实现经济增长的重要途径。①

2.海水综合利用业

积极发展海水淡化产业。新加坡淡水资源严重匮乏,人均占有量为世界倒数第二位。为此,新加坡从开源、节流两方面寻求突破,把海水淡化业作为重点发展产业。2005 年,新加坡第一个海水淡化厂正式启用,是东南亚规模最大的反渗透技术海水淡化厂之一;2009 年,新加坡首个市内大型蓄水池海水淡化工程启动;2011 年,新加坡最大的海水淡化厂动土兴建。

3.海洋现代服务业

包括三类有特色的产业。一是港口物流业。新加坡抢得现代物流

---

① 东盟各国钢铁市场发展现状及前景展望.中华机械网.2015-06-05.

业发展先机,成为世界第二大海运中心。新加坡地理位置优越,政府抢得先机实现物流产业信息化,使新加坡迅速成长为领先全球的物流产业集聚中心,有 400 多家船务公司和 8000 多家物流企业;新加坡物流产业具有物流企业实力雄厚、物流环节效率高、物流服务专业性强、配套设施集中等突出优势。二是滨海旅游业。新加坡滨海旅游业产业链包括餐饮业、宾馆业等多个领域,对 GDP 的贡献率达 10%,先后经历了建造个别吸引眼球项目、利用中心城区保护历史遗产、大规模会议设施建设、向周边国家投资等时期,实现了从无到有、从"让世界来新加坡"到"让新加坡面向世界"的成长过程,成为重要的世界旅游目的地城市。三是海事服务业。新加坡以发展成为领先全球的国际海事服务中心为目标,积极发展船舶融资、海事保险、海事法和航海训练等海事服务业;最初,由于新加坡法院的干涉,其仲裁中心并未得到广泛认可,近年,新加坡国际仲裁中心逐渐崛起,有赶超香港的趋势,以解决建筑工程、航运、银行和保险方面的争议见长,逐渐成长为重要的国际海事服务中心。

二、新加坡的海洋新兴产业

1. 发展港口物流业

启动物流基础设施建设,将物流环节整合成"一条龙"服务;开放港口允许船舶公司拥有自营码头;大搞政府网络化工程,将物流环节无纸化和自动化;为物流企业提供交流平台;推出多项物流人才培训方案;将自由贸易区范围扩大,员工雇佣国籍弹性增大,手续简化;架设"伦敦型"发展框架;建设多式联运中心;进行财政改革,提供具有竞争力的税收制度;等等。

2. 拓展滨海旅游业

积极瞄准重点市场和新兴市场,放宽入境限制,加大营销力度,拓展产业领域;发展区域旅游产业,增强海外影响力,寻求更多区域合作伙伴;利用现有资源,开发特色旅游产品,营造体验胜地,建设世界级商业街和美食天堂;加大力度建设商业都会旅游,引导新加坡成为旅游企业和旅游教育的枢纽城市。

3.扶持海洋生物医药业

投入巨资将生命科学发展为制造业的第四根支柱。设立"生命科学部长级委员会",先后拨出 30 亿新元加快发展生物医药业;拨出 2500 万新元种子资金扶持生物医学科技成果转化公司;积极吸引世界级生命科学公司前来投资设业,葛兰素·威康(Glaxo Wellcome)、默克(Merck)、谢林普罗(Schering Plough)公司等都已进驻新加坡。

三、新加坡海洋经济存在的问题

1.依赖国际市场

新加坡的海洋经济支柱产业绝大多数都属于外向型产业,原材料大多来自进口,且对国外资本实行金融开放政策,很容易遭受出口收入下降、短期和长期资本外流、国际利率波动、进口通货膨胀、国际经济危机等的冲击。新加坡 GDP 长期处于高速增长状态,但个别年份出现经济负增长情况,这与国际经济动态密切相关。例如,2008 年国际金融危机导致新加坡 2008 年和 2009 年的 GDP 增长率分别是 0.3% 和 -0.5%。

2.产业升级过快

新加坡用 50 年时间,走过了发达经济国家几百年的历程。某些专家质疑其产业更新升级过快,国人能否适应,国家能否提供足够数量的合格人才与其产业发展配套。新加坡一直向邻国转移低附加值制造业,有可能"输出就业机会"并削弱制造业基础,在高新技术产业尚未能与"大国集团"分庭抗争时,失去优势产业带来的比较效益。产业转移还会带来大量裁员,被裁人员能否快速适应专业性很强的新兴产业需求,也值得思考。

3.缺乏原始创新动力

新加坡的创新方式主要是集成创新。一是集成各种优惠政策形成政策创新,利用政策优惠吸引世界一流企业到新加坡投资,培育本地产业集群;二是集成行业领先标准,照此标准进行基础设施建设,吸引跨国公司来将新行业做大做强。这两种创新模式都不会明显增加新加坡的原始创新核心技术,因此缺乏原始创新动力,成为新加坡经济增长的一个软肋。

四、总结

1. 产业结构合理

经过六次产业升级,形成合理的产业结构。新加坡产业升级大致分为六个阶段:利用港口优势,发展转口贸易;出口导向,发展劳动密集型产业;发展高技能密集型产业;打造"全商务"产业链,发展资本密集型产业;发展高新技术密集型产业;发展以信息产业和生命科学为核心的知识密集型工业。政府紧紧把握国际经济潮流,持续进行产业升级和不断完善产业结构,有效解决了产业结构过于单一的问题。

2. 产业定位高端

作为一个小国,新加坡却在多个产业领域达到世界领先水平。新加坡是世界第二大海运中心、第三大石油提炼中心、第四大半导体生产国、第五大金融中心,这与新加坡政府的高端产业定位密切相关。新加坡每一种重点发展产业瞄准的都是世界最先进水平,目标都是发展成为世界或者亚洲相关产业中心,并且能够因地制宜地制定相关政策措施并有效地执行下去,实现最初的目标。

3. 高新产业密集

新加坡的海洋支柱产业几乎都是高新技术产业。不论是传统优势产业如国际物流业、滨海旅游业等,还是新兴产业如海洋生物医药业、文化创意产业等均属于高新产业领域。新加坡通过不断的产业替换升级,将劳动密集型产业转移,国内只保留知识密集型和技术密集型高新技术产业,即便像滨海旅游业这样的传统劳动密集型产业,也通过与新兴产业融合,实现了升级转化。

4. 投资环境良好

良好的投资环境,深受国际好评。新加坡稳定的政治环境、富有竞争力的政府优惠政策和办公效率,是吸引外资企业的有力法宝;新加坡招商队伍熟悉国际通行规则,还是某一领域的"专家",他们专门研究国际产业动态,善于抢夺先机,创造有利环境,吸引外商投资。新加坡还是世界上最早建立工业园区的国家之一,通过提供便利完善的基础设施和高效率的服务吸引外商进驻。

5.优秀的人力资源

源源不断的高科技人才是高新技术产业发展的重要基础。新加坡非常重视教育与产业的结合及人才网络的建构。目前,技能人才培养方法主要有四种:建立全国技能鉴定制度,鼓励和资助劳工职业再培训;在人才引进上不分国籍,唯才是用;建立技能发展基金;与跨国公司建立联合培训机构,提供特殊领域技术培训等。目前新加坡已经发展成为亚洲著名的教育中心,其人力资源基础和就业环境受到世界普遍好评。

第六节　全球海洋新兴产业发展概况

总结世界海洋经济强国海洋新兴产业的重点发展领域,我们发现了全球海洋新兴产业的发展趋势。

一、高端设备制造业发展趋势

英国、日本、美国的造船业曾经都十分发达,但随着亚洲新兴造船中心的兴起,现在都在积极利用国际领先技术优势,发展海洋高端设备制造业。美国因为其军用船制造技术复杂,竞争对手少,附加值高,其产值明显增长。英国重点发展石油和天然气开采海洋设备制造业、海军造船业、超级游艇产业等。挪威的船用设备等高端产品约占世界市场的8％,船舶类别几乎涵盖所有领域。日本开辟节能环保技术的高端造船技术,在液化天然气船领域也有较大优势。新加坡浮生式产储油卸油船改装产值占全球总产值的2/3,海上平台修理、改装产值占全球总产值的60％。

二、海洋新能源产业发展趋势

发展海洋新能源产业是人类面临资源与环境危机做出的应对性选

择,世界各国对新能源产业的市场需求巨大。例如,美国在温差能、盐差能、波浪能、海流能等高难度技术领域做了一系列实验与研究。欧盟《海洋综合政策蓝皮书》中提到要重点优先发展的领域有海洋能源业。英国提出在政策、资金、技术等多方面支持新兴海洋能源业发展。2006年电能占挪威当年全国能源生产总量的51.4%,其中约98%为水电。日本也积极发展海上风力发电、潮汐发电、海浪发电等海洋新能源产业,以解决能源危机。

三、海洋生物医药业发展趋势

海洋生物医药业已被世界各国视为与信息产业同等重要的未来支柱产业。美国制定了海洋生物技术计划,研究与海洋养殖和国防有关的高新技术。日本是全球海洋生物医药研发投入最大的一个国家,并且已经取得了巨大成绩,走在世界前列。新加坡政府投入巨资欲将生命科学发展为制造业的第四根支柱,并成立了"生命科学部长级委员会",指导发展生命科学工作。

四、海洋环境监测业发展趋势

海洋信息资源是进行海洋科学开发的重要基础和依据,所以世界各国都非常重视海洋观测系统的建立。美国相继投巨资建立了立体海洋监测网、海底观测网络、综合海洋观测系统等海洋观测系统。欧盟出资4500万欧元的"2011明日海洋"计划,资助项目之一就是生物信息研究。挪威研制成功的Sea Watch海洋环境监测浮标已在全世界推广使用,并取得了可观经济效益。日本的海洋卫星已成为海岸观测系统和全球海洋观测系统的重要组成部分。

五、海洋生态保护业发展趋势

海洋生态环境的维护和修复是海洋经济可持续发展的根本保障,因此世界海洋强国纷纷投入巨资发展海洋生态保护业。美国强调维持海洋生态系统平衡是海洋经济可持续发展的基本保证。日本也强调海洋开发利用要与海洋环境保护协调。欧盟的"2011 明日海洋"计划中,一半的资助项目都与海洋生态环境保护有关。2010 年,《英国海洋科学报告》将研究海洋生态系统如何运行、增加海洋生态效益并推动其可持续发展确定为未来 15 年的研究重点。挪威对近海石油生产和航运在环境方面的规定极其严格,海洋环保业具有极高国际影响力。

第三章
我国各省份海洋经济发展概况

近几年,沿海地区各级政府以"保增长、调结构"为主线,采取积极措施应对国际金融危机等不利影响,稳步推进海洋新兴产业结构调整,不断提高海洋新兴产业发展质量和效益,海洋高端设备制造业、海水综合利用业、海洋新能源产业、海洋生物医药业等海洋新兴产业发展态势良好。我们对上海市、天津市、山东省、广东省、江苏省和香港特别行政区的海洋新兴产业发展状况进行重点调研并做简要分析。

第一节　上海海洋经济发展概况

一、上海海洋经济发展布局

近年,上海市海洋经济发展态势喜人,总产值持续增长,2015 年海洋生产总值超过 6759.7 亿元,占地区生产总值的 26.9%,占长江三角洲经济区海洋生产总值的 35.81%,初步形成了海洋交通运输业、滨海旅游业、海洋船舶工业等海洋支柱产业。[①] 近年来,洋山保税港区完全

---

① 本书编委会.中国海洋统计年鉴 2016.北京:海洋出版社,2017.

成型,临港新城也已基本成型,上海市初步显现出成为物流中心、服务中心、技术中心、信息中心和人居中心等"五中心"的潜质,逐步具备世界海洋经济开发高级化的特征,表明上海市海洋经济开发已经率先告别传统临海重工业阶段,跨入世界先进水平行列。

1. 海洋高端装备制造业

海洋高端装备制造业中比较有特色的有三个产业。一是船舶制造业。上海市船舶制造工业发达,拥有多家著名造船企业,在某些高附加值船舶制造领域已经处于世界领先水平。例如,江南造船公司是世界上少数几个可以制造液化石油气(Liquefied Petroleum gas,LPG)船的企业;2018 年,上海外高桥造船有限公司建成迄今为止吨位最大、造价最高、技术最新的海上浮式生产储油(Floating Production Storage and Offloading,FPSO)船。二是石油钻采装备制造业。上海市拥有多家石油钻采装备制造企业,并且自主创新能力较强,掌握了部分核心技术的自主知识产权。例如,2008 年,上海外高桥造船有限公司独立设计制造3000m 深水钻井平台,对于提高我国海洋装备制造水平,加快深水油气资源勘探开发具有重要意义。三是船舶与海洋工程科研设计。上海市拥有多家国内著名船舶与海洋工程研究设计机构,在某些设计领域具有国际先进水平,并且设计工作不断向高难度、新技术方向拓展。708 研究所是我国规模最大的船舶与海洋工程研究设计机构,研发出的产品多数为我国船舶工业第一;上海船舶研究设计院在多缆物探船、半潜船等领域处于国际领先水平。

2. 海水综合利用业

上海市是我国较早涉足海水淡化产业的城市,并且海水淡化技术国际领先。上海电气具备国内首套大型海水淡化装置的完整制造能力,2010 年,又宣布与国开证券,以及意大利英波基洛集团、曼达林基金共同成立世界最大的海水淡化合资公司。

3. 海洋生物医药业

浦东新区生物医药产业已成为国内生物医药领域创新实力最强、产业体系最完善的国家生物医药科技产业基地之一。由教育培训、研究开发、中介服务、企业和医疗等机构组成的创新体系,基本覆盖了人才培养、研究开发、中试孵化、规模生产、商业销售、临床应用的完整产业链。张江高科技园区不仅引进了全球制药前 20 强的跨国企业、国家级研发中心和国内知名医药企业等,还完善了一系列研发公共服务平台。

4. 海洋现代服务业

它包括三方面的产业。一是海洋交通运输业。上海市不但拥有世界著名港口上海港,还拥有完善的配套集疏运网络。2016 年上海港货物、集装箱吞吐量 7.02 亿吨,完成集装箱吞吐量 3713 万标准箱,自 2010 年以来连续七年保持世界第一,每年外贸吞吐量均占全国沿海主要港口的 20% 左右。① 上海市在拥有浦东和虹桥两大机场的基础上,持续推进"水水中转"、港航设施和高速公路建设。二是滨海旅游业。滨海旅游业稳居上海海洋产业首位,其产值占海洋产业总产值的 56%～65%。崇明岛是重要的滨海旅游胜地,也是上海市滨海旅游产业集聚地。三是海洋科技产业。上海市拥有国家海洋局极地研究中心、中国科学院上海生命科学研究院等一大批国家重点实验室和研究机构,但海洋科技力量较分散,科研成果并不突出,产业转化率也较低。为有效改善以上局面,2010 年,上海市科委依托临港产业区管委会,联合上海海洋领域相关大学、科研机构、企业和业务部门共同成立上海海洋科技研究中心,打造了一个具有国际竞争力的国家海洋科技研究中心。

二、上海海洋新兴产业的发展政策

1. 推进海洋产业布局

上海市推进优化海洋产业空间布局,调整海洋产业结构经济一体化。科学规划海洋经济产业布局,要形成上海临海海洋产业、崇明岛滨海旅游、长兴岛船舶制造、张江海洋生物医药等多片产业集聚区。围绕国家航运中心建设,做大做强海洋交通运输业和船舶制造业;重点发展

---

① http://www.sohu.com/a/133409629_182825.
https://baijiahao.baidu.com/s? id=1590875603342605842&wfr=spider&for=pc.

海洋航运服务业、滨海旅游业、海洋信息服务业;加快培养壮大高端海洋船舶制造、海洋工程装备制造、海洋生物医药、海洋新能源产业;引导传统海洋渔业调整转型,大力发展远洋渔业和水产品精深加工产业。

2.海洋生物医药业优惠政策

张江高科技园区作为上海市重点支持发展的未来"生物谷",享受多项海关优惠措施:符合条件的研发机构、项目、产品和设备可享受免征关税和进口环节增值税等税收优惠政策;为资信好的企业和机构开设"绿色通道",享受优先通关、优先联网和 EDI 报关;A 类企业享有"先放行、后征税"等一系列优惠措施。

3.港航物流业的优惠政策

上海港的"特案免税登记"制度、洋山港的"免征营业税"政策和"海铁联运"规划与建设,以及即将开展试点的"启运港退税"政策,吸引了大批知名港航集团落户上海和洋山,并带动了船舶交易中介、船舶金融等相关服务公司迁入,推动了港航物流产业的集群发展。

三、总结

1.重点突出,目标明确

上海市海洋产业布局,紧密围绕"四个中心"建设,重点发展传统优势产业和适合本地的海洋新兴产业,产业定位和发展目标十分明确。围绕国家航运中心建设,做大做强海洋交通运输业、船舶制造业、滨海旅游业等传统优势产业,同时重点发展与之相关的海洋航运服务业、海洋信息服务业等海洋现代服务业;在船舶制造实力雄厚和船舶设计技术先进的基础上,加快培养壮大高端海洋船舶制造、海洋工程装备制造业等;利用海洋科研机构集中的优势,加快张江高科技园区"生物谷"建设,重点培育海洋生物医药业、海洋新能源产业等海洋新兴产业。

2.政策优惠,吸引名企

上海市利用一系列优惠政策及配套措施,如张江高科技园区的税收减免政策和海关配套措施,洋山港的保税区制度、免征营业税政策、"特案免税登记"制度等,吸引了大批名企进驻,这些名企在资金、技术和管理水平上的雄厚实力推动了相关产业迅猛发展,并带动了一定规模的产业集群发展。

3.海陆空产业互动

围绕"国际航运中心"建设,强化港航枢纽功能和服务功能,在浦东和虹桥两大机场基础上,持续推进集疏运体系建设,不断完善内河航道网、高速公路网和铁路运输网,加快形成江海直达、海陆空多式联运的发展格局;积极争取海关特殊监管区功能整合和政策叠加,建设国际航运综合服务平台,大力促进临港临空产业加快发展。

4.科研院所强强联合

上海拥有国家海洋局极地研究中心、东海海洋工程勘察设计研究院、中国科学院上海生命科学研究院等一大批国家重点实验室和研究机构,国家级海洋科技资源丰富。为促进强强联合,集中力量实现科研成果产业化,2010年,上海海洋领域相关大学、科研机构、企业和业务部门联合成立上海海洋科技研究中心,致力于建设一个多学科海洋科学研究和海洋技术开发试验基地,服务于国家海洋发展和上海海洋发展需求。

第二节　天津海洋经济发展概况

一、天津海洋经济发展布局

近年来,天津海洋经济发展迅猛,成为拉动天津市经济增长和加快滨海新区发展的重要动力。天津已基本建成海洋科技研发和产业化基地、国家级石油化工基地、重要海洋化工基地和海水淡化与综合利用示范城市,成为全国海洋经济强市。[①]

1.海水综合利用业

天津市是我国海水淡化与综合利用示范城市,也是我国海水淡化关键技术的研发中心和装备制造基地。其海水综合利用业的一大亮点是

---

① 本书编委会.中国海洋统计年鉴2016.北京:海洋出版社,2017.

关联项目和产业"牵手同行",而"电水联产""海水制盐"等日益丰富的对接模式又推动产业链不断延伸,实现了节能减排。2010 年,我国首个完成利用淡化海水的大型乙烯项目——中石化天津百万吨乙烯及配套项目建成投产,实现了电厂、海水淡化厂与石化企业的"牵手"。

2.海洋生物医药业

天津市发挥医学研究院所和医药产业集团集中的科研生产优势,加强海洋生物技术与制药产品研发,积极建设海洋生物物质资源库、海洋生物技术产品与药物中试基地和生产基地,完善天津泰达华生生物园基础设施建设和功能,吸引海洋生物医药企业落户,推动海洋生物医药技术产业化,并取得初步成效。利用海洋渔业生物技术,改善和恢复塘沽区驴驹河周围 3 万亩滩涂。

3.海洋石油化工产业

天津是国家发展和改革委员会重点发展的国家级石化产业基地,也是全国唯一集聚四大国家石化公司和全国最大盐化工企业的城市。因此天津集产业基础、区位、市场、港口运输、油气盐和土地资源、科技人才、国家支持、国家大集团跟进等诸多优势于一地,成为国家首屈一指的石油化工产业基地,并形成了龙头项目先行、石油化工与盐化工结合互补、新兴产业带动老企业升级改造的强劲发展势头。

4.海洋现代服务业

海洋现代服务业有两种类型。一是港口客运物流业。天津港坚持"以功能开发带动市场开发",以传统装卸、仓储为基点不断向代理、物流、交易、金融、保险和旅游等领域延伸,完善港口功能,创新经营模式。与北京、山西等 12 省市签订《跨区域口岸合作天津议定书》,建立长效合作机制;开通石家庄、西安等 20 个城市内陆班列,"无水港"覆盖面不断拓展;保税区以建设中国北方保税区国际物流中心为目标,充分发挥国际贸易、保税仓库和物流分拨功能,国际物流业迅猛发展。二是滨海旅游业。天津市滨海旅游业注重打造满足多元需求的旅游品牌,尤其在挖掘资源、丰富底蕴方面敢于创新。2002 年,重点开发古文化街旅游区;2007 年,利用滨海新区开发和北京奥运会等机遇,重点打造沿河、沿海、环山、环京津结合部四大综合旅游产业带,建成多个世界级、国家级、地区级品牌项目,形成多点支撑、集聚开发的现代滨海都市旅游产品体系。

二、天津海洋新兴产业发展政策

1.天津海洋新兴产业发展布局

天津滨海新区的定位:建成高水平现代制造和研发转化基地、北方国际航运中心、国际物流中心和宜居海滨新城。其总体空间布局为一轴、一带、三个城区:"一轴"是沿京津塘高速公路和海河下游建设"高新技术产业发展轴";"一带"是沿海岸线和海滨大道建设"海洋经济发展带";"三个城区"是以塘沽城区为中心、大港城区和汉沽城区为两翼的宜居海滨新城区。在此基础上建立滨海化工区、海港物流区、海滨休闲旅游区、滨海高新技术产业区等八大"产业功能区(产业群)"和若干现代农业基地。

2.天津海洋高新技术开发区建设

天津塘沽海洋高新技术开发区是我国唯一的国家级海洋高新技术开发区。园区坚持高标准建设,营造一流环境,发展一流产业,创造一流效益,依靠完善的供电、供热、供气、给水、排水、通信等基础设施和"五纵十一横"的路网框架,吸引注册企业2065家,初步形成海洋、新材料、现代机械制造、油品和电子信息等五大产业体系,努力打造全国唯一品牌的海洋生态科技城、环渤海地区产业升级制造研发和吸收转化基地。

3.滨海新区金融配套体系建设

天津滨海新区在完善金融体系、加快金融产品及制度创新、扩大企业直接融资渠道、开展连锁金融业务等领域取得一定突破:新型金融机构不断增加,丰富了企业融资方式;仅2008年上半年实现金融产品创新33项,制度安排创新98项,金融业务流程等方面创新2项;各类股权投资基金的发行、管理地位日益凸显,扩大了企业直接融资渠道;同时大力发展离岸金融业务。

4.滨海新区土地管理改革

东丽区华明镇和津南区葛沽镇的宅基地换房模式创新了集体土地

征收和农用地转用方式,开展城镇建设用地规模扩大与农村建设用地减少挂钩试点,试行农村集体建设用地及土地收益分配的改革,把农村城镇化和新农村建设相结合,最大限度地保护耕地和农民利益。

5.海关特殊监管区域制度建设

目前滨海新区已有天津港保税区、天津出口加工区、天津港保税物流园区、天津东疆保税港区和天津新区综合保税区5种海关特殊监管区,是国内海关特殊监管区中种类最齐全的。海关特殊监管区域制度是滨海新区开发开放的巨大优势,成为吸引货物、技术、资金和人才流的金字招牌和主要经济增长极,也是滨海新区改革开放和自主创新的重要试验田。

三、总结

1.勇于制度创新,配套设施齐全

制度创新全方位体现在天津海洋经济发展过程中,为改变人们的传统思想观念,培育海洋新兴产业发展提供了良好的制度环境。例如,"无水港"覆盖面的不断拓展大大增加了天津港的国内业务;金融产品及制度的不断创新,极大地丰富了企业融资方式。全面展开基础设施和城市重点工程建设,使滨海新区具备了完善的现代化城市公共服务功能,已经具备内、中、外三条环线和"六横六纵"的道路骨架,并建有学校、医院、图书馆、游乐场、公园、垃圾处理厂等一系列城市配套设施。这一切都成为天津市海洋新兴产业发展的重要基础保障和推动力。

2.产业项目关联,构建完整产业链

作为传统海洋优势产业,海水综合利用业不断展现新亮点。产业项目关联即一大突出亮点,"电水联产""海水制盐"等日益丰富的对接模式又推动了产业链的不断延伸,并帮助实现了节能减排。例如,北疆电厂利用海水和发电工程的余热生产纯净水,剩余浓海水就近引入汉沽盐场制盐,使制盐成本得以大幅降低。

3.滨海新区开发建设,引领海洋产业发展

在当前经济全球化进程不断推进,吸引外资竞争空前激烈的国际环境下,天津滨海新区坚持高起点和国际视野,把握国际国内新变化,用新思路和新发展模式,形成对外开放窗口作用,先行试验一些重大改革措施,引领海洋新兴产业发展,有利于探索出一条区域创新发展新路,也为全国提供了有益经验。

4.巩固优势产业,开辟新兴市场

天津市在发展海洋新兴产业过程中,坚持巩固传统优势产业,同时利用区位优势不断开辟新兴市场。例如,海洋综合利用业和海洋石油化工业作为传统优势海洋产业,仍旧是未来发展重点,不断加大投资力度,创造产业新亮点;同时利用地区科研生产优势和海关特殊监管区域制度,加快发展海洋生物医药业和港航物流产业,开辟出更为广阔的新兴产业市场。

5.争取国家政策支持,不断扩大改革开放

天津市海洋新兴产业的迅速发展,离不开国家优惠政策的大力支持。例如,天津市拥有国家级石化产业基地、唯一的国家级海洋高新技术开发区和种类最齐全的国内海关特殊监管区域等,这一系列支持也成为滨海新区吸引资金、技术和人才的重要法宝,从而使滨海新区可以不断深化改革、扩大开放,开辟出一条独特的区域发展之路。

第三节　山东海洋经济发展概况

一、山东海洋经济发展布局

近几年,山东省海洋经济取得了长足发展,2015 年海洋经济生产总值 12422.3 亿元,居全国第二位,山东半岛蓝色经济区成为中国海洋经济最发达的地区之一。[①] 山东省已形成较为完备的海洋产业体系,海洋产业结构正向海洋新兴产业逐步崛起与传统海洋产业升级改造相结合

---

① 本书编委会.中国海洋统计年鉴 2016.北京:海洋出版社,2017.

的状态发展。山东省海洋盐业、海洋工程建筑业、海洋生物业和海洋渔业增加值均居全国首位,其海洋支柱产业有滨海旅游业、海洋运输业、海洋渔业、海洋修造船业、海洋油气化工业等。

1.海洋高端设备制造业

初步形成海洋装备制造产业集群。2004 年开始,青岛市通过大企业、大项目引进,使海洋装备制造业实现了从无到有、从弱到强的发展,目前初步形成海洋装备制造产业集群。船舶海工产业项目 70％以上具备国内先进水平,拥有海洋工程装备、船舶电力推进等较高层次产业链。

2.海水综合利用业

产业设备装置总量和技术水平走在全国前列。山东省海水淡化装置日产淡水量占全国总量的 50％左右,海水淡化技术在青岛市全面推进,海水淡化用于工业用水的成本,已经低于自来水进行软化处理后的成本。目前,山东省正与清华大学在烟台市共建全球最大核能海水淡化处理厂。海洋盐业产值居全国首位,且持续稳步增长。

3.海洋生物医药业

率先实现海洋医药化工产业化。山东拥有国家、省部级科研单位与企业共建的海洋医药化工研发机构数十家,并通过产业化发展实现了可观的经济效益。例如,我国第一个海洋现代新药藻酸双酯钠项目累计实现产值 20 多亿元。目前,国家生物产业基地落户青岛,青岛市海洋生物产业以年均 30％的速度增长。

4.海洋新能源产业

青岛将风能、太阳能、生物质能和海洋能列为重点发展的“主力”新能源;烟台市 9 个风电场投入运营,形成初步产业链;龙口矿业集团建成山东首个油页岩瓦斯发电项目;长岛让风力发电机具备了新功能——潮汐发电,单机效力提升三倍;威海市开工建设风电项目 8 个,已投入运行 4 个。

5.海洋勘探开发业

矿产油气资源丰富,发展潜力巨大。101 种矿产资源中,山东省已探明储量的有 53 种,居全国前三位的有 9 种。渤海沿岸石油预测储量为 30 亿～35 亿吨,探明储量是 2.29 亿吨,天然气探明储量为 110 亿立方米。龙口油田为我国第一座滨海油田,探明储量为 11.8 亿吨,胜利油田为山东省重要的海上油田,勘探生油凹陷资源量为 12 亿吨,已探明储量为 4.75 亿吨,仍有较大开发潜力。[①]

6. 海洋现代服务业

包括以下四个产业:一是滨海旅游业。沿海城市分别提出各具特色的形象主题口号,如青岛市的"奥帆之都,浪漫之都"、烟台市的"山海福地,魅力烟台"、威海市的"拥抱碧海蓝天,体验渔家风情"等。二是海洋文化会展产业。全省沿海七市都建设了会展中心,硬件和软件设施不断升级,加上山东省丰富的海洋文化产业资源、便利的交通优势,使海洋文化会展业在整个海洋文化产业中的地位日渐清晰。三是港航物流业。基本形成以青岛、烟台、日照为主要枢纽港,龙口、威海、岚山为区域性重要港口,蓬莱、东营、长岛等为中小型补充港口的多层次共同发展局面。全省共与 150 多个国家和地区的 220 多个港口通航。四是海洋科技业。山东省是海洋科技力量集聚地,拥有省级以上海洋科研教育机构 30 余个,海洋科技从业人员近万人,占全国 40%,高级专业人员占全国半数以上,在基础理论与应用研究方面都拥有大批国内外领先科技成果,在海洋科技上的投入水平和科技产出水平都名列全国前茅。

二、山东海洋新兴产业的发展

1. 山东半岛蓝色经济区定位

以高端技术、高端产品、高端产业为引领,强化港口、园区、城市和品牌带动作用,建设具有较强自主创新能力和国际竞争力的现代海洋产业集聚区;整合海洋科教资源,构筑具有国际影响力的海洋科技教育人才高地和具有世界先进水平的海洋科技教育核心区;打造东北亚国际航运综合枢纽、国际物流中心、国家重要大宗原材料交易及价格形成中心,建

---

① 山东省海洋局. http://www.hssd.gov.cn/zwxx/jggk/hygk/201804/t20180410_1253150.html.

设国家海洋经济改革开放先行区;科学开发利用海洋资源,打造富裕安定、人海和谐的宜居示范区和著名国际滨海旅游目的地,建设全国重要的海洋生态文明示范区。

2.山东半岛蓝色经济区海洋产业布局

遵循"一核、两极、三带、三组团"的总体开发框架。"一核"是提升胶东半岛高端海洋产业集聚区核心地位,"两极"是壮大黄河三角洲高效生态海洋产业集聚区和鲁南临港产业集聚区两个增长极;"三带"是构筑海岸、近海和远海三条开发保护带;"三组团"是培育青岛—潍坊—日照、烟台—威海、东营—滨州三个组团。

3.海洋新兴产业的重点发展领域

①以结构调整为主线。以海洋生物、装备制造、能源矿产、工程建筑、现代海洋化工、海洋水产品精深加工等产业为重点,坚持自主化、规模化、品牌化、高端化发展方向,着力打造带动能力强的海洋优势产业集群。

②积极推进海洋服务业综合改革。培植壮大港口物流业,加快构建现代化海洋运输体系;推动文化、体育与旅游融合发展,建设全国重要的海洋文化和体育产业基地,打造国际知名滨海旅游目的地;大力发展软件信息、创意设计、中介服务等新型服务业态,改造提升商贸流通业。

4.海洋产业集聚和区域联动发展

①重点提升园区载体功能。重点鼓励产业基础好、发展优势突出的园区拓展发展空间,提高产业承载和集聚能力,形成经济(技术)开发区、高新技术产业开发区、海关特殊监管区域各有侧重、相互配套的发展格局。

②打造区域联动发展平台。以海洋产业链为纽带,以海洋产业配套协作、产业链延伸、产业转移为重点,在联动区建设一批海洋产业联动发展示范基地,加强联动区与主体区的对接。

5.实施科教兴海政策

科教兴海是蓝色经济区发展的核心。加强海洋科技创新综合性平台、专业性平台和科技成果转化推广平台建设,完善现代海洋教育体系,加强重点学科建设和海洋职业技术教育,加快海洋创新型人才队伍建设,努力建设具有国际先进水平的海洋科技、教育、人才中心。

三、总结

1.集约用海,集成规划

"山东半岛蓝色经济区"核心区为 9 个集中集约用海区。集约用海大大扩展了山东省的发展空间,搭建了独具优势的海陆统筹、对外开放和科技创新平台。山东半岛蓝色经济区除 1 个总体规划外,还有 25 个专项规划,这种统一规划和专项规划互动反馈的集成规划模式,便于实现海洋综合管理,协调各部门、各地区之间的矛盾与冲突。

2.三位一体,海陆统筹

山东半岛蓝色经济区发展规划将资源开发、产业促进和海洋区建设三大任务集为一体,有效避免了只关注资源开发导致的生态环境恶化、单一海洋产业导致的海洋产业结构畸形和分割区域导致的离散弊端,促进了创新资源要素、功能和优势之间的相互匹配。加上区域联动发展平台的打造,通过海洋产业链的延伸和海洋产业的转移,将海洋产业向内陆城市扩展,实现了海陆统筹的海陆一体化发展模式,使海洋经济获得了更广阔的发展腹地。

3.科研院所集中,高新技术支撑

山东省是海洋科技力量集聚地,拥有全国最多的海洋科研教育机构、海洋高科技人才和大量国内外领先科技成果。山东省充分利用科研优势,积极发展海洋新兴产业。例如,海洋药物研制一直保持国内领先水平,开发了可生物降解环保型新材料等一大批具有自主知识产权的科研成果,科技对山东省海洋产业的贡献率高达 50% 以上,科技创新成为拉动海洋产业升级和提高经济效益的强力助推器。

4.特色旅游文化品牌推广

滨海旅游业是山东海洋经济的支柱产业,其一大亮点就是通过媒体平台,成功地进行特色旅游文化品牌推广。例如,2009 年为积极应对金融危机,山东省打造黄金海岸旅游线,开展了"谁不说俺家乡好——山东

人游山东"活动；近几年，在"好客山东"统一品牌形象下，不同沿海城市也根据市场需求和自身特色分别提出主题宣传口号，如青岛市的"奥帆之都，浪漫之都"等，使山东省旅游产业呈现出"联合推介、百花齐放"的局面，给人们留下了深刻印象，有力地带动了滨海旅游业的发展。

第四节　广东海洋经济发展概况

一、广东海洋经济发展布局

广东省海洋经济总量保持平稳快速增长态势，2015 年海洋生产总值 14443.1 亿元，占全国海洋生产总值的 22%，连续 21 年居全国首位。[①] 广东省已经形成一套完备的海洋产业体系，涉及海洋渔业、海盐业、海洋交通运输业、海洋油气业、滨海旅游业等诸多产业。其中，海洋水产业、滨海旅游业产值一直处于领先位置，其次是海洋电力和海水综合利用、海洋石油与天然气、海洋交通运输、沿海造船和海洋药物等产业。

1. 海洋高端设备制造业

广东省海洋高端设备制造业区位优势、工业优势和资源优势突出，规模实力不断增强，已初步形成广州、深圳、珠海、中山、湛江等产业基地，并建成全球第一艘圆筒型浮式生产储油船。

2. 海水综合利用业

已初步形成海水淡化产业集群。全省从事海水淡化设备配套生产的企业有 23 家，淡化技术应用工程公司有 80 多家，海水作为工业冷却水项目已具有一定规模，大生活用水项目逐渐成为海水综合利用业的快速增长点。深圳市是国家海水淡化和综合利用示范城市，起到了良好的引领作用。

---

① 本书编委会.中国海洋统计年鉴 2016.北京：海洋出版社，2017.

3. 海洋新能源产业

技术实力雄厚，主要集中在风能、波浪能、潮汐能、温差能和"可燃冰"等领域。主导产业为海洋风力发电，全省已建成沿海风电场 11 个，在建 10 个；广州能源所研发了多座波浪能发电装置和海岛可再生独立能源系统；东莞、韶关等地开展了潮汐能电站水轮研制和实验；汕尾建有世界首座波浪能电站；广东"可燃冰"研究也已迈入世界先进水平。

4. 海洋生物医药业

发展较早，走在全国前列。已搭建了广州生物岛、深圳国家生物产业基地龙岗海洋生物产业园、"南海海洋生物技术国家工程中心"东莞产业基地等科技研发平台，培育了以海王集团、昂泰集团、中大南海海洋生物技术工程中心有限公司和海陵生物医药有限公司为龙头的产业体系，开发出了一系列拳头产品，并形成了研发、养殖、加工、销售紧密连接的完整产业链。

5. 海洋勘探开发业

广东油气资源丰富，开发前景广阔。所辖海域大陆架石油储量 6 亿吨，天然气储量 3000 亿立方米，已查明油田 40 多个，已进行开发和生产的油田 16 个、天然气田 1 个。① 海洋油气业已成为广东省海洋经济主导产业，并保持着强劲发展势头。广东省坚持科技创新，不断提高勘探成功率和采收率，降低油气资源消耗率，以实现可持续发展。

6. 海洋现代服务业

海洋现代服务业有三个典型产业。一是港航物流业。广东省港口资源优良，港航物流业发达。拥有以汕头港、汕尾港为主体的粤东港口群，以深圳港、广州港、珠海港为主体的粤中港口群和以湛江为主体的粤西港口群。依托优良港口资源，广东省已建成一支以中央骨干航运业为主、地方航运业为辅的远洋船队，承担大量外贸运输业务。二是滨海旅游业。这是广东海洋经济的新增长点。沿岸自然景观与人文景观有序配置，是游客理想的旅游胜地。滨海旅游产品由观光型向观光度假型转

---

① 广东省人民政府关于印发广东省沿海经济带综合发展规划(2017—2030 年)的通知.

变,结构日趋合理,管理逐渐提升,其中,深圳、珠海、潮汕、顺德等地以海洋文化为依托,地区特色突出,配套基础设施完善,成为广东省知名滨海旅游城市。三是海洋科技教育业。海洋科研机构集中,海洋科研能力较强。广东省拥有中国水产科学研究院南海水产研究所、中国科学院南海海洋研究所、广东海洋大学等多家实力雄厚的科研院所;在海洋生物、海洋渔业、海洋地质、海洋工程和造船等领域,具有一批水平较高的学科带头人和大量专业人才。

二、广东海洋新兴产业的发展与政策

1.海洋新兴产业发展目标

加快培育一批示范效应明显、创新能力较强、产业链完整的海洋新兴产业示范工程和创新基地,培育一批中小型海洋科技企业,取得部分核心技术。到 2020 年,形成若干产值规模超千亿的海洋新兴产业集群,海洋工程装备制造业、海洋生物医药业、海水综合利用业、海洋现代服务业成为海洋经济支柱产业,海洋可再生能源、深海资源勘探成为海洋经济先导产业,在局部领域达到世界领先水平。

2.海洋新兴产业主要任务

强化科技创新能力建设,实施重大海洋技术攻关,推进技术标准知识产权战略,加强海洋科技人才培养,深入实施科技兴海,搭建蓝色创新平台;实施重点示范工程,引导区域协调发展,着力打造高端科技引领的特色产业基地;转变发展模式,走高端路线抢占行业先机,产业提升与城市发展融合,加快传统优势海洋产业升级改造;完善产业发展和应用环境,推动产业链梯次延伸,加强产业开放与合作,逐渐形成布局合理的海洋高新产业密集区。

3.海洋新兴产业重点发展领域

重点发展海洋资源勘探开采、海底工程、海洋船舶制造等海洋工程装备制造业;积极发展海洋基因技术、海洋生物工程、海水养殖技术、海洋药物与保健品等海洋生物产业;实施重点行业海水淡化、海水直接利用、海水化学元素提取、海岛海水利用等示范工程,推动海水综合利用业发展；开展潮汐能、波浪能、海流能、海洋风能技术集成创新和转化应用，大力发展海洋可再生能源产业；高起点布局海洋现代服务业，加速形成带动海洋经济的新增长点。

4. 海洋新兴产业发展保障措施

设立广东省海洋新兴产业发展领导小组，建立由主要领导担任组长，省发改委、省海洋与渔业局、中科院、中山大学等有关部门参加的协调领导小组，制定相关规划，确定相关部署。切实加大财政投入力度，建立稳定的财政投入增长机制，设立海洋新兴产业发展专项资金，集中支持重大示范工程、基地建设等，同时积极吸引海外风险投资。税收方面，综合运用各种手段，形成普惠性社会激励。继续实施科技兴海，推动体制机制创新，进一步落实产学研合作模式，注重海洋科技人才的吸收和培养。

三、总结

1. 产业体系完整，产业结构合理

广东省海洋经济实力雄厚，已经形成了相对完备的海洋产业体系，涉及海洋渔业、海洋盐业、海洋交通运输业、海洋油气业、滨海旅游业等多个产业。其中，滨海旅游业、海洋新能源产业、海水综合利用业、海洋勘探开发业、海洋交通运输业、海洋船舶制造业和海洋生物医药业在国内都占领先地位。这为海洋新兴产业的扩大发展奠定了坚实基础，避免了从无到有的困境和尴尬，又有利于抢占先机，实现规模效应。

2. 主要任务明确，重点领域突出

广东省抢先其他沿海省份，率先发布了《海洋新兴产业规划》，规划中发展任务明确，重点领域既充分发挥了本地特色优势，又与国际趋势充分接轨。例如，重点发展领域中，海洋工程装备制造业、海洋生物医药业、海水综合利用业、海洋现代服务业被列为未来支柱产业，是在本地产业基础上扩大再生产，具有领先优势；海洋可再生能源、深海资源勘探被列为海洋经济先导产业，并致力于在局部领域达到世界领先水平，将先期优势产业提升到了一个新的高度。

3. 搭建科技研发平台,构建完整产业链

海洋生物医药业是广东省的优势产业,起步较早并处于全国领先地位。其重要经验就是投入巨资搭建科技研发平台,促进科技成果产业化,最终达到构建完整产业链的目的。例如,先后搭建了广州生物岛、深圳国家生物产业基地龙岗海洋生物产业园、南海海洋生物技术国家工程中心东莞产业基地等科技研发平台,培育了以海王集团、昂泰集团等企业为龙头的产业体系,并开发出了一系列拳头产品,形成了研发、养殖、加工、销售紧密连接的完整产业链。

第五节　江苏海洋经济发展概况

一、江苏海洋经济发展布局

自 1996 年开始实施"海上苏东"发展以来,江苏省海洋经济总体实力显著提升,2015 年,全省海洋生产总值初步核算为 6101.7 亿元,占地区生产总值比重约为 8.7%。"十二五"海洋生产总值年均增长 13%,海洋船舶修造、滨海旅游、海洋渔业、海洋交通运输等优势产业实力进一步提升,海洋风电、海洋工程装备、海洋生物医药等海洋新兴产业发展迅猛,并形成了较为完整的产业链,海洋经济结构逐步得到优化。[1]

1. 海洋高端设备制造业

已初步形成海洋工程装备制造产业群。2010 年,江苏新世纪(新时代)造船有限公司、江苏扬子江船业集团公司、江苏熔盛重工集团有限公司造船完工量和新承订单分别位全国前三名,南通已初步形成江苏省乃至全国最大的海洋工程装备制造产业群,泰州、扬州和南京也是江苏省重要的海洋工程装备制造基地,镇江、无锡等地,也在政府推动下快速发展海洋工程装备产业。

---

① 本书编委会.中国海洋统计年鉴 2016.北京:海洋出版社,2017.

2.海水综合利用业

海水淡化技术使用广泛,部分领域处于国际领先地位。江苏省已出台《海水利用专项规划》,逐步使海水成为工业和生活设施用水的重要水源;南京工业大学的"膜技术"水平处于国际领先地位;"大规模非并网风电"项目是国家"973计划"中唯一的风能项目,以项目技术为依托的风电海水淡化示范工程已在江苏盐城建成使用,开辟了我国海水淡化新渠道。

3.海洋生物医药业

海洋生物医药业是江苏省海洋新兴产业的重点发展领域。江苏省海洋药物研发中心与海洋经济开发区和科技兴海示范基地联动,在海洋药物开发和成果转化方面发挥了积极作用;海洋医药保健品产业已取得突破性进展,如南通双林生物制品公司的海洋保健品推向市场后,赢得了不错反响。

4.海洋新能源产业

江苏省海洋风能发电产业处于国内领先水平。至2010年底,风电装备成套机组制造企业数量居全国首位,关键部件国内市场占有率达50%,一批相关高新技术和产品填补了国内空白,达到国际先进水平,海洋风电产业已经形成较为完整的产业链,使海洋经济结构进一步得到优化。

5.海洋现代服务业

海洋现代服务业主要包括三类产业。一是滨海旅游业。滨海旅游业是江苏省海洋支柱产业之一,呈现较快增长态势。江苏省文物古迹众多,海滨风光独特,有着发展滨海旅游业的独特优势,近年呈现出入境游、国内游、出境游"三游并进"的良好局面,同时带动了全省商贸流通、住宿、餐饮等行业的兴旺,已成为稳定增长、拉动内需的重要力量之一。但其同时也存在缺乏明确发展、特色不够明显、资源开发和营销力度不够等问题。二是港航物流业。港口资源丰富,"江海联运"成为亮点。江苏省拥有连云港港、南通港、苏州港、南京港等六大亿吨大港,数量居全国第一;沿海港口货物吞吐量达1.51亿吨,沿江港口海运货物吞吐量约为5.1亿吨,"江海联运"为其一大突出亮点;沿海高速公路全线贯通,东陇海铁路复线及电气化改造顺利完工,通榆河北延工程全线通水通航,区域综合交通网络初具规模。三是海洋科技教育业。涉海科研机构众多,积极推进海洋科技发展。江苏省拥有河海大学、南京大学等20多家涉海高校和科研机构,陆续建立了国家级"全国科技兴海技术转移连云港中心"等4个省级海洋研究开发中心,为科技兴海奠定了良好基础。

6.海洋环境保护业

环境监管不断强化,环境保护初见成效。海洋工程建设项目环境影响评价、"三同时"制度、竣工验收及跟踪监管不断强化,陆源排海特征污染物在线监测系统投入运行,海洋预警预报体系建设取得明显成效,海洋环境监测预报中心自主发布海洋预报,新建2个国家级海洋特别保护区,海洋渔业资源养护和海洋生态修复取得明显成效。

二、江苏海洋新兴产业发展政策

1.基本原则和发展目标

在发展的基本原则上,第一原则是陆海统筹,即注重陆海一体,统筹海域、海岸带、沿江及腹地开发建设,实现陆海资源互补、布局互联、产业互动;第二原则是江海联动,即统筹规划沿海、沿江两大区域发展,以海洋经济为纽带,促进沿海、沿江区域产业配套和联动发展。在发展目标上,海洋经济成为全省经济快速持续发展的重要引擎;海洋产业结构和空间布局显著优化,现代海洋产业体系基本形成;海洋科技进步贡献率显著提高;环保监管能力显著提升;初步建成全国重要的海洋产业示范区、海洋科技人才集聚区和海洋生态宜居区,至2020年,基本实现海洋经济强省目标。

2.空间布局

"一带、三区、多节点、多载体"布局。"一带"是指全力打造以沿海地区为纵轴、沿江两岸为横轴的"L"型特色海洋经济带;"三区"是指建设以连云港、盐城和南通3个城市为核心的江苏北部、中部和南部海洋经济区;"多节点"是指以众多港区为海洋经济发展节点,推进港口、产业、城镇联动开发;"多载体"是把海洋功能园区作为海洋产业载体,坚持产学研结合,促进海洋产业向园区集聚,培植发展更多海洋产业集聚区。

3.重点发展领域

一是海洋工程装备制造业。形成以骨干企业为中心,服务全省、辐射全国的"江苏海洋工程研发体系"。二是海洋新能源产业。依托海上风电建设,推进海洋生物能、潮汐能等海洋新能源开发利用。三是海洋生物医药业。瞄准国际海洋生物医药技术发展新动向,开发海洋功能保健食品、医用产品和具有自主知识产权的海洋药物。四是海水综合利用业。超前发展海水直接利用和海水淡化技术,提高海水利用规模和水平。五是现代海洋商务服务业。大力发展海洋信息服务业、海洋文化创意产业、涉海中介和会展服务业,加快连云港国际商务中心建设。六是海洋交通运输和港口物流业。加快培育现代大型物流企业集团,积极发展国际物流和第三方物流。推进国内、国际物流无缝衔接。七是滨海旅游业。实施"一大旅游品牌、三大旅游精品、十五大特色产品"建设,整体打造"江苏沿海"旅游品牌。

4.设施支撑和保障措施

一是设施支撑。统筹发展水运、铁路、公路和航空交通,构建现代综合交通网络;加快水利设施建设,提高沿海地区供水安全保障和防洪排涝水平;完善能源保障网,加强能源供给保障;推进信息基础设施建设,提升信息网络水平。二是保障措施。在财税政策、产业政策、投融资政策、资源开发与管理政策和对外开放政策方面加大政策支持力度;健全海洋法规体系,强化综合管理;完善综合管理体制,认真落实海洋经济规划,加强组织实施。

5.海洋科技创新体系建设

依托高等院校、科研院所和骨干企业,优化配置海洋科技资源,加快海洋创新平台建设;以加快突破核心技术瓶颈、显著增强竞争力为目标,优先支持具有自主知识产权的重大科技成果转化;加大海洋教育设施和研究设备投入力度,加快涉海院校建设;加快实施海洋紧缺人才培训工程,积极培育高技能实用人才。

三、总结

1. 新兴产业发展迅速，未来前景仍旧广阔

按总产值排序，海洋渔业、海洋船舶工业、滨海旅游业、海洋电力业是江苏省的海洋经济支柱产业。海洋工程建筑业、海洋化工业、海洋交通运输业、海洋生物医药业、海水利用业虽然发展迅速，但总体比重一直不超过 10%，相对较低。这说明在海洋高端设备制造业、滨海旅游业、海洋电力产业等海洋新兴产业的发展方面，江苏省已经具备了先发优势，产业基础雄厚，而海洋交通运输业、海洋生物医药业、海水综合利用业等新兴产业规模暂时较小，但发展前景广阔。

2. 海洋经济充满活力，产业结构仍待优化

江苏省大力发展海洋化工业、海洋生物医药业、海洋电力业、海水利用业和海洋工程建筑业等海洋新兴产业，实现了从无到有并迅速发展壮大的可喜局面。海洋产业门类趋向齐全，海洋经济结构趋于多元化，海洋支柱产业发生明显转变，海洋经济结构已由中级阶段逐渐过渡到高级阶段。但产业总量规模偏小，海洋二、三产业结构内部发展不均衡，尚处于低级阶段，仍需在"科技兴海"发展思路下，加速海洋产业结构优化升级步伐。

3. 科技应用全面扩展，基础研究逐步深化

江苏省海洋科技推广应用已全面扩展，突出表现在以下三个领域：第一，海洋生物开发技术，向规模化、集约化、标准化方向健康发展；第二，海洋化工技术，依托现有产业基础和资源优势，大力开发化工新产品，积极向高科技含量、高附加值方向发展；第三，海洋可再生能源利用技术，开辟了保护生态环境、满足能源需要的新方向。在基础研究方面，通过理论分析与模型研究相结合对江苏沿海若干地区的航道、潮汐通道、岸滩等不同区域进行了一系列海洋工程可行性研究，如连云港港口航道、灌河口航道及港口群、大丰港及辐射沙洲航道、洋口港、滨海港、启东港、洋口港等地。海洋科技基础研究的日益深入，为海洋新兴产业的发展奠定了坚实基础。

第六节　香港海洋经济发展概况

一、香港海洋经济发展布局

香港四大支柱产业是金融服务业、旅游业、贸易及物流业、工商专业服务业,四大支柱产业撑起了香港经济的半壁江山。其中,旅游业、贸易及物流业和工商专业服务业三大产业,属于海洋新兴产业的范畴。香港海洋经济依次从渔业期、航运期、造船期,发展到了现在的滨海旅游、物流贸易和专业服务三大产业齐头并进期。海洋新兴产业的兴起对香港经济发展起到了支撑性作用。

1. 滨海旅游业

以度假、商务会议为主。香港风光秀丽、中西文化荟萃,享有"购物天堂"和"美食天堂"的美誉,吸引大量游客前来度假;作为商贸城市,在吸引众多跨国公司设立总部和分支机构的同时,也吸引了大量国际商务会议和展览会在香港召开,使滨海旅游业实现优化升级,同时带动了餐饮业、酒店服务业和交通业等产业的发展。

2. 港航物流业

这是香港经济增长的助推器。香港拥有世界上最繁忙的空运港和海运码头,居世界物流中心第二位,物流业的发展又带动了货运、仓储服务、邮递、速递服务业等相关产业的发展,目前从事物流业和物流相关产业的人数占就业总人数的 10% 以上。

3. 海洋现代服务业

行业内人才济济,专业服务水平世界一流。香港利用区位优势和人才优势,推动知识密集型服务业发展,并积极承接离岸外包,把香港建成为世界一流的专业服务区。其中,资料技术相关服务、广告服务和专业服务业增长最为迅猛,建筑、测量、工程策划服务,工程技术服务,商业管理及顾问服务增速也较快。

4.海水综合利用业

香港建成了世界先进的海水淡化厂,利用海水冲厕更是香港城市供水系统的一大特色,为此香港在市政管道及小区用户管网系统中专门建设了海水冲厕管道,供市民免费无限量使用,有效节约了淡水资源。

二、香港海洋新兴产业发展与政策

1. 良好的投资环境

在硬环境方面,香港特区政府通过直接投资或推动企业投资,进行大规模基础设施建设;在软环境方面,香港特区政府致力于建立一个高度自由开放的经济体系和公平竞争的市场环境,从而使香港以基础设施优良、公司个人课税率低、人才集中、服务专业化程度高且收费低廉而著称,吸引各大跨国公司纷纷在香港设立亚洲总部或分支机构。

2. "积极不干预"政策

香港特区政府对于经济采取"积极不干预"政策,即更强调维护市场价格机制的正常运作,为防止市场失效,尽量避免使用不恰当的行政干预使市场受到压抑或者扭曲,让市场这只"看不见的手"去发挥调节作用,让社会资源得到最优配置。因此香港经济体系具有很大的灵活性和弹性,能够顺应国际市场的需求变动和外部环境的变化而迅速调整,从而获得最大经济利益。

3. 得天独厚的营商环境

香港是信息极为发达的国际大都市,也是最自由的贸易通商港口,加上良好的基础设施,为企业家和商人提供了得天独厚的营商环境。在香港创立公司,可享受多种好处:公司名称选择自由、经营范围极少受限、低税环境有利成长、注册资金少且无须验资、允许空壳公司存在,是拓展国际市场的窗口,容易获得国际信用和信贷,人流、物流、资金进出自由等。

4. 自由贸易政策

香港特区政府实行自由贸易政策,货物进出口免税,而且也不征收销售税和工商业增值税。因此,世界各国的商品荟萃香港且价格低廉,有的甚至低于原产地售价。良好的购物法律环境保护、简便的出入境手续,使香港被誉为"购物天堂",访港旅客购物消费也一直占全港消费总额的一半以上。

三、总结

1.依托港口航运,带动相关产业

港口航运业是香港最古老的产业,也是香港经济的依托产业。航运业是香港的支柱产业,并带动了转口贸易的迅速发展,仓储业、船舶修理和制造业、旅栈业也逐步兴起。香港的港口码头设施不断扩展,航运业转向为进出口服务,修船造船业得到长足发展。香港积极调整产业结构,以港口经济为依托,转口贸易和本地进出口业并驾齐驱,滨海旅游业逐步兴起,最终发展成为金融、旅游、贸易及物流和工商专业服务四大支柱产业。

2.培育高端现代服务业,实现产业结构优化升级

香港是亚洲区域内船舶融资、保险、法律、仲裁、管理和经纪服务中心,并被视为仅次于伦敦的世界海洋高端服务中心。这得益于香港利用"吨位大港"优势,积极发展海洋现代服务业。香港积极推行第三方船舶管理,船舶管理服务又带动了技术管理、新船建造监督、商务管理等服务产业;香港自由开放的金融体系使其成为国际船舶融资中心;香港司法制度独立,实施法例与国际法接轨,使其顺利成为国际仲裁中心。

3.实行自由贸易制度,造就"购物天堂"

香港特区政府实行自由贸易政策,货物进出口免税,并且不征收销售税和工商业增值税。香港地理位置优越,具备发达的海陆空交通设施,是亚洲最重要的转运中心,是世界各国商品进入中国的特别通道。

4.发展会展服务业,吸引高端商务游客

香港是一个旅游城市,城市风光秀丽,荟萃中西文化,享有"购物天堂""美食天堂"的美誉,拥有完善的旅游服务设施。同时,香港又是一个商贸城市,营商环境良好,吸引了众多跨国公司在香港设立总部和分支机构,因此每年也有大量国际商务会议和展览会。据统计,旅客访港目

的以度假和商务会议为主,度假比重平均约占 50.7%,商务会议比重平均约占 30.6%。香港大力发展会展服务业,吸引高端商务游客,不仅带动了餐饮业、交通运输业、酒店业等传统产业的发展,更使香港的旅游业实现了优化升级。

第七节　我国海洋经济发展面临的制约

1."地理不利国家"

中国虽然海岸线长度居世界第四位,但濒临的海域多被周围邻国岛屿包围,在海洋交通和其他海洋权利方面,属于国际海洋法公约中的"地理不利国家"。

2.海洋生态环境破坏严重

随着海洋经济的迅速发展,我国海洋环境承受压力不断增大,但海洋综合管理却没有同步跟上,导致滩涂围垦没有科学规划,红树林被大面积破坏;海洋生物资源被过度捕捞,多数传统优质鱼类资源已无法形成鱼汛;许多珍稀海洋物种濒临灭绝,海岸侵蚀危害普遍,重要河口淤积影响泄洪;海上执法监督缺乏协调机制;环境监测缺乏法律规范,海域污损事件频频发生;沿海地区地表水干涸和地下水超采等人为海洋灾害不断增多。这些破坏都制约着海洋经济的可持续发展。

3.海洋资源瓶颈突显

"地理不利国家"的先天缺陷和海洋生态环境的后天破坏已经造成了国内海洋资源的严重破坏。而长期以来,中国高能耗的粗放式经济增长方式,使中国海洋资源相对不足、海洋环境承载能力较差的局面进一步恶化,海洋资源"瓶颈"已经成为中国海洋经济发展的一大"软肋"。因此,转变经济增长方式,进行海洋产业结构优化升级,培育和发展低碳环保的海洋新兴产业,是解决海洋资源"瓶颈"的重要机遇。

4.自主创新能力欠缺

我国海洋产业结构虽然通过大量引进先进技术,实现了一定程度的优化升级,但自主创新能力却并未同步提升,而且随着市场竞争的日益激烈,发达国家对我国的技术封锁也在不断加剧,知识产权、技术标准等已成为我国海洋产业参与全球化竞争的巨大障碍。因此,加强自主创新已经成为我国当前海洋经济发展最紧迫的国家需求。

5.外部制约因素增加

中国已经成为名副其实的贸易大国,海洋经济的外贸依赖度也很高,但中国还未成为真正的贸易强国,在加入世界贸易组织的"后过渡时期",仍旧面临着巨大的国际竞争压力和更多的"新贸易壁垒"。尤其是在后危机时代,随着欧债危机、美债危机的不断恶化,中国海洋经济发展的外部制约因素持续增加,严重影响海洋经济的外贸增速。

第二篇

浙江海洋经济创新发展

第四章
浙江海洋经济创新发展思路

第一节　浙江海洋经济发展现状

一、浙江海洋经济发展条件

2012 年 3 月,《浙江海洋经济发展示范区规划》获得国务院批复,成为浙江第一个国家发展规划,也是中国第一个海洋经济示范区规划。近几年,国家层面的区域发展规划不断涌现,包括设立上海浦东新区、天津滨海新区、重庆两江新区、海峡西岸经济开发区、环鄱阳湖生态经济区等,而浙江省则凭借其优越的海洋经济区位优势承担起探索发展海洋经济发展模式的任务。

1.经济条件

发展海洋经济,必须具备优越的区位条件。浙江除拥有漫长的深水海岸线外,交通区位也相当优越,具备发展海洋经济的基础和独特条件。浙江沿海地区位于中国"T"字形经济带上,是全国"两横三纵"区域规划布局中沿海地区部分的核心,是长三角地区对接海峡两岸的通道。此外,中国最大的群岛市——舟山市也属于浙江省。舟山市是中国大陆唯一能够直接深入太平洋的核心区域。

浙江省经济较为发达。发展海洋经济的前提是陆域经济发展要有较好基础。就陆域经济发展基础来说,浙江省位居全国前列。同时,浙江海洋经济发达,2015 年浙江海洋生产总值 6016.6 亿元,形成了较完备的海洋产业体系,完成货物吞吐量 109930 万吨和集装箱吞吐量 2257 万标箱,宁波—舟山港成为全球第二大综合港和第八大集装箱港[①]。

2.资源条件

浙江省海洋产业类型齐全,资源丰富。浙江省拥有 26 万平方公里海域,是它的陆地面积的两倍多;海岸线长度为 6696 公里,居全国第一位;其中能建万吨级以上泊位的深水岸线长度有 506 公里,约占全国的 30.7%。[②] 浙江省拥有滩涂面积 400 万亩左右,开发利用条件良好。浙江省海洋能蕴藏丰富,能够开发的潮汐能可装机容量约占全国的 40%,可供开发的海洋能居全国首位,潮汐能占全国一半以上,其利用潜力非常大。[③]

浙江省的海洋渔业资源非常丰富,在全国名列前茅。浙江省海域位于亚热带季风气候带,为海洋生物栖息提供了良好的气候条件,素有"中国鱼仓"之美称。浙江省渔场面积为 22.27 万平方公里,渔业资源品种多、生长迅速、质量优、繁殖快。[④]

浙江省近海的海洋石油天然气资源非常丰富,经济价值巨大。东海大陆架盆地最大沉积厚度有 15000 米,不同的海域和不同的时代形成了不同类型的沉积盆地,有着各不相同的油气资源前景。

浙江省滨海旅游资源很丰富,海洋特色文化较其他沿海地区更为鲜明。浙江省沿海地区自然环境独特,气候宜人,形成了多种自然景观,同时前人留下的历史文化遗产颇多,因而浙江省滨海旅游资源兼有自然和

① 本书编委会. 中国海洋统计年鉴 2016. 北京:海洋出版社,2017.
② http://www.portrbzs.com.cn/AboutUS/portResources.html.
③ 浙江省人民政府官网:自然地理. http://www.zj.gov.cn/col/544746/index.html.
④ 浙江省人民政府官网:自然地理. http://www.zj.gov.cn/col1544746/index.html.

人文类型。目前,浙江省海洋旅游区中有 3 个省级风景名胜区,1 个国家级自然保护区。

二、浙江海洋经济发展现状

2015 年浙江省海洋生产总值构成:第一产业 7.7%,高于全国 5.1%;第二产业 36.0%,低于全国 42.2%;第三产业 56.4%,高于全国 52.7%。浙江省海洋及相关产业增加值的主要构成是海洋产业、海洋科研教育管理服务业和其他海洋相关产业。其中海洋产业的增加值为 2472.5 亿元,海洋科研教育管理服务业的增加值为 1259.0 亿元,海洋相关产业的增加值为 2285.1 亿元。浙江省的涉海就业人员不断增加, 2001 年为 256.4 万人,2015 年增长到 436.6 万人。服务于海洋经济的海洋科研机构在 2012 年为 21 个,其从业人员为 2028 人。

依托优越的自然、经济条件,浙江省的海洋捕捞养殖产量在全国名列前茅。2015 年浙江省海洋捕捞产量达到 336.70 万吨,远洋捕捞产量为 57 万吨,海水养殖产量为 93.34 万吨。近几年浙江省的海洋矿业产量有所下降,从 2012 年的 2727 万吨,下降到 2015 年的 2597.1 万吨。 2012 年海盐产业产量为 10.9 万吨,2015 年下降为 7.6 万吨。港口物流业也是浙江省海洋经济的重点发展行业,浙江省 2015 年港口货物吞吐量为 109930 万吨,在全国占比 8.55%,在全国沿海港口中排第三位,仅次于广东和山东。与此同时,国际标准集装箱运量也迅速增加,2012 年集装箱箱数为 1759 万箱,到 2015 年增长至 2257 万箱。浙江省在 2014 年修船完工量为 4471 艘,造船完工量为 826 艘,2015 年分别为 5540 艘和 373 艘。以滨海旅游资源为基础,浙江省的旅游业发展如火如荼,越来越多的国内游客选择浙江作为旅游目的地。浙江省接待的国内游客人数从 2012 年的 35048 万人次增长到 2015 年的 44560 万人次;主要旅游城市杭州、宁波、温州接待的入境旅客人数从 2013 年的 177.70 万人次增长到 2015 年的 262.34 万人次,两年增长率高达 47.63%。①

---

① 本书编委会.中国海洋统计年鉴 2016.北京:海洋出版社,2017.

从总量和发展速度来看,浙江省海洋经济中的石化行业、船舶行业、水产品加工业和港口物流业给浙江带来了发展动力,也成为当前浙江省海洋经济发展的重要增长点。

三、浙江省海洋经济的重点产业

浙江四大海洋产业分别是石化行业、船舶行业、水产行业和港口物流行业,近年来这些产业各具特色且发展迅速,为浙江海洋经济注入了源源不断的力量,但是现阶段所面临的问题也应引起关注。

1.石化行业现状及特点

石化是石油化工的简称,又称石油化学工业,是化学工业中以石油为原料生产化学品的领域。石油化工已成为化学工业中的基础行业,在国民经济中占有极重要的地位。浙江临港石化产业现状主要表现为以下特点:

总体规模大、行业地位高。金融危机以后,经过几年的快速发展,浙江省石化业行业总体规模进一步扩大,行业地位更加突出。2016 年,石化行业(包括石油加工、炼焦和核燃料加工业、化学原料和化学制品制造业)规模以上企业 1640 家,其中石油行业 57 家,化工行业 1583 家。[①]

石化产业临港聚集的趋势非常明显。依靠得天独厚的港口资源和发达的市场经济环境,一批投资规模大、技术水平高、产业带动强的中外临港石化项目基本形成了以炼油化工一体化、有机化工原料、合成材料和下游化学品制造为主体,以临港石化园区为载体,以宁波为龙头、嘉兴至温台沿海为两翼的发展格局。其中宁波发挥临港优势,在镇海、北仑和大榭岛规划专门区域发展临港石化工业,取得明显成效;嘉兴乍浦的三江化工环氧乙烷生产能力达 20 万吨,打破了央企和外企对该行业的垄断,帝人聚碳酸酯有限公司聚碳酸酯生产能力达 13.5 万吨,产能国内领先。

产业结构调整取得一定效果。浙江省的石化产业结构也开始从曾

---

① 浙江省统计局.2017 年浙江统计年鉴.北京:中国统计出版社,2017.

经的传统精细化工为主向化工新材料、专用化学品为重点的结构转变。浙江省采取了积极规划建设专业石化园区的方式,吸引优秀的临港石化项目,淘汰了一批技术落后、能耗高、污染重的生产装置和企业,建成投产了一批专用精细化学、消耗臭氧层物质代替品、有机硅机器下游产品生产装置。

石化产业创新能力不断加强,行业素质大幅提升。近几年来,工程技术中心、研发平台、产学研联盟等科技创新实体的建设也取得了比较大的进展;科技投入力度加强,研发手段、仪器装备加快了更新和提升;研发队伍继续壮大、素质继续提高,加快推进了石化行业科技进步。

石化产业专业工业园区建设成效显著。目前浙江省已形成宁波石化经济技术开发区、中国化工新材料(嘉兴)园区、杭州湾上虞工业园区、衢州氟硅新材料产业基地等一批基础设施良好及配套服务完善的专业化工业园区,为行业的健康发展奠定了重要基础。同时,还形成了宁波大榭和北仑、杭州临江、绍兴滨海、建德马目等一批产业集聚区。

石化行业中的环境保护举措取得了一定的进展。浙江省尤其注意石化行业节能减排和绿色化发展。例如氯碱行业离子膜制碱比重达到96%,比全国平均水平高出36%,氢氟酸产能基本维持在23万吨的规模,有机合成生产企业尾气治理措施全面推行,行业节能减排成效显著。

2.船舶行业现状及特点

依托港口优势,浙江船舶产业经历了长久的发展,总体经济规模不断扩大。2011年,全省船舶工业企业完成工业总产值1051.4亿元,占全国船舶工业企业工业总产值的13.5%,排名全国第二;全省年造船完工量、新接订单量、手持订单量占全国市场份额已分别达到14.6%、24.0%和17.4%,三大指标继续保持全国前三。全省已基本形成以舟山为核心,宁波、台州、温州各具发展特色的现代船舶制造基地。

2016年,浙江省船舶工业在世界航运业和造船市场未见明显好转的背景下,通过积极开拓市场需求,优化产品结构,实现了"十三五"的良好开端。根据国防科工委"全国船舶工业统计信息管理系统"统计数据显示,2016年,浙江船舶生产企业共完成工业总产值1190.4亿元,同比增长 11.8%;民用船舶制造产值 738.8 亿元,同比下降 2.4%;船舶修理产值 150.1 亿元,同比下降 23.8%;海工装备产值 72.5 亿元,同比增长 31.6%。2016 年,全年实现主营业务收入 552.1 亿元,同比增长 6.4%;利润-4.4 亿元,较 2015 年同期亏损减少 8 亿元。[①]

船舶产业对港口具有独特的依赖性,需临港聚集发展。浙江省的船舶发展围绕舟山这一核心,宁波、台州、温州走特色发展之路,已基本形成以点带面的临港现代船舶产业格局。现有超过 50 亿元的船舶修造领域块状经济集群 7 个,其中舟山有 3 个,台州有 2 个,宁波有 1 个,温州有 1 个。

浙江省已涌现出一批知名度较高的重点造船骨干企业。2011 年,金海重工股份有限公司曾跃升为国内大型多种类型船舶制造企业,手持订单量世界排名第八、国内排名第二。5 家省级船舶工业行业龙头骨干企业(金海重工股份有限公司、浙江欧华造船有限公司、扬帆集团股份有限公司、浙江造船有限公司、杭州前进齿轮箱集团股份有限公司)实现销售收入 315.1 亿元、利润总额 9.87 亿元,分别占全省船舶工业的 46.3%、40.5%。

浙江船舶企业通过加大技术投入,努力提升产品开发能力和造船工艺水平,技术实力获得了一定的发展。在主船体建造方面,个别企业的技术水平与生产效率更是国内领先,中等企业基本放弃落后的整体造船方法,实现了分段造船并正向总装造船方向发展。自主创新能力也取得一定的突破,成功开发了世界首艘按照国际共同规范(Common Structural Rules,CSR)设计的 5.45 万吨散货船等终端产品;DN8320 大功率中速柴油机更是填补了浙江自主配套大船主机的空白,HCQ700 轻型高速船用齿轮箱打破了我国完全依赖进口的局面。此外,浙江开始发布首个反映国内船舶交易价格波动趋势的"中国船舶交易价格指数"——舟山船舶交易价格指数,标志着浙江船舶工业领域的商务

① 2016 年浙江省船舶行业发展报告. http://www. zjjxw. gov. cn/art/2017/3/7/art _ 1216282_5862063. html.

创新也迈出重要一步。

浙江船舶公共服务体系建设不断完善,已拥有专业船舶设计院所、公共平台 30 多家,具备 7 万吨以下各类船舶设计能力。浙江省航海学会船舶技术专业委员会和国家船舶舾装产品及材料质检中心在支持船舶工业企业加快向技术研发、品牌经营方面转型发展起到了重要的作用。浙江省造船工程学会与浙江省船舶行业协会在密切行业联系、扩大省外交流、提供行业信息咨询服务方面起到积极作用。以扬帆集团股份有限公司为牵头单位的浙江省船舶制造产业技术创新联盟,在开展关键共性技术攻关、共享技术攻关成果、提升联盟整体创新能力等方面发挥着显著作用。

3.水产捕捞、养殖、加工行业现状及特点

浙江省地处东海之滨,是水产大省,无论是捕捞、养殖还是加工都位于全国前列。2011 年浙江省海洋捕捞产量达 303 万吨,占全国的 24.4％,远洋捕捞产量占全国 20.45％。2011 年浙江省海水养殖面积为 90839 公顷,占全国海水养殖面积的 4.3％,海水养殖产量占全国的 5.45％。2015 年,浙江省海洋捕捞产量总计达到 397.9 万吨。其中,国内海洋捕捞 336.7 万吨,同比增长 3.8％,远洋渔业产量 61.2 万吨,同比增长 14.8％。海水养殖 93.3 万吨,同比增长 3.9％。①

近几年来,浙江省的水产加工业通过快速发展,已初步形成一个以冷冻加工为主要依托的多样化水产品加工体系。由传统加工中的腌制、干制、熏制、糟制等进行简单的保藏处理演变到建立形成了包括鱼糜制品加工、藻类加工、罐制品加工、干制品加工、冷冻制品加工、调理食品加工、动物蛋白饲料、鱼油加工等现代化的水产品加工技术体系。随着经济的高速发展和科学技术的不断进步,以及国外先进技术和设备的引入,水产食品加工方法和手段也发生了根本性的改变,工业化程度及技术含量都得到了很大的提高。浙江全省共有水产加工企业 2000 多家,

---

① 浙江省 2015 年渔业经济统计分析报告. http://www.zjoaf.gov.cn/zfxxgk/gkml/tjxx/tjsj/2015/10/14/2016101400107.shtml.

共有水产冷库 1753 座左右,水产加工能力和加工总量都超过 300 万吨。产品包括零售包装、盐腌、干品、熏制和不同的保藏水产品。但与发达国家水产品加工超过水产品总量的 70% 相比,浙江的水产品加工比例还远远不足。

浙江水产品加工出口以一般贸易为主,来料进料加工取得一定进展,产品主要出口日本、韩国、美国和欧盟等国家和地区,主要出口品种为冻鱼、冻鱼片、虾仁、鱿鱼产品、鱼糜及其制品、活鱼等,水产品出口企业主要集中在舟山、宁波、台州、温州等沿海地区。浙江水产加工业非常集中,主要分布在舟山、宁波和台州等港口城市。2015 年,全省水产品出口数量 46.88 万吨,比上年增加 3.9%;水产品出口贸易额 18.5 亿美元,同比增长 1.6%,其中水海产品出口额 16.3 亿美元,同比增长 4.5%;加工产值上亿元的企业有 68 家,其中舟山有 34 家,占了 50%,宁波和台州分别有 14 家和 11 家。① 渔业龙头企业作为水产加工业的核心,通过自建基地、订单收购、实行保护价、提供系列化服务等方式,在优化和促进养殖生产发展、提高海洋捕捞产品附加值、增加渔民收入的同时,提高了自身的市场竞争能力。

4.港口物流行业现状及特点

港口物流是特殊形态下的综合物流体系,是物流过程中的一个无可替代的重要节点,完成整个供应链物流系统中基本的物流服务和衍生的增值服务。

浙江省的港口物流体系已逐步形成,目前已形成了以《浙江省沿海港口布局规划》《浙江省交通物流基地布局规划》《浙江省沿海港口集疏运网络规划》等为主体的水运基础设施发展规划体系。港口布局日趋合理、结构不断优化升级、现代化程度不断提高。沿海港口配套物流园区、物流加工区和保税仓储区等不断完善,内陆物流园区、物流中心、配送中心及乡镇物流站点已形成网络化发展趋势,已基本建成集装箱、煤炭、石

---

① 浙江省 2015 年渔业经济统计分析报告. http://www.zjoaf.gov.cn/zfxxgk/gkml/tjxx/tjsj/2015/10/14/2016101400107.shml.

油、液体化工、矿石、粮食六大货种为主体的港口物流体系。浙江省港航强省的实施,大港口、大路网、大物流建设步伐明显加快,港口物流规模不断扩大,生产能力显著提高。截至 2015 年,全省已有宁波－舟山、温州、台州和嘉兴等 4 个规模以上沿海港口,港口泊位 1109 个,占全国港口泊位的 21.61%,其中宁波－舟山港的万吨级泊位 157 个,占全国万吨级泊位的 9.11%,仅次于上海港。①

浙江省大宗商品交易体系基础较好,在液体化工、煤炭、钢材、木材和塑料等交易市场方面已经具有一定基础,船舶交易市场已经形成一定规模。个别交易市场信息化较好,比如宁波众城钢铁电子交易中心以中远期为基础,采用直接网上报价、配对,以网上订货、电子采购的方式,实现买卖双方跨区域、跨时空的钢铁原料的现货交易。

伴随着浙江经济转型发展,浙江港口物流功能逐渐拓展,正逐步向现代服务业转型。临港产业、港口物流园区、出口加工区及沿江经济产业带已成为港口经济新的增长点,这是建设现代交通运输业发展的具体体现。港航系统网络平台及网络化应用系统已经初步建成。与港口相关的各大企业分别建立了系统内的企业生产管理信息系统。公共信息服务平台建设也取得初步进展,先后建立了浙江电子口岸和宁波电子口岸,并建成了宁波第四方物流平台。港口正向包装、加工、仓储、配送、提供信息服务、报税、金融、贸易等高附加值综合物流功能延伸和发展。浙江物流集疏运网络基本形成了环杭州湾、杭金衢、金丽温和甬台温四大物流运输通道,杭州、宁波、金华、温州四大综合运输枢纽,形成以物流园区、物流中心、配送中心、农村物流站点相配合的物流节点、"点—线"配套的物流网络体系。

四、浙江海洋经济发展面临的问题

1. 产业结构亟待升级

从反映工业发展集约化水平的主要指标工业增加值率来看,浙江海

---

① 本书编委会.中国海洋统计年鉴 2016.北京:海洋出版社,2017.

洋工业增加值率约为24.3%,高于全省工业约3%,但低于全国海洋工业约5%。① 2011年,时任浙江省发改委副主任、省发展规划研究院院长刘亭指出:浙江省在全国是一个较早发展海洋经济的省份,但浙江海洋经济整体仍呈现粗放发展局势。海运、海洋旅游、石化、船舶、海水综合利用等优势产业的产业链条相对较短,尚处于价值链的中低端,企业优势、品牌优势、科研优势、人才优势等未有效形成,有机组合度有待提高。海洋生物、海洋能源等新兴产业需积极实现从亮点向增长点的转变。

各海洋行业在发展过程中,普遍存在专注于规模发展,忽视了质量发展的问题。其结果是产业结构不合理、龙头企业带动性不强、集群结构扁平发展等问题,使得同质化竞争严重、结构性产能过剩、资源使用效率不高,急需探索新的发展模式。

浙江省临港重点行业之间缺乏统一规划,独立发展,缺乏协调性。政府在规划产业发展的时候,没有将临港产业视为一个整体,只关注于单独行业的发展,行业之间发展不匹配。行业发展过程过于封闭,协同发展程度不够,没有建立起使信息、物流、金融服务于临港工业的公共服务平台。

2.科技支撑亟待加强

浙江省海洋创新体系尚未形成,科技对海洋经济的贡献率仍处于较低水平。例如,浙江省船舶修造业快速发展,但具有高科技含量的配套设备制造业发展滞后,配套设备自给率不足30%。不少船厂缺乏工程技术人员和技术熟练的工人,需临时从上海、江苏、江西等地聘用。如今,浙江省虽然拥有较多海洋科研机构,但科研产出率却比较弱,不仅需要对科研的进一步管理和投入,还需要大批掌握关键技术的高素质人才。

浙江省海洋经济中的信息科技也发展滞后,与信息产业融合难度大。行业内不重视信息技术的开发利用,经费投入少、效率低,无法实现

① 在转型发展中实现科学跨越.http://roll.sohu.com/20110622/n311294578.shtml.

信息技术在产业内的有效应用。行业间信息衔接难度大,缺乏统一规划,没有形成统一的标准,割裂局面明显。

3.金融支持亟须跟进

浙江省海洋经济信贷支持不足,资本市场融资有限,专业性金融机构和金融服务欠缺,海洋保险业发展滞后。浙江省的民间资本虽然比较充裕,但当分散的民间资本面对海洋产业的巨大资金需求和相对高的风险时,难以发挥规模效应并有效化解风险。金融支持弱会制约海洋产业升级、产业联动,以及海洋经济的跨区域发展。浙江省的临港产业发展资金缺口很大,传统的以银行贷款为主的融资渠道不能满足现阶段的发展需求。个别行业受金融危机的影响,发展停滞,需要继续开展金融创新来扩大融资,渡过难关。

第二节　浙江海洋经济创新发展的理论架构

本节主要以区域创新系统理论和创新驱动相关理论,对浙江海洋经济创新发展的理论架构进行阐述,由此为构建浙江海洋经济区域创新驱动发展模式提供铺垫。

一、区域创新系统理论

区域创新系统(regional innovation system,RIS)的概念最早是由英国学者库克(Philip Nicholas Cooke)于 1992 年提出的,后来,经过大量研究后他认为区域创新系统是指在一定的地理范围内,经常地、密切地与区域企业的创新投入相互作用的创新网络和制度。基于 Cooke 等学者的定义,我们认为区域创新体系是指在特定的经济区域内,各种与创新相联系的主体要素(创新机构和组织)、非主体要素(创新所需的物质条件)及协调各要素之间关系的制度和政策网络,包括技术—经济结构(生产结构)和政治—制度结构(制度基础)。

区域创新系统通常由创新主体、创新环境和行为主体之间的联系,以及运行机制这三个部分构成,其目的是推动区域内新技术或新知识的产生、流动、更新和转化。区域创新体系包括的基本构成要素有:①主体要素,即创新活动的行为主体,包括企业、大学、科研机构、各类中介组织和地方政府。其中,企业是技术创新的主体,也是创新投入、产出及收益的主体,是创新体系的核心。②功能要素,即行为主体之间的联系与运行机制,包括制度创新、技术创新、管理创新的机制和能力。首先是各主体的内部运营机制健全,其次是主体之间的联系合理,运行高效。企业、科研机构与学校、政府,以及中介机构之间构建的信息高效流动、资源分配合理、发挥各自优势的机制。③环境要素,即创新环境,包括体制、基础设施、社会文化心理和保障条件等,市场环境是企业创新活动的基本背景。其中,功能要素和环境要素可以通过主体要素特别是企业的行为、发展特征和经济效果反映出来。

二、"钻石模型"

本章运用波特的"钻石模型"并结合产业竞争优势决定要素,来分析浙江海洋经济区域创新发展的系统框架,重点从资源要素、市场需求、相关及支持产业、企业及同业竞争、政府、机会这六个方面来评价海洋经济区域产业发展现状及区域创新水平,研究海洋经济区域创新体系建设的核心内容。其中前四个因素是影响产业国际竞争力的决定因素,而后两个则作为辅助要素,两组要素相互作用,组成动态的竞争模式。

波特的钻石体系是一个动态的、双向强化的系统。它强调产业的要素创造能力对于竞争力的作用比简单拥有要素更为重要。作为双向强化的系统,模型本身内部各要素之间在产业竞争优势的提升过程中具有相互影响的互动关系。以上六大要素就构成了完整的钻石模型如图4.1所示。

三、创新驱动相关理论

创新是经济发展的内在因素之一,可以通过技术创新、生产方法创新、组织形式创新等方式,推动经济不断发展。创新理论有两个重要的流派。一个是技术创新学派,研究了技术的变革、创新、扩散;还有一个

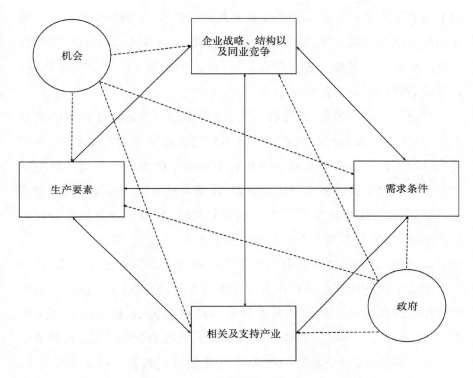

图 4.1　波特"钻石模型"

资料来源:芮明杰.产业竞争力的"新钻石模型".社会科学,2006.

是制度创新学派,研究了技术创新、制度环境与经济效益之间的关系。这两个学派为研究创新驱动发展提供重要理论支撑。诺贝尔经济学奖得主阿瑟·刘易斯在《二元经济论》中提出的拐点理论对理解创新驱动也有很大的帮助。他认为,经济发展的基础要素包括自然资源、资本、智力和技术等,在边际效益递减规律的作用下,自然资源和资本对经济发展的贡献度是递减的,从长期看,经济发展取决于人的智力和技术。因此,必须转变资源依赖型、资本依赖型的发展方式,而转向发展人力资源和技术,只有这样,才能使经济增长获得持续的发展动力。

国家竞争优势理论认为国家产业参与国际竞争力的过程可以分为要素驱动、投资驱动、创新驱动和财富驱动四个阶段,国家竞争优势的源泉在于各个产业中的企业活力,即创新力。产业发展只有从依赖自然禀赋推动和资本推动阶段跃升到依靠创新推动阶段,才能使价值链从低层次的连续跃升为高层次的连续跃升。在创新驱动阶段,掌握有效提高资源生产效率的知识和方法变得更重要,通过创新使人均产量水平提高,最终成为推动经济增长的主导方式。

针对创新驱动机制,国外有学者提出,创新驱动通过知识的溢出效应来实现,仅仅依靠企业创新来提升体系创新水平是远远不够的,需要建立以国家创新体系为基础的创新驱动战略。产业经济学者吴锋刚认为基于追赶型国家经济发展应当重视"国家专有要素",他提出三种创新驱动机制:基于国家或地区层次的创新要素驱动,基于产业层次的聚集创新驱动,基于企业和个人的市场需求驱动。

(1)创新要素驱动。创新要素驱动依赖国家或区域创新体系,是一个国家或地区在政府主导和社会共同参与下,科技和经济各部门及机构之间相互作用而形成的推动科技创新的网络系统,是创新驱动第一阶段。以区域为主导,以国有科研机构和教学研究型大学为核心,属于国家层的创新驱动,这是原始的技术投入转化为创新科技成果的最初阶段。政府主导的创新要素驱动主要表现在四个方面:原始性创新、研究、基础性研究和前瞻性研究。对于私人企业而言,没有能力也没有意愿对这些创新方面进行投入。故而,突破性技术创新的驱动力主要来自政府部门、研发部门,以及行业龙头企业对突破性创新系统的持续、密集投入。

(2)聚集创新驱动。聚集创新驱动也称为中端驱动,这种驱动路径是将创新投入转化为创新产出,强调研发成果的产业化。通过引进和转化,为整个行业取得更好绩效的科技成果经济转化,即通过商业化运作模式,获得经济效益。这种驱动方式的创新来自于要素创新,但相比要素驱动而言,对基础设施及科教文化等创新方面的资源禀赋要求降低。这种驱动强调企业是创新主体、科研成果的商业化、企业与科研院所的互动,以达到创新资源的优化配置,发挥聚集效用。它是通过产学研的结合达到优势互补,提高科技成果的转化效率,突出强调解决产业发展的瓶颈和搭建后续创新的共享创新平台。这种驱动的特点是科技创新和产品创新,聚集创新驱动源于创新前端的创新要素,服务于国家目标,因此突破性技术创新是这一环节的关键。聚集创新驱动根据比较优势原则,利用技术溢出、共享劳动力市场、降低交易成本等外部规模经济优势来确定产业区域。

(3)市场需求驱动。市场需求驱动是创新驱动路径后段,指高科技产业化后如何促进经济社会发展的阶段。企业通过知识"外溢",将国家的资源和技术优势转化为企业自身的竞争优势;同时将自身的资源与技术优势与市场机会结合,以捕获商机。这一阶段相比聚集创新驱动阶段而言,更少地依赖科研、教育等基础设施的约束,更多地依赖新兴市场的规模化和市场化的中小企业蓬勃发展。当然,这一阶段中也有企业通过"蛙跳"成为行业科技创新领先者。市场需求驱动要求以企业为创新主体,政府提供较好的市场环境,比如较高的市场成熟度、市场开放程度,以及有序的市场竞争状况等。各个企业需培养自身能力,敏锐地对市场反应做出调整,以应对市场的变化,企业的动态能力显得尤其重要。市场需求驱动要求企业形成与市场相适应的管理创新和产品创新,使得科技成果能够迅速转化为市场需求,这种需求包括消费者需求、出口和政府采购。这一阶段,创新的动力源于市场需求,企业主要以技术引进和消化吸收进行再创新为重点,基础研发经费相比前面两个阶段要低得多,而引进、购买经费则占据总销售收入的很大一部分,处在价值链的底部。

第三节　浙江各区域海洋经济创新发展

一、嘉兴

嘉兴市海岸线总长 121 公里,深水岸线 23 公里,有 1863 平方公里的海域面积,拥有港、渔、景、涂等海洋资源。[①] 据初步测算,全市海洋经

---

① 嘉兴市人民政府. http://www.jiaxing.gov.cn/col/col1535569/index.html.

济总产值由 2005 年的 171.54 亿元,提高到 2014 年的 453.15 亿元;[①]
2005—2014 年,海洋经济的三次产业结构持续调整,全市海洋经济产业
结构呈"二三一"的特征,第一、第二产业比重有所下降,第三产业比重上
升明显。到 2014 年,嘉兴海洋经济前四大行业分别为海水综合利用(主
要是秦山核电站和嘉兴发电厂)、海洋旅游业、海洋石油开采加工业和海
洋运输港口业。

1.生产要素状况

嘉兴由东向西依次为独山港区、乍浦港区和海盐港区,可建万吨级
以上深水泊位岸线 23 公里。其中独山港区距上海洋山港仅 40 海里,是
杭州湾北岸唯一具备建设 5 万吨级码头深水港的区域。嘉兴港是国家
一类开放口岸,规模码头泊位岸线 26.5 公里,规模以上港口主产用码头
泊位 84 个。同时,嘉兴港腹地内高等级航道众多,具有海河联运的独特
优势。2015 年,嘉兴港完成货物吞吐量 6273.42 万吨,在全省的排名上
升到第三位。嘉兴境内河道与港区的内河港池直接相连,2015 年全市
内河港货物吞吐量达到 8586.34 万吨,成为全国十大内河港之一。[②]

虽然有良好的区位优势,但是嘉兴海洋产业面临着本土生产要素质
量偏低的现实。从地理位置看,嘉兴处于杭州湾北翼,东北向是上海,西
南向是杭州,北部是苏州,地理上处于被包围之中。优质的劳动力(人
才)资本和技术要素机会成本更高,要素所有者更倾向于到上海和杭州
寻找机会。无论从城市规模、人才规模、经济总量还是其他方面,如年人
均平均工资、医疗卫生教育等来看,嘉兴均无法与上海和杭州相比。上
海和杭州像巨大的磁铁将优质的要素(人才资本和技术)吸引过去。例
如资本要素,科技含量高、优势资本下的重大项目,从区位选择看首选上
海、杭州和苏州。从劳动力要素角度来看,嘉兴劳动力要素价格并不具
有吸引优秀要素的能力,与杭州相比,嘉兴的工资水平缺乏竞争力。嘉
兴劳动力价格仅为杭州的 75%,更无法与上海相比。本土生产要素质

---

① 本书编委会.中国海洋统计年鉴 2016.北京:海洋出版社,2017.
② 浙江省统计局.2017 年浙江统计年鉴.北京:中国统计出版社,2017.

量偏低是嘉兴的"软肋",严重制约嘉兴经济的发展。

2.需求条件

旅游业被称为"朝阳产业"。钱塘江和杭州湾的沿岸区域是嘉兴市旅游资源最为丰富的地区。海盐南北湖是嘉兴市唯一的省级风景名胜区;平湖九龙山是嘉兴市唯一的经林业部批准的国家级森林公园,并被省政府批准为省级旅游度假区;海宁的钱江潮更是举世闻名的天下奇观。同时,杭州湾沿岸旅游资源在地域上的组合和集聚比较好。以环境建设为基础的旅游资源开发,将为人们提供丰富多彩的休闲空间,并将大大拓展本区消费市场的容量,带动第三产业的发展,推进区域产业结构的演进。随着旅游业地位的不断提升和现代旅游业发展步伐的不断加快,旅游产品比较单一、产业链未能充分延伸,带动效应不足等问题日益凸现,实现旅游业稳步较快发展和可持续发展的压力不断加大。

嘉兴市的经济属于出口导向型,这为嘉兴市发展海洋工业、港口物流创造了需求条件。2017 年嘉兴市国民经济和社会发展统计公报显示,2017 年嘉兴全市生产总值 4355.24 亿元,比上年增长 7.8%,增幅比上年提高 0.8%。进出口总额从 2011 年的 284.84 亿美元快速增加到 2017 年的 2469.71 亿美元。其中出口总额 1775.97 亿元占到全市生产总额的 40.78%。

3.企业结构及同业竞争

嘉兴海洋石油开采加工业的产值主要来自平湖。乍浦石油化工园区是浙江省三个重点化工园区之一,经过几年来的招商引资,有包括壳牌化工、壳牌沥青、三江化工等世界 500 强在内的众多石油化工企业落户该石化园区。但是,行政划分使得嘉兴临港石化产业布局过于分散,每个园区都是在按照自己的规划选址,无法合理衔接,公共配套设施无法共享,造成极大的资源浪费,也给环境安全带来很大的压力;最重要的是,在缺乏宏观规划和协商机制的背景下,嘉兴的临港石化产业就成了一盘散沙,区域优势无法得到充分的发挥。

4. 相关支持产业

2017 年嘉兴市国民经济和社会发展统计公报显示嘉兴港累计完成货物吞吐量 6816.6 万吨,同比增长 8.7％。2017 年,嘉兴港累计完成货物吞量 8093.78 万吨,增长 28.4％。港口成为嘉兴在世界范围内吸纳物流、资金流、技术流和信息流等各种生产力要素的重要平台。内河运输具有得天独厚的优势,不仅运量大、运价低,而且耗能低、污染小。嘉兴内河集装箱码头、华洋码头和杭州湾钢贸城码头等一批傍水而建的现代物流基地,已经投入运营,加上杭州湾钢贸城码头与海盐紧固件企业集群有紧密的联系,海陆经济的一体化初现端倪。但也应该注意到嘉兴独具特色的海河联运业务发展滞后,与嘉兴海河联运的独特优势很不相称。此外,在海河联运的基础设施如港口河道码头建设方面,仍需进一步投入,比如,在钢贸城码头,从嘉兴海港进来的货物还需要经过短驳才能到达内河港,尽管距离不长,但还是增加了运输成本。

5. 政策与机会

嘉兴制定了《关于加快发展嘉兴海洋经济的实施意见》《2012 嘉兴市海洋经济重点建设项目实施计划》和《浙江海洋经济发展示范区规划嘉兴市实施方案》等纲领性发展文件。根据《2012 嘉兴市海洋经济重点建设项目实施计划》的数据显示,近年来嘉兴海洋经济重点建设项目共有 152 个,总投资 1617 亿元,至 2011 年底已完成投资 467 亿元;2012 年计划投资 213 亿元项目,涉及基础设施港航物流服务体系、海洋能源、海洋产业转型升级、现代海洋服务业、海洋科教创新和生态保护等 6 大领域,其中 57 个项目被列入 2012 年度浙江省海洋经济发展重大建设项目实施计划。这些项目都说明嘉兴海洋经济正处于难得的历史发展阶段。

二、舟山

2015 年,舟山市实现海洋经济总产 2653 亿元,比上年增长 10.0％;海洋经济增加值 766 亿元,比上年增长 9.2％。海洋经济增加值占 GDP比重达到 70％,比 2014 年提高 0.2 个百分点。其中,全市渔业总产值102.66 亿元,比 2014 年增长 5.5％;全市规模以上临港工业实现总产值

1420.03 亿元,比 2014 年增长 13%,占工业总产值的比重为 84.4%;全市港口货物吞吐量为 3.79 亿吨,2017 年舟山港口货物吞吐量达 4.58亿吨;2012 年全市共接待国内外游客 3876.22 万人次,实现旅游收入552.18 亿元,2017 年分别增长到 5507.2 万人次和 806.7 亿元,其中接待国际游客 34.4 万人次,实现旅游外汇收入达 1.76 亿元。此外,舟山市海洋新兴行业不断推进,海洋资源优势得以充分发挥,风力发电、海水淡化、海水综合利用、滩涂围垦等项目不断推进。

1. 生产要素状况

舟山背靠上海、杭州、宁波三大城市群和长江三角洲等辽阔腹地,具有较强的地缘优势,踞中国南北沿海航线与长江水道交汇枢纽,是长江流域和长江三角洲对外开放的海上门户和通道,与亚太新兴港口城市呈扇形辐射之势;东临太平洋,是远东国际航线要冲,也是中国大陆地区唯一深入太平洋的海上支撑基地。

2. 需求条件

舟山旅游资源丰富,有中国四大佛教名山之一的普陀山,以沙滩著名的朱家尖,以金庸小说出名的桃花岛、沈家门渔港,国家级景区嵊泗列岛、定海古城,等等。舟山群岛岛礁众多,星罗棋布,岛屿数量约相当于中国海岛总数的 20%,分布海域面积 2.2 万平方公里,陆域面积 1371平方公里。其中 1 平方公里以上的岛屿 58 个,占该群岛总面积的 96.9%。同时,宁波湾沿岸旅游资源在地域上的组合和集聚比较好。本区以环境建设为基础的旅游资源的开发,将为人们提供丰富多彩的休闲空间,并将大大拓展本区消费市场的容量,带动第三产业的发展,推进区域产业结构的演进。

水产品加工是舟山的传统支柱产业。舟山当地的一些食品加工企业,依托浙江大学海洋研究中心的技术创新,不仅能够延长水产品的货架期,还能使那些原本上不了台面的廉价海鲜脱胎换骨,变成营养丰富的精品原料。这样的产品加工技术的逐步应用,必将对舟山海洋渔业产品的发展产生积极作用。

3. 企业结构和同业竞争

舟山的海洋旅游业目前也处于激烈的市场同业竞争中。虽然其发展较早,有一定的知名度,但在国际海滨旅游市场上的吸引力有限,与日本、韩国、东南亚海滨等地的海洋旅游差距较大,还不能参与有效竞争。随着国内海洋旅游产业发展热潮的到来,国内滨海旅游发展日新月异,除了海南、厦门、大连、青岛、秦皇岛等传统滨海旅游目的地外,北海、上海、连云港、天津等非传统滨海旅游地区的旅游产业也有了长足进步,海洋旅游市场的竞争日趋白热化。此外,舟山的渔业发展状况,也处于激烈的市场同业竞争中。而一定程度上,宁波保税区和上海自贸区的建立,使得国外新生产品更易进军中国市场,这无疑给舟山的渔业发展造成影响。

4. 相关支持产业

舟山作为世界四大渔场之一,渔业资源丰富,其海洋运输业、海产品加工业、海水养殖业发展迅速,水产品贸易发达。渔业的进一步发展,必然又会反过来带动如造船业、海洋运输业、海上娱乐业和休闲渔业等产业的发展,也能带动住宿业、餐饮业的发展,创造更多的就业机会,提升舟山人民的生活水平。

三、宁波

宁波海洋经济基本形成了以港口为依托、海洋运输与临港工业为支柱、海洋渔业与水产品加工等行业全面发展的产业体系。全市 2015 年实现海洋增加值 1263.88 亿元,比 2014 年增长 9.57%;实现地区海洋生产总值 1043.1 亿元,比 2014 年增长 9%;海洋生产总值占地区生产总值的 16%。从 2015 年宁波三类海洋产业产值占比看,海洋第一产业占比

3.38％,第二产业占比79.15％,遥遥领先,第三产业占比17.18％。[①] 而海洋重点产业又主要包括海洋油气开采及加工海滨砂矿、海洋化工、海洋生物医药业、海水综合利用业、海洋船舶修造业等。根据统计数据进一步分析,我们发现海洋油气开采及加工、港口物流产业产值所占比重一直居于领先地位。

1. 生产要素

"春晓"开采设施坐落在浙江省宁波市东南350公里的浩渺海上,这个目前中国最大的海上油气田由4个油气田组成,占地面积达2.2万平方公里,所在的位置被专家称为"东海西湖凹陷区域"。此区域内除"春晓"外,还包括"平湖""残雪""断桥"和"天外天"等油气田,探明的天然气储量超过700亿立方米,由中国海洋石油总公司和中国石油化工集团公司投资建设。2005年春晓油田正式建成,开始为宁波供应天然气资源。

宁波港地处我国大陆海岸线中部南北航线和长江航线的"T"字形结构的交汇点上,地理位置适中,是中国大陆著名的深水良港,自然条件得天独厚,内外辐射便捷。宁波港向内不仅可连接沿海各港口,而且通过江海联运,可沟通长江、京杭大运河,直接覆盖整个华东地区及经济发达的长江流域,是中国沿海港口远洋运输辐射的理想集散地。宁波港包括北仑、宁波、镇海、大榭岛、穿山五个港区,是我国历史上对外贸易的重要港口和海运中转枢纽。宁波港作为中国大陆重点开发建设的四大国际深水中转港之一,在区位、航道水深、岸线资源、陆域依托、发展潜力等方面具有较大优势。目前宁波已与世界100多个国家和地区的600多个港口通航,港口岸线资源是宁波发展经济的核心资源,同时也是浙江省发展海洋经济,打造"海上浙江"最为独特的优势。

但随着工业化的快速发展,污染日益严重,海洋资源的过度开发和海洋渔业的过度捕捞,导致宁波市海洋生态环境日趋恶化。海洋经济的可持续发展遇到了前所未有的考验。

---

① 上海统计局.2015年宁波市国民经济和社会发展统计公报. http://www.stats-sh.gov.cn.

2.需求条件

宁波现有 10 个国家级和 10 个省级开发区,开放程度在省内屈指可数,众多民营企业也积极进入海洋开发领域,成为海洋经济发展的不可缺少的力量。对外贸易方面,宁波电子口岸已实现无人操作方式的革命性转变。

海洋运输业的需求现状主要通过港口货物吞吐量和集装箱吞吐量来体现。近年来,尤其是 2011 年后,港口货物吞吐量和集装箱吞吐量增长迅速,尤其是港口货物吞吐量的增长更为迅速。2014 年港口货物吞吐量为 5.26 亿吨,增长 6.16%;完成外贸货物吞吐量 2.97 亿吨,增长 6.5%,主要货类为矿产原油。① 2017 年宁波港完成货物吞吐量 5.5 亿吨,增长 11.1%。宁波港口域全年完成铁矿石吞吐量 8388.5 万吨,增长 9.9%;煤炭吞吐量 5985.7 万吨,增长 10.9%;原油吞吐量 6578.3 万吨,增长 4.6%;完成集装箱吞吐量 2356.6 万标箱,增长 13.9%。②

宁波海洋经济的快速发展仍赶不上工业化进程的发展,也不能满足现代化国际港口城市的发展要求。临港工业处于海洋产业的绝对主导地位,但海洋服务业和新兴产业的发展滞后,2015 年海洋生物制药业、海水综合利用业、滨海旅游等海洋产业的产值占海洋生产总值的比重总和仅不到 1%。铁路建设的薄弱也制约了宁波港口资源腹地的拓展,海岛及沿海滩涂养殖基地水电路不通制约着旅游业和养殖业、渔业的发展,进而制约渔区经济的复兴。

3.企业结构和同业竞争

"春晓"气田是一个四方合作项目,合作方包括中海油、中石化、优尼科和英荷壳牌,中海油和中石化合起来绝对控股,市场集中度较高。宁波港目前稳居大陆港口第三位、世界港口第六位,但同业竞争不可忽视。近有上海港、苏州港与之争夺,远有香港港、青岛港实力雄厚。2006 年

---

① 上海统计局.2015 年宁波市国民经济和社会发展统计公报.http://www.stats-sh.gov.cn.
② 上海统计局.2015 年宁波市国民经济和社会发展统计公报.http://wb.ifeng.com.

与舟山港合并后,宁波港又增强了竞争实力。环顾四周,上海港口运输优势使得宁波海洋运输水平低于上海港,2013年上海自贸区成立,又给上海港的海洋运输业添加了一道筹码,同时也给宁波港的发展带来了阻碍。

4.相关支持产业

宁波注重陆、海、空协调发展,形成了以港口为龙头,铁路、公路、水运、民航及市内便捷交通的立体运输网络体系,这为海洋油气资源的运输带来了巨大的便利。而旅游业、渔业、海洋运输业等产业的快速发展也为宁波港口运输带来了更大的需求。相关研究表明,宁波三类海洋产业与整个海洋产业及三类海洋产业之间关联度都较为紧密,三类产业之间的互动成为推动宁波市海洋经济发展的主导力量。

四、温州

温州市地处我国海岸线的中部,是浙南闽北的重要城市。全市11个县(市、区)中只有2个县为内陆山区县,其余皆为沿海县市,其中海岛建制县1个。全市海岸线曲折绵长,河口港湾众多,沿海岛屿星罗棋布,海洋资源十分丰富。2011年,全市海洋蓝色旅游共接待海内外游客780万人次,占全市旅游接待总人数的18.7%;实现海洋旅游收入21.21亿元,占全市旅游总收入的5.42%。2015年温州接待国内外旅游人次超6000万人次。2017年,温州接待的海内外游客达到1.04亿人次,实现旅游总收入1150亿元。海洋旅游占比若按2012年的5%计算,也超过了500万人次和57亿元收入。

1.生产要素

温州大陆海岸线全长339千米,海域面积超过1.1万平方公里,全市河口区水域面积101.8平方公里,潮间带面积649平方公里,占浙江海涂面积的27.0%,海岛众多,其中面积大于500平方米的海岛总数为419个,面积为157平方公里,岛屿岸线长676公里。温州市浅海大陆架范围为7000平方公里,是其陆域面积的5.8倍。温州水产资源丰富,洞头、南北麂渔场历来就有"浙南鱼仓"之美誉。

温州江口港湾众多,沿海岛屿星罗棋布,共有沿海岛礁 437 个,其中有旅游开发价值的岛屿与大陆滨海区 42 个,主要有国家海洋自然保护区南麂列岛,有"中国诗之岛,世界古航标"之称的江心屿,中国唯一以整个县来命名的国家 AAAA 级旅游景区洞头百岛,中国沿海大陆架最长最大的沙滩——苍南渔寮大沙滩,还有苍南炎亭、平阳西湾、瑞安铜盘岛、鹿城七都岛、龙湾灵昆岛、乐清沙门岛等,海洋旅游资源十分丰富,具有发展海洋旅游得天独厚的资源优势。

温州依托雄厚的经济基础,接受长三角地区人才流动辐射,人才储备相对较充足。但是,由于温州人均收入相对较高,造成温州劳动力价格居高不下,成为掣肘温州海洋经济,尤其是劳动力密集型海洋经济发展的一大因素。

2.需求条件

温州海洋文化旅游具有良好的内外环境。温州是海峡西岸旅游区的重要组成部分,是浙江对台旅游的前沿城市,故而各级政府高度重视海洋文化旅游发展,海洋旅游发展规划编制完善、海洋旅游发展的政策性文件不断出台。

温州地处浙江省经济发达地带,受到杭州、上海、舟山等地的著名旅游景区产业辐射;近年来温州经济和人均收入飞速发展,温州海洋旅游业也有了快速发展的契机。此外,温州陆地旅游业也很发达,地处亚热带季风气候带,四季温润,自然风光得天独厚,人文景观星罗棋布,景区面积占全市国土面积的 22.23%。旅游景区面积广、密度大,是中国优秀旅游城市,包括 2 处世界地质公园,2 个世界遗产候选单位,8 个省级风景名胜区,1 个国家 AAAAA 级旅游景区、8 个国家 AAAA 级旅游区,6 个全国工业旅游示范点,5 处国家级森林公园,15 处国家级文保单位,以及被联合国教科文组织列入世界生物圈保护网络的国家级海洋自然保护区南麂岛,等等。海陆旅游业一体化建设,极大推动温州海洋旅游发展。

3.企业结构和同业竞争

加快海洋海岛旅游业发展已经成为温州全市上下的一种共识,围绕旅游做文章的意识进一步增强。温州市委、市政府高度重视旅游业的发展,借助温州被列入海峡西岸旅游经济区重要节点城市与浙江省对台前沿城市的有利时机,积极参与海峡西岸旅游经济区建设,参与签订了《厦门宣言》《福州协议》,先后出台了多个关于扶持海洋旅游业发展的政策文件。市级有关部门积极主动地思考自身工作如何更好地与海洋海岛旅游相结合,各沿海县(市、区)也根据自身的优势,将海洋海岛旅游业发展作为经济发展的"主业"与旅游发展的"重头"予以规划。这为温州海洋海岛旅游业发展提供了内在动力。按照区域联动、优势互补、资源共享的原则,温州与周边省市克服了地域、交通、资源规划、信息等方面的障碍,就实现跨区域资源整合、促进客源市场共享达成了共识,积极推进以甬台温舟绍、浙南闽东为重点的跨区域海洋海岛旅游合作开发,共同打造无障碍旅游合作区。总之,温州海洋旅游业完全有条件有可能做快、做大、做强、做精、做响。

4.相关支持产业

2002年,温州市政府与国家海洋局东海分局共建温州市海洋环境监测中心,共同开展多学科、多介质的海洋环境监管、监测、调查、评价、预测工作,为沿海社会经济发展、海洋开发利用、海洋减灾防灾、海洋环境保护、海洋行政管理等提供科学数据和决策依据。

2010年,温州市人民政府与省海洋与渔业局共建温州海洋研究院,重点开发与保护近岸水域生物资源。温州海洋研究院将原已存在的浙江省近岸水域生物资源开发与保护重点实验室、中泰海洋技术联合实验室、海洋生态文明国际联合研究中心、中国水产科学研究院海洋贝类研究室等四大重点实验室统归到研究院,并新设海洋研究中心、渔业研究中心、平台服务中心等三大中心,重点研究近海岸生物资源(主要包括浮游生物、底栖生物和渔业资源),并加以科学保护和开发。该所挂牌至今,已承担联合国开发计划署项目6项,国家海洋局项目908项、海洋公益性项目等10余项,并率先与周边国家开展在低敏感领域的合作,从而奠定了温州在国家海洋局国际合作框架中的重要地位,拓展了在海洋基础性及公益性研究领域的发展空间,行业影响力也有了显著提高。

5.政策与机会

温州提出要率先基本建成海洋经济综合实力较强、开发开放度较高、生态环境良好、体制机制灵活的海洋经济发展示范区。到 2020 年,全市海洋生产总值力争突破 1500 亿元,年均增长 12%,科技贡献率达 80% 左右,海洋新兴产业增加值占海洋生产总值比重达 35% 左右,全面建成"海洋经济强市"。

早在 1996 年,温州市委、市政府就做出了建设"海上温州"的部署。2003 年,制订出台了《温州市海洋经济发展规划(2003—2010 年)》,提出建设"海洋经济强市"的奋斗目标。这些举措,极大地促进了地方海洋经济发展。温州在海洋产业发展方面做出进一步探索和创新,例如,加大"新特优"品种规模化和产业化开发;调整优化产业结构,推动传统渔业向现代渔业发展;尝试发展休闲(生态)渔业,建立颇具规模的休闲渔业场所;推出精品项目,积极发展海洋特色旅游,更是有力地推动了温州海洋经济的发展。

五、台州

台州市海洋经济绝对规模较大,发展速度较快。2010 年前,台州市海洋经济增加值占全国海洋经济增加值的比重就在 8% 以上,超过其地区生产总值占全国 GDP 的比重。台州主要海洋产业在全国占有较大优势,其中海洋船舶工业、海洋渔业和海洋电力业行业规模较大,2010 年在全国占比分别为 6.39%、2.56% 和 2.36%,主要海洋产业在全国平均比重达 1.73%,这一比重相当于台州市国民经济在全国占比的 2.8 倍。[①]

---

① 台州海洋经济发展的科技体系构建研究. http://www.zjkjt.gov.cn/news/nodell/detail110411/2013/110411_47484.htm.

1. 生产要素

台州是海洋大市,大陆海岸线长 630.87 公里,占浙江省大陆海岸线总长的 28%,海洋资源得天独厚。台州的海洋资源主要体现在深水良港、大片滩涂和电力基础三方面。台州港北临宁波、南连温州,是浙江省沿海地区的重要港口,是我国对外开放一类口岸、浙江省五大沿海港口之一,是浙中南、闽北地区对外交往的重要口岸,可开发港口岸线长 96.23 公里,其中可建万吨级以上港口的岸线长达 30.75 公里,包含大陈岛、头门岛、大麦屿和龙门港等深水良港。

台州海涂总面积约 100 万亩(666.54 平方公里),占浙江省的 27.3%。台州沿海列入《2005—2020 年浙江省滩涂围垦规划》的滩涂面积达 69.74 万亩,其中,已围滩涂面积 7.5 万亩;在围 10 个滩涂面积共计 29 万亩(约 200 平方公里)。

台州是华东地区最大的电力能源基地,兼有核电、火电、风电、潮汐电、抽水蓄电等。除台州发电厂现有 2 台 30 万千瓦和 2 台 33 万千瓦装机容量外,近年来一大批重大电源项目相继建设。其中,核电项目包括三门核电一、二期 4 台 125 万千瓦第三代 AP100 核电机组,规划三期再建 2 台 125 万千瓦。火电项目包括华能玉环电厂一、二期已建成 4 台 100 万千瓦。风电项目包括温岭东海塘 4 万千瓦风电和大陈岛 2.55 万千瓦风力发电,规划建设 135 万千瓦沿海海上风电场。潮汐电项目已有温岭江厦潮汐发电,2009 年发电 731 万千瓦时,居世界第三、亚洲第一;三门健跳 2 万千瓦潮汐发电项目正在开展前期工作。抽水蓄电项目天台桐柏 120 万千瓦抽水蓄能电站已建成投运,拟建仙居 150 万千瓦抽水蓄能电站。至 2020 年,台州电力装机容量将超过 2000 万千瓦。

2. 需求条件

台州海洋旅游产品和市场开发仍处于供给水平不高的初级阶段:旅游产品以海岛观光型为主,开发思路也以观光型为主导,普遍追求大流量的旅游接待方式;产品粗糙的多、精品少,资源型的多、文化提升型的少;产品供给只能满足初级化、大众化市场,个性化、舒适性明显不足。

海洋渔业的发展离不开民众的消费。近年来,台州渔业的产量稳定上升,2015 年水产品产量 141.79 万吨,比 2014 年增长 0.3%,其中海洋捕捞产量 100.12 万吨,比 2014 年下降 0.1%,海水养殖产量 36.17 万吨,比 2014 年增长 0.7%。2016 年台州水产品产量 165.39 万吨,比上年增长 5.4%,其中海洋捕捞产量 114.00 万吨,比上年增长 3.5%;海水养殖 44.13 万吨,比上年增长 8.1%。但我国海岸线长,而且浙江临海,台州渔业在浙江省内都面临着激烈的竞争。要实现自己的产业地位,海产品的深加工和品牌建设不可或缺。

3.企业结构及同业竞争

台州在地理上位于长三角的最南翼,是长三角和珠三角之间的接合部,两边都有巨大的客源市场,与两大客源市场对应的有舟山、厦门、珠海、三亚等首位度很高的海洋旅游中心地。相比之下,台州海洋旅游无论是资源区位还是客源区位明显处于一种被"边缘化"的劣势。另一方面,台州与宁波、温州的海洋旅游资源存在着严重的同质化现象,长三角地区又同为它们的核心客源市场,相互之间的激烈竞争是不可避免的。

浙江海岸线长,相比之下,台州渔业竞争力显得微弱。台州应该扬长避短,在水产养殖和产品加工上投入更多,目光也应放到东亚市场、东南亚市场、东欧市场等其他市场,用好产品去参与国内与国际市场竞争,实现无形的品牌价值;同时政府应该加大扶持力度,创新发展海洋渔业的技术,增强台州海洋产业的核心竞争力。

甬台温铁路沿途经过台州的三门、临海、台州市区、温岭,通过连接建设中的温福铁路、福厦铁路和厦深铁路,把长三角和珠三角这两个目前中国最发达的区域紧紧联系在一起。台州所辖交通区位的极大改善,为台州发展旅游业创造了良好的外部条件。

台州大力发展海洋能源产业、海洋生物医药产业、海洋船舶产业、海洋运输和港口物流、滨海旅游基地等海洋特色产业,通过企业集聚,创造产业科技创新环境,台州成为创新企业集聚、产业科技研发和高层次人才聚集中心。但与宁波、舟山、温州等地市相比,台州对海洋产业投入不足,海洋渔业的财政资金投入偏少,融资渠道单一、贷款难一直是困扰渔业企业的老大难问题。台州海洋渔业重点在于开发海洋生物资源、滩涂与湿地资源的协调与可持续利用。在养殖品种上提倡良种选育,使养殖实现标准化、规模化、生态化。

台州造船配套企业众多,占全省一半以上,主要配套产品在全省占有一定的优势,这也是发展修造船的基础。此外,台州机械加工业发达,与船舶制造相关的阀门与泵类、模具与塑料、普通机械制造、船舶五金等台州机械企业都具有一定的规模和生产能力。台州发达的机电工业,能为发展船舶工业提供有力的技术支撑,特别有利于形成高效率、高效益的产业链,发展船舶配套和工程船之类的特种船舶业。

六、海洋经济区域发展现状评价体系

分析海洋经济区域创新驱动发展模式时,可以借鉴"钻石模型"来发现各地区海洋产业目前发展的竞争强度和海洋产业本身在市场中的定位、海洋产业对区域经济的推动作用及其所面临的问题,最终提出具有全局性、带动性的海洋经济的发展模式。本部分从产业所处区域的要素供给、产业市场需求、产业内企业行为、产业内基础设施、政府行为和发展机会来分析海洋经济区域创新驱动发展的基本条件。

1.资源要素条件

这里主要强调自然条件和自然资源、生产要素供给、地理位置条件。自然条件包括未经人类改造的和经过人类改造后的环境;自然资源包括海洋资源的种类、储量与质量等级、赋存环境、空间分布等对这些海洋产业的发展具有重要影响等因素。生产要素是指除了自然资源和自然条件之外的人力资源状况、技术状况、淡水和能源供应状况、产业发展所需要的资金支持状况及基础设施建设状况等。地理位置包括自然地理位置和经济地理位置,指区域与大城市、大港口、交通枢纽,以及主要产品市场之间的空间。基础设施是区域海洋产业发展的最基本条件,其发展水平决定了区域海洋产业发展的规模和素质,包括硬件和软件两大类。

2. 内部、外部市场需求条件

需求条件主要是指区域内及区域外部的市场需求,包括需求的结构、规模和成长。市场需求是主导产业生存、发展和壮大的必要条件之一。只有市场前景广阔,符合需求结构发展方向的产业才能够进行可持续的发展。内部需求的重要性是外部需求所取代不了的,因此在评价海洋经济区域创新能力时,着重考察区域内部需求,包括某产业主要目标市场地区 GDP 与人均 GDP、某产业的市场需求预测和相关产业发展等。

3. 企业结构及同业竞争

产业内竞争表现为市场竞争,产业存在强的竞争程度才能够更好地对资源进行配置,集中反映在企业竞争力上。企业市场行为主要包括市场竞争行为和市场协调行为。市场竞争行为包括以控制和影响价格为基本特征的定价行为;以产权变动、组织调整为主要特征的并购行为;以提高竞争力、拓展市场为目的的促销行为等。市场协调行为选用的指标包括市场集中度、企业竞争力和产业内企业之间的竞争合作情况等。市场集中度与某一具体产业中企业的数量、规模和产业整个规模有着非常密切的关系。企业竞争力包括企业盈利能力、品牌、产品差异性和技术水平等。产业内企业之间的竞争与合作状况也是需考虑的一个指标,当企业之间处于适度竞争状态时,企业既可以获取规模经济的好处,又可以保持竞争活力,实现资源的有效配置和利用。

4. 相关支持产业

波特认为独立的一个产业很难保持竞争优势,只有形成有效的产业集群,上下游产业之间形成良性互动,才能使产业竞争优势持久。因此,在评价海洋经济区域发展现状的时候就应该充分考虑所分析的区域内海洋产业的供应链和销售链联系的紧密程度,能否形成产业之间的良性循环。

5. 政府的主导作用

政府因素包括针对某产业的区域发展规划、针对某产业的政策、针对某产业的公共服务项目、外部政府对产业发展的支持力度。考虑到要素之间的指标的交叉,我们在分析和评价的时候主要从地方政府政策、外部政府支持及产业发展规划这三个方面进行具体的考量。

6.机会

不仅要考虑区域既有的优势海洋产业,也要综合考虑发展机会对其他海洋产业的影响,做到兼顾海洋产业应利用的发展机会来获取竞争优势,有效地解决区域海洋产业持续、快速的发展问题。

基于以上六个要素及相关文献和相关专家学者的意见,我们得到海洋经济区域产业发展现状及区域创新水平的评价指标,见表4.1。

表 4.1　海洋经济区域产业发展现状以及区域创新水平的评价指标

一级指标	二级指标	解释说明
资源要素条件	针对目标产业的天然资源储量	
	目标产业产值年均增长率	
	产业人才素质	大专以上人员在产业人数中的占比
	产业中企业贷款占比	
	地理位置分布情况	
	基础设施建设情况	
内外部市场需求条件	产业主要目标市场人均 GDP	
	目标产业的市场需求预测	
	目标产业可替代产品	
	相关产业的发展	
企业结构及同业竞争	市场集中度	
	产业内企业的竞合行为	
	产品差异性	
	企业技术水平	企业(研发 R&D)投入
	企业盈利能力	净利润率
	企业品牌	知名商标、驰名商标数量
相关及支持产业	目标产业的产业链长短	

续　表

一级指标	二级指标	解释说明
政府作用	针对目标产业的政策	
	外部政府对产业发展的支持	
	目标产业发展规划	
机会	产业发展机会	

七、浙江各区域经济体创新发展海洋经济中存在的问题

通过对浙江省内五个区域海洋经济体进行分析,可以发现当前浙江省海洋经济创新发展存在的问题。

1. 缺乏完整的协同创新机制

由于地方政府对当地海洋经济的发展起到很大的方向引导作用,地方政府为了达到一定的发展指标,达到较高的政绩,会给予海洋经济相关产业较多的优惠政策,同时会尽力阻止其他地方产业进入本地区,而独自做大自己的强项产业,造成了创新资源的过度重复与浪费。由于政绩的非共享性与排他性,地方政府之间势必存在竞争,它们通过对资源的相互竞争来实现利益的最大化,而市场的瓜分、保护政策等势必会阻碍跨区域协作创新,这会给海洋区域产业协同发展和产业转型带来困难。

2. 创新资源要素共享不够

创新要素在系统中的无阻碍流通与共享是协同创新机制得以实现的必要条件。由于行政机构的独立性,政绩的不共享与排他性,使得各个政府都对本地区的创新要素进行垄断与封锁。虽然各个区域已经有一些区域协同创新的案例,但是各区域并没有将科技能力发挥到极致。很多地区为了争取更多的创新资源要素的聚集,增强自己的创新能力,不惜恶性竞争。

3. 协同创新的微观主体动力不足

由于协同创新各参与主体均有着不同的利益追求,而缺乏对不同利益的切实整合,无论是企业、科研院所还是高校,加强协同创新的动力不

足。企业习惯于采用低水平的追随,长期停留在以市场换技术的低水平发展阶段,自主研发和创新的愿望和能力不足。由于管理体制的分割,高校、科研院所和企业之间还存在领域壁垒,高校、科研院所和企业之间的合作大多是以项目合作的方式展开,存在短期化、临时性的特点,未能真正实现各方人员的相互流动与交流,更未能在各方之间建立一种长期、稳定、制度化的利益共同机制,这种较低层次、临时性的合作,不能从长远意义上促进区域产业协同创新的发展。

第四节　浙江海洋经济区域创新驱动发展的对策

海洋经济是一种基于海洋资源和环境可持续开发利用的全新经济发展模式,培育和发展区域海洋经济,将对海洋科技创新提出更高的要求,现有的要素和投资驱动模式已经不足以支撑海洋经济的可持续发展。因此,浙江省海洋经济要实现由要素、投资驱动向创新驱动顺利转变和转型升级,必须进一步提升浙江海洋经济区域创新能力。

一、构建多元化投融资机制

1.构建科技创新金融支持体系

建立专业的海洋经济发展种子基金和政府投资引导基金。通过设立海洋产业发展种子基金,对符合条件的处于种子期的海洋科技企业给予资金支持或贴息贷款。同时,争取设立国家参股的海洋产业投资引导基金,重点支持国家级海洋产业基地建设,支持海洋产业重点项目及跨区域整合,支持国有控股涉海企业股份制改造,支持海洋领域新产品、新技术的研发,等等。发展涉海的风险投资和私募股权投资。进一步落实国家对风险投资的税收优惠政策,完善海洋经济区域风险投资的地方性税收优惠政策,拓展风险投资的资金来源。尽快出台海洋经济鼓励私募股权投资发展的相关政策,鼓励企业、证券公司、保险公司、信托公司、财务公司等按有关规定投资设立股权投资基金。海洋产业企业可以通过同类上市公司收购、兼并、托管资产或股权置换等资本运作的方式,达到间接上市及金融资本与产业资本优化配置的目的;鼓励海洋经济相关高科技企业利用债券市场融资;支持符合条件的企业通过发行企业债、集合债、公司债等多种方式融资;建立海洋经济区建设科技创新风险补偿机制。

2.完善多元化的社会投入渠道

积极向上争取差别化信贷政策,将区域内的海洋产业列为信贷支持行业,向省人民银行争取支持重点海洋产业企业发展的信贷政策,鼓励银行向企业提供多种形式的金融服务。加大对市政府确定的重点企业的金融支持,在重点企业贷款倾斜、利率浮动优惠、延长贷款时间和转贷等方面给予政策支持,保证企业正常生产。确保海洋产业重点企业在建工程和有效合同所需的流动资金贷款按期到位。支持金融创新,拓宽融资渠道。支持鼓励特定海洋产业内的大型企业集团在条件成熟时通过股票上市、定向募股、发行企业债券和金融理财产品等形式筹措资金,积极拓宽企业的融资渠道。以政府为中心,努力引导金融机构、企业及社会其他力量参与,建立特定产业的风险投资和融资担保的专门机构。

3.促进投融资信息发布与交流

建立和加强金融联系机制,依托政府搭建融资平台,不定期召集银行、证券投资公司、企业及相关部门参加金融联席会议,加强沟通,促成共识,协调互动。

二、建设海洋人才特区

1.制定海洋人才发展规划,推动人才队伍建设

为夯实海洋人才积聚优势,进一步提高区域海洋科技领域对国家和地方海洋事业发展的支撑作用,要高度重视海洋人才队伍的长远建设与发展,依据《国家中长期人才发展规划纲要(2010—2020)》《全国海洋人才发展中长期规划纲要(2010—2020)》《高技能人才队伍建设中长期规划(2010—2020)》《浙江省中长期人才发展规划纲要(2010—2020)》等重

要人才规划文件,要在充分调查和科学预测的基础上,对省内海洋人才队伍发展的规模、结构、布局和政策措施做出宏观性、前瞻性的全面规划,为推动省内海洋人才队伍建设可持续发展提供必要的行动指南。鉴于浙江省在全国海洋科技创新体系中所担当的重要角色和具有的重要地位,海洋人才队伍发展的目标应凸显国家和地方两个层面的需求,要求做到既能对海洋经济区建设形成有效的人才支持,又能满足国家海洋事业发展对海洋人才资源的要求。在此目标下,以海洋科学研究人才队伍、海洋高新技术研发人才队伍、海洋产业技能人才队伍、优秀涉海企业家队伍、高水平海洋科技管理和科技中介服务人才队伍等的建设与发展为重点,增强政策措施支持力度,优化人才发展环境,逐步建立一支规模适度、结构优化、布局合理、素质优良的海洋人才队伍。

2. 加快高端人才引进,打造人才高地

以政府搭台、企业主导的形式,加大特定海洋产业工程人才引进力度,将示范基地打造成人才集聚特区。重点关注高端人才,出台一系列优惠政策,吸引各类与示范基地发展密切相关的紧缺人才。通过加快引进一批能够突破海洋产业关键技术、带动整个产业发展的创业创新领军人才,促进一批具有自主知识产权的重大科技成果转化和产业化,提升现有产业发展水平。积极鼓励和支持海洋产业内企业以"项目合作""智力入股""人才借用""学术交流"等柔性方式引进国内外专家,着力推动技术创新,实现科技成果转化。加快海洋科技人才创业园区和海洋产业人才市场等各类人才载体建设,为各类海洋产业紧缺人才提供保障。

3. 加强人才培养,打造企校联动培养基地

以提升海洋人才培养能力、满足国家和地方对海洋人才的需求为目标,加快推进以涉海科教机构、职业技术院校为主体,以产学研合作、国内外交流与合作、继续教育等为补充的多元化海洋人才培养体系建设,为海洋人才资源可持续发展提供有力的保障。一是鼓励涉海科教机构以市场需求为导向,巩固和发展已有学科优势,积极发展工程技术类学科,加大海洋产业发展急需的研发人才的培养力度。二是依托大型涉海骨干企业、重点涉海职业院校和培训机构,建成一批示范性海洋高技能

人才培养基地和公共实训基地。调整和优化职业教育专业设置,创新培养模式,着力培养海洋经济区建设海洋产业发展急需的实用型、复合型技能人才。三是鼓励涉海科教机构与涉海企业合作办学,建立产学研合作培养人才的长效机制,通过共建科技创新平台、开展合作教育、共同实施重大项目等方式,培养高层次海洋人才和创新团队。四是支持涉海科教机构与国内外高水平院校、机构建立联合培养基地,培养和集聚高层次创新人才和创新团队。五是推进继续教育机制建设,整合涉海继续教育资源,大力发展成人教育、社区教育、现代远程教育。积极开展创建学习型组织活动,支持各类海洋人才在职学习、业余进修。加快完善以企业为主体、职业院校为基础,学校教育与企业培养紧密联系、政府推动与社会支持相结合的高技能人才培养培训体系。

4. 优化人才成长发展环境,促进人才本地化

一是加大海洋人才建设投入。加大海洋人才发展资金的政府投入幅度,引导涉海科教机构、企业加大人才投入,支持社会组织建立海洋人才发展基金,逐步建立以政府投入为引导、用人单位投入为主体、社会投入为补充的多元化人才投入机制。二是加强海洋人才创新创业平台建设。加大对区内涉海科教机构和涉海企业的支持力度,重点建设一批涉海的重点学科、重点实验室、工程技术研究中心、企业技术中心、博士后工作站和院士工作站等平台,使之成为吸引人才的有效载体。三是着力打造良好的海洋人才工作环境。建立人才公平竞争机制,破除优秀人才荣誉及待遇终身制,摒弃形式化的考核机制,建立起能进能出、能上能下的人才晋升制度;加强对海洋领域各类学术交流活动的支持,协助搭建活动平台,营造活跃的学术交流环境;以盘活整个海洋人才队伍、提高海洋人才使用效益为目标,遵循市场规律,放开目前人才单位所有制的限制,简化各种人才流动手续,健全单位自主用人、人才自主择业的双向选择机制,促进人才合理流动,更好地实现人才价值;加快海洋人才市场和海洋人才公共信息平台建设,实现人才信息互通、人才资源共享,促进人才资源的合理流动和优化配置。

三、培育海洋创新文化

1.加大宣传力度,努力培育创新文化

不定期在报纸、网络等媒体上开设专栏,重点介绍示范基地创建工作情况、重大项目进展情况、重大技术创新等,积极营造推动示范基地建设的良好社会氛围。政府要引导社会形成积极创新的理念,努力培育勇于进取、积极向上的创新创业文化。加强对创新案例、转型升级案例典型性的塑造,加大对创新技术和创新企业的宣传。切实加大对创新者的奖励,促使科技成果奖励政策向企业科技人员倾斜,努力提高科技人才的荣誉感,激发创新动力。

2.实施海洋领域创新创业学校教育工程

学校教育是进行创新创业教育的重要途径。因此要大力推行以鼓励创新创业为主题的学校海洋教育工程。在海洋经济区域内逐步建立涵盖县级政府驻地以上城市,包括小学、中学、大学三个层次的海洋领域创新创业教育课程体系,按照不同年龄段学生的特点和需求,采取差别化教育方式,施以不同的教学内容,以提高学生群体的海洋意识,扩展海洋知识,培育其参与海洋科技创新的浓厚兴趣,提升其将来投身海洋领域创新创业的信心和能力。重点以海洋馆、海洋科技馆及一批依托于涉海科教机构、涉海企业、海军基地等海洋科普基地为载体,面向广大小学生开展海洋初级知识教育;以青少年为重点对象,通过设置海洋课程、定期开展专题学术讲座及组织参观访问海洋科教机构等形式,进行较系统的海洋教育,提高青少年群体对海洋科技创新和海洋经济发展重要性的认识,提升青少年群体的海洋科学技术素养;对高校学生群体要大力加强以创新创业为导向的知识和技能教育,为海洋科技创新和海洋经济发展培养高素质的创新创业型人才。

3.加强创新政策与产业政策的协调

切实根据规划制定出台针对示范基地创建的相关政策。对现有政策重新进行研究、取舍和修订。努力对实施过程中的政策效果进行评估,及时反馈并组织各单位部门定期展开研讨,形成良性循环的政策修订机制。

四、打造海洋产业集群

1.完善海洋产业集群导向的政策体系

政府要发挥宏观调控功能,完善集群导向的政策体系,为推进海洋产业集群式发展创造良好的制度环境。一是制定海洋经济区建设海洋产业集群发展规划,加强区域统筹协调,科学规划海洋产业集群空间布局,提出海洋产业集群发展的路径,促进区域内海洋产业集群的一体化协调发展。二是强化政府调控职能,促进产业集群所必需的企业组织、技术和人力资源建设。降低税费负担,加大对本地海洋高技术企业的培育扶持力度,吸引国内外知名海洋高技术企业建立分支机构,不断壮大海洋产业集群的规模和整体素质;重视培养涉海企业家,建立吸纳、培养、使用创新型企业家队伍的制度和机制;优化海洋人才工作机制,打造优越的人才发展环境,建立与海洋产业集群相适应的人才队伍结构;完善海洋科技创新体系,重点发展以涉海企业为主体的海洋技术创新体系。三是推进支撑服务体系建设,包括:加大财政投入,发展风险投资,推动银企合作,规范信用担保,建立健全多元化投资体系;鼓励行业协会发挥作用,有效维护涉海企业正当权利;整合技术资源,构建市场化的技术交易平台;引导涉海科教机构与涉海企业建立紧密合作网络,促进产学研合作,互相支持共同发展;鼓励技术创新服务中心、创业服务中心、教育培训机构、信息服务中心等向集群延伸,为集群发展提供周全的后勤服务。

2.科学布局和加快建设一批海洋产业园、基地

一是加强对海洋经济区内海洋产业园和基地建设布局的统筹规划,明确发展定位,强化分工协作,实行错位发展,形成具有国际竞争力的优势产业集群;积极争取国家政策支持,建立不同等级层次的海洋产业发展基地和产业化发展示范基地,包括现代渔业基地、海洋高技术产业基地、海洋新能源产业基地、海水淡化利用示范基地、海洋新材料产业基地等。二是突出专业化、特色化和集群化的发展思路,鼓励和引导相关涉海企业向特定的产业园和基地转移,促使同类企业及

相关配套企业集聚发展,重点引进优势产业链环节上薄弱或缺失的企业和项目,打造一批特色鲜明、优势突出的特色产业园区和基地,完善产业链和创新链。三是重点发展具有自主创新潜力的产业园和基地,推动特色海洋产业集群规模化和国际化,实现技术持续升级和海洋产业结构动态调整。

3.引导产业集群创新发展,完善产业创新体系

加快建设海洋科技创新平台,支持和催化涉海研究机构的设立和成长,为海洋产业创新发展提供高水平、宜地性服务。鼓励开展多种形式的产学研结合,满足不同层次、不同规模、不同发展阶段的涉海企业对技术创新的现实需求,在促进海洋技术创新和海洋产业发展中形成有效互补。以涉海企业为主体,以海洋新兴产业领域为重点,依靠市场机制并充分发挥政府引导作用,引导建设一批海洋产业技术创新联盟,实现优势互补,合作开展海洋产业关键共性技术研发及工程化开发,发展和完善海洋产业技术创新链。积极鼓励涉海科教机构加强与国际、国内海洋科技领域的交流与合作,打造海洋科技创新国内外合作网络,通过广泛和深层次的合作和交流,充分利用国际、国内两个资源市场,加快推动海洋产业科技与先进水平的对接,加速提升本地海洋科研实力和国际竞争力。

五、加快海洋产业一体化建设

1.优化海洋产业结构以提升海洋产业总体实力

建设技术型海洋捕捞业,推进设备的研发与生产,保持海洋育苗国内领先水平。以高新科技推动船舶及海洋工程装备产业发展,以市场需求引导海洋电力、油气、生物药业等蓬勃发展,推动海洋传统产业升级。紧跟国际海洋产业服务业发展态势,引导、激励浙江临海地域先进的金融业、航运业、保险业、物流业及仲裁业向海洋产业领域渗透,逐步创建完善的现代海洋服务体系。注重加强海洋生态产业发展与循环经济建设。重点领域包括:滨海生态旅游景观带建设、滩涂和海水综合利用示范与典型生态产业区建设、海上风力发电场建设等。

2. 积极完善涉海软硬件基础设施配套建设

切实推进浙江临海海洋产业一体化,各区域应该协同建设涉海软硬件设施,切实推动海陆产业联动发展的实施。交通运输建设应据港口发展需要,进行陆域集疏运体系配套建设,完善各港口与腹地间、港口与港口间的网络;资金保障应发挥浙江省金融服务优势,引导投融资市场向海洋经济倾斜;生产联系应以先进的信息化和网络化技术为依托,强化海陆产业关联程度;陆域产业可以有效地促进海洋产业的发展并为其提供可靠的资金、技术、人才保障。此外,应汲取以英国为代表的世界海洋产业强国海洋高端服务业发展的经验,推动海洋咨询与信息服务的规范健康发展。统筹、完善区域各种重大基础设施网络布局,增强区际综合协调力,为区域海洋产业一体化发展提供保障。注重完善并发展海、陆、空等多种现代交通运输方式,全方位构建区域综合交通网络体系。从而实现交通运输的多式联运,提升服务水平。

3. 推进区域海洋产业创新的协同机制

为了切实推进海洋产业的一体化发展,同时加快促进海洋产业优势与服务功能的深度发挥,亟须改革和创新相关的运行机制、协调体制和合作体制。主要包括:在国家层面,积极向中央相关部门提议,加快制定浙江临海区域海洋产业一体化发展的系列方针、政策、规划的步伐,大力配合中央与地方涉海部门间纵向和横向的紧密衔接。重点是依托国家海洋局东海分局,联合成立"浙江海洋产业一体化发展领导小组",具体负责组织区域海洋产业、生态和科技等综合协调工作。在区域层面,严格贯彻落实国家关于浙江临海区域海洋产业一体化发展的宏观指导,积极加快研究并推动制定区域海洋经济合作运行机制。如以区域领导联席会议为平台,创建涉海城市海洋经济联席会议,也可设立区域海洋产业一体化专门管理机构等。在地方层面,以利益互惠、平等互利为原则,倡导打破行政分割界线,以加快构建区域沿海城市发展海洋产业的"政府协调部门联手、科研合作、企业技术中心联盟"一揽子推动机制,推动创建海洋产业一体化研究基地,整合海洋产业科研团队力量,共同研究决定区域海洋产业的分工、联动和合作事宜。

六、促进区域海洋产业合作

1.建立区域间海洋经济发展的政府合作协调机构

建立区域间海洋经济的合作机制是区域经济发展的重要机制之一，各地区在区域海洋经济发展中应建立起能够保障区域间海洋经济合作长期稳定、有效协调各区域相关利益的合作协调机构，利用该机构作为中介，从政府层面搭建区域间合作交流资源共享的平台，从而推进区域海洋经济的协同发展，打造浙江省蓝色海洋经济区。比如，建立高效完备的省级、区域级的海洋事务组织协调机构，发挥政府协调和监管职能，提升海洋科技创新能力，并促进其与海洋经济的互动发展。成立分层级、权威性、专门性、高效性的组织协调机构，并借助政府力量，加强区域间海洋事务的协商和合作，对海洋科技创新、海洋经济发展等海洋经济区建设核心事宜的宏观管理和协调都有重要作用。再比如，加快建设跨区域的海洋科技协会，使之成为海洋行业自主创新的联盟，从产业层面推动区域间的合作交流，为海洋产业的发展提供智力支持。实现连接国家科技部等大型数据库网的共享技术，发展科技信息网络，推进网上技术市场专业化，进一步促进区域之间的信息共享。

2.推进区域间海洋科技创新平台建设

首先，在条件成熟的涉海大型企业建设国家重点实验室、国家级工程技术研究中心、国家级企业技术中心，以更好地承担产业竞争技术和应用基础研究项目，支持企业自主创新和引进消化吸收再创新。其次，依托骨干涉海中小企业建设一批省部级和市级层次的实验室、工程技术研究中心、企业技术中心，提升中小企业对先进适用技术的自主开发能力，降低技术开发对外依赖度。另外，鼓励以涉海企业为载体引进掌握相关产业领域关键技术的国内外海洋科研机构，支持其在浙江省设立分支研发机构，以最快捷的方式、最低的成本推进浙江海洋新兴产业技术研发平台建设。最后，还需要大力支持产学研合作建设以涉海企业为主体的创新基地，为更好地促进海洋科技创新及成果转化创造有利条件。

第五节　浙江海洋经济区域创新驱动发展模式

一、模式的三个层次

科技创新与经济发展之间存在着较强的互动关系，相互影响、彼此制衡。两者在高效互动状态中能够产生强大合力，推动区域经济社会快速健康发展。因此，如何在更高层次上实现科技创新与经济发展的紧密融合和高效互动，培育形成强大的经济社会可持续发展驱动力，已成为许多国家或地区高度重视的重大课题。本节从企业、产业和区域三个层次对浙江海洋经济区域创新驱动发展模式进行探讨和分析如图 4.2 所示。

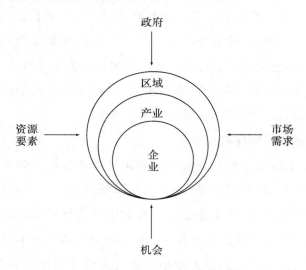

图 4.2　海洋经济区域创新驱动发展模式

1. 确立微观的企业创新主体地位

创新的效率在很大程度上取决于创新主体的活力。根据前文的现状分析可知，浙江省海洋产业中大多数企业自主创新意识淡薄、能力不足，企业的创新投入非常有限，导致产业核心竞争力薄弱。企业进行科技创新的成果具有核心技术和竞争力,不仅能为社会提供更好的产品,也十分有利于企业自身的发展,整体上也提升了整个区域的科技创新水平。因此要想实现浙江省海洋经济发展由投资驱动向创新驱动转变,确立企业的创新主体地位十分关键。具体来看,可以从三个方面着手。

(1)培育创新型中小企业。依托省内或区域内高等院校和科研机构开展多种形式的科研与技术合作,培育科技型中小企业。提高自主创新能力,规模型企业和成长型企业应该增加研发投入。形成一批进入高科技产业链前端的企业集群,使企业真正成为海洋经济创新驱动的主体、技术创新活动的主体,以及创新成果转化应用的主体和创新人才聚集的主体。

(2)提高企业研发投入效率。创新型企业需要以转变经济增长方式,实现创新驱动为目标,加大科技研发投入的力度,提高研发投入效率,不断提高企业科技成果产业化水平,推动企业的科技进步。

(3)整合创新性人才资源。人才是知识技术、创新能力的载体,在发展模式由投资驱动向创新驱动转变的过程中起着决定性作用,可以借鉴国内外的成功经验,以人才为依托,通过产学研结合的方式,充分发挥人才在科技创新领域的作用。同时企业还应该积极引进优秀人才,整合内外部优秀人才资源。

2.建立产业创新驱动发展体系

科技创新是产业升级的驱动力量,通过科技供给和市场需求,实现产业链向技术含量高及附加值含量高的领域延伸,进而推动产品升级换代。产业创新驱动发展体系是一个开放式网络,龙头企业通过核心产品带动上下游企业协同创新,通过创新资源的流动和配置发挥产业链整体创新的竞争优势。通过构建产业创新驱动发展体系,实现产业内部企业之间的协同发展,更好地带动微观层面企业的发展。具体来看,可以从以下方面来展开。

(1)纵向联合形成基于产业分工的创新链条。产业分工链条是同一产品在不同生产工序上形成的统一体系,这一体系中上下游企业在中间品进口、技术研发等方面的联系更加紧密,即使处于产业链底端的加工企业,仍然可以通过技术设备引进、中间品进口、人力资本流动等途径充分利用技术扩散效应带来的益处,在"加工中学",在加工中逐步实现产业链升级。通过这种纵向联合,产业内的企业还可以进行统一规划,共同打造良好的产业生态环境。

(2)横向联合构建基于创新链条产业创新联盟。产业创新链条上的任一节点要顺利完成创新、实现创新效益的最大化,除了在纵向上与上下游企业进行合作创新以外,还必须有横向的创新支撑。这些支撑包括提供公共产品以及政策导向的政府机构,提供相关学科的基础研究、应用研究、新工艺的科研机构,标准制定、咨询和评估等中介服务机构,金融支持机构等。

(3)构建产业资源综合配置平台。通过建设动态的、网络型的资源综合配置基础平台,实现产业内部资源一体化,以产业内部企业共赢和利益最大化为目标,统一优化和配置水利、交通、能源、信息等重大基础设施,优化配置和共享要素资源,提高资源的利用率。

3.构建区域创新驱动发展体系

在微观企业创新主体地位的确立及中观层面产业创新驱动体系的建立的基础上,海洋经济的发展还需建立各区域的创新驱动发展体系,并在此基础上,将整个浙江省的海洋经济发展都纳入到一个体系中,相互联动,共同推动区域经济发展。具体来看可以从三个方面着手。

(1)完善科技中介服务机构。加快建设科技创业中心等形式多样的创新型服务机构,积极培育成果转化和经营管理的科技中介服务机构,满足和方便科研机构、科技人员在创新创业中各类中介服务需求。构建科技服务机构集聚区,加强网上技术市场建设,建立多语种网上科技商务平台。建设专门的海洋科技协会,使之成为海洋行业自主创新的联盟,为海洋产业的发展提供智力支持。实现连接国家科技部等大型数据库网的共享技术,发展科技信息网络,推进网上技术市场专业化,并充分做好区域内产业间及区域之间的信息共享。

(2)建立海洋产业创新集群。产业集群内关键共性技术的选择、创新有利于带动整个产业的技术升级。产业聚集区内基础设施、信息与社会服务等可得到共享,资源能得到最大利用,能形成庞大的专业市场,企业生产率可得到充分提高,核心竞争力会得到迅速提升。在海洋产业集群建设中,需要政府扮演重要角色。政府要构建高效的集群治理结构和协调机制、制定区域集群规划和人才发展规划、促进中介机构发展、建设基础设施等,广泛调动产业集群中各相关主体的积极性和创造性,引导企业以技术创新为基础参与高端产品和核心产品竞争提升产业集群的广度、深度和弹性,从而促进产业集群的整体升级发展。

(3)建立海洋科技创新机制。海洋科技创新是在一定的制度和规则的支持、引导和约束下,由政府、涉海科教机构、涉海企业、金融机构、中介机构等创新主体进行角色定位和分工合作而实施的创造性科研活动。各港口及其产业,应符合港口群发展对其定位分工的要求,做到错位发展,打造完整的产业链,提升港口群整体竞争力和绩效。

综上所述,通过对浙江省内五个海洋经济区域现有的创新水平和产业发展状况进行评价,遵循"三层次联动"的逻辑,提出以微观企业为着力点,以产业创新生态和区域创新体系为环境,转变现有投资驱动和要素驱动的创新激励政策,构建企业、产业和区域之间全方位的创新驱动发展模式,并在此过程中充分发挥政府的主导和推手作用,才能促进三层次的衔接和联动。

二、模式的协同机制

实现浙江省海洋经济区域创新驱动发展,应该立足于当前浙江省临海区域创新体系现状,打破产业、区域隔离,建立面向整个浙江省海洋区域的多层次、多方位的创新驱动发展新模式。当前浙江省海洋区域发展存在着区域隔离严重,创新资源共享机制不完善,微观企业创新动力不足等问题。因此为了更好地打造浙江省海洋区域经济创新驱动发展体系,必须实现中观层次创新体系与微观个体的创新协同,实现不同中观层次创新体系之间的协同。具体来说,就是要建立以下几个协同机制:

1. 建立产业创新体系与企业创新驱动的协同机制

产业科技创新体系的构建就是为了更好实现技术创新与企业集聚

的耦合,推动产业内创新和产业外创新。从产业科技创新体系的内涵看,产业创新体系的创新主体依旧是产业内企业,因此构建产业科技创新体系与企业创新驱动发展必须协同起来,实现以企业创新驱动发展为内涵的整个产业的创新体系建设和完善。当前浙江省海洋产业发展相对于其他产业来说依旧处于比较落后的水平,产业基础相对比较薄弱,要建立产业科技创新体系,并构建起与企业创新驱动发展的协同机制,需要从三个方面做起。

(1)重视公共产业技术研发。一方面,政府可以通过研发投入相关的财税政策、知识产权政策、产业组织政策等相关配套政策加大对共性技术研究的支持;另一方面,政府应当介入共性技术的扩散及转化,保证技术信息流动和提高共性技术组织的信息沟通程度,使企业以低价获取共性技术。以船舶业为例,现代船舶业起步较慢,产业基础薄弱,然而经过近几十年的发展,通过引进吸收等方式,浙江省船舶业具有了一定的技术基础,政府可以通过整合不同船舶企业的创新优势,牵头进行公共技术的开发,从而推动整个产业技术创新与企业创新驱动的协同。

(2)扶持科技型企业发展。科技型企业具有追求高技术、创新性和高附加值的特点,可为产业创新体系建设提供可靠技术源泉。科技型企业包括科技型中小型企业,也包括大企业中的科技性组织成分。政府应加大对海洋产业科技型企业的扶持力度,在土地、税收和政府补贴等方面予以支持,实现科技型企业带动产业整体创新的局面。

(3)重视智慧型高端服务企业发展。智慧型高端服务型企业主要是指知识密集型服务企业,如金融服务业围绕大宗物资交易平台、保税区、物流和物联网产业,发展金融期货、地方商业银行,为相关产业企业提供资金和物流保证。同时鼓励具有高附加值率、高生产率、高知识技能密度程度特征的信息、咨询和科技等海洋产业相关服务业发展,为产业的升级和产业内企业的创新提供服务。

2.建立创新驱动下产业间科技创新协同机制

浙江省海洋区域要实现创新驱动发展,必须统筹区域内不同产业的协同创新发展,这里的产业协同不仅仅是海洋产业之间的协同,还包括海洋产业与其他产业之间的协同创新。要实现不同产业之间协同科技创新,支撑浙江省海洋区域创新驱动,必须做好四个方面的协同。

(1)不同产业之间的协同。协同要求不同产业之间具有相互协调的产业导向,即建立完善的海洋区域创新驱动体系。要求能够基于区域优势,统筹新兴产业与传统产业、基础产业与高新产业发展之间的协同,实现产业系统内各子系统与要素之间的协同。

(2)不同产业之间的组织协同。产业作为不同企业和相关组织的集合体,无法参与直接的科技协同创新活动,因此,不同产业间的协同创新不仅取决于宏观主体的统一认识和行动,更取决于量大面广的微观主体的积极参与。而不同产业之间的组织协同,要求通过整合和共享多方面的优势资源,协同从事创新活动,通过不同产业不同层次主体的多维协作,在协同过程中各司其职,充分发挥协同优势,实现科技创新,推动科技成果的产业化。

(3)不同产业之间的资源协同。这里的资源既包括不同产业内部相关技术知识、资金、信息等资源,也包括实现技术创新的国家科技资源和基础条件平台及服务体系。资源的协同就是通过合理有效的资源规划和配置,使区域内资源的无序状态变为有序状态,实现资源在不同产业的最优配置,统筹不同产业对资源的协同开发,最大限度挖掘资源的有用价值,发挥资源价值的效能。

(4)不同产业之间的制度协同。由于不同产业主体之间有着不同的价值追求和创新资源,而跨产业的多维主体之间的协同创新效应不会自动产生,要真正发挥协同创新合作中的效应,就需要特定的制度机制作为保障。因此需要规范和引导各组织的创新行为,以相应的制度文化和管理机制来维护和保障跨区域、跨产业间的协同创新。

以海洋经济中的石化产业和船舶产业为例。在石化工业走向超大型化的今天,优越的市场条件、发达的交通网络、辅助资源能源的保证、生产要素的充足,是其得以持续发展的条件。伴随着石化工业的发展,超级油轮 VLCC(Very Large Carrier,VLCC,载重 20 万～32 万吨油轮)应运而生。目前全球对原油运输的普遍看法是,采用载重 30 万吨左右的油轮进行运输,可大幅降低原油的运输成本,是除管道之外最经济合理的原油运输方式。

石化产业发展对超级油轮 VLCC 的需求,将促进修造船行业的发展:第一,带动船舶行业对制造产品的升级换代,催生超级油轮造船、修理、维护新产业链的形成。第二,促进船舶行业向高端研发设计迈进,加强与国际船舶高端研发设计企业的技术交流与合作。第三,加快促进船舶行业龙头企业的诞生,因为超级油轮的研发、制造与维护,需要高端研发制造技术、大规模的资金投入、高水平的制造管理、高效的服务体系支撑;第四,推动船舶制造行业的产业集群发展,因为龙头企业需要大量高品质、大批量、及时供货的零配件供应商,这需要船舶产业集群才能有效解决。第五,促进船舶产业金融创新,由于船舶制造产业是资金密集型产业,制造超级油轮需要垫付非常巨大的资金,龙头企业需要非常雄厚的资金实力,需要大额度的资金,按照目前的金融体系,无法满足其需要,必须创新船舶金融体系。

船舶产业的发展,又会促进石化产业的整体升级。第一,推动石化产品港口物流规模的升级。超级油轮 VLCC 的投入使用,使其停泊的海域和码头,成为从原油开发到运输再到炼厂的重要一环,目前停泊的海域和码头,无法满足其要求,需要在港口规模和等级等方面改造升级。第二,优化石化行业的产业格局,加快淘汰中小型和低效炼油企业。第三,吸引国内外著名化工企业入驻。国内超级油轮的顺利进出,将大幅度降低石油原料的运输成本,对大型石化企业产生强大的吸引力。第四,推动石化工业生态园区的建设。以大型炼化项目为龙头,形成一体化的产业链,培植企业集群,必须要有相应的园区作为载体,而园区式发展已成为现代临港石化产业的发展趋势。

3.建立制造业与服务业协同驱动的产业创新发展机制

先进制造业是指能够不断吸收国内外高新技术成果并将先进制造技术、制造模式以及管理方式综合应用于研发、设计、制造、检测和服务等全过程的制造业。科技服务业是指运用现代科技知识、现代技术和分析研究方法,以及经验、信息等要素向社会提供智力服务的新兴产业,主要包括科学研究、专业技术服务、技术推广、科技信息交流、科技培训、技术咨询、技术孵化、技术市场、知识产权服务、科技评估和科技鉴证等活动。先进制造业是科技服务业成果进行市场化转化的重要执行者，而科技服务业为先进制造业保持先进性，不断提高制造业工艺水平和产品创新，提供技术、资金、信息等支持。

（1）高度重视科技服务业和先进制造业的协同发展。强调发展科技服务业，是因为它能够在更高层次上推动制造业结构的调整，推动产业创新驱动体系的完善和发展。浙江海洋科技服务业的价值已经随着浙江先进制造业基地建设的发展以及由此引发的多样化需求而逐步提升。先进制造业和科技服务业的协同发展，必须在政策方面及早规划，综合运用产业发展政策，推动服务业和制造业的均衡发展。

（2）提升产业科技服务业水平。商业信用、诚信体系和公共服务是构成两大产业领域发展的"软环境要素"。对于产业整合来说，公共服务不仅将降低整合成本，而且将有效地提升整合效率。为此，要深化行政审批制度改革，创新政府服务方式，提高行政服务效率；借鉴发达国家的经验，从发展产业链的角度推动服务产业发展，提高区域科技创新能力和信息化水平，构建功能完善的服务支撑体系，提高制造业与服务业的融合度。

（3）建设产业的信息化平台。先进制造业与科技服务业的融合，是建立在信息化平台之上的。信息技术的发展使科技服务业的虚拟化、网络化成为一种可能。同时，无论是对传统制造业的信息化改造，还是信息化带动先进制造业的发展，信息技术都将强化产业体系的融合。

以船舶工业为例，它是最典型的临港先进制造业，目前存在的主要问题可通过与现代服务业的协同创新来解决。首先，浙江船舶行业普遍存在船型档次低、产业附加值低的问题，主因是船型新产品设计困难，深层次原因是船舶设计服务无法跟上，因此应大力发展船舶设计产业、软件产业和信息产业等现代服务业；其次，目前船舶行业面临造船成本居高不下的困境，究其主要原因是船舶返工率极高，返工往往是由于船舶辅助设计没有形成很好的产业体系，因此应大力发展船舶辅助设计的现代服务业,以满足船型定制化需求,从而降低造船成本;再次,船舶行业普遍存在船东下订单支付部分定金,若干年后船只交付后支付全部货款的现象,这就要求造船企业必须垫付大量的资金,这样会造成造船企业在船市繁荣时不敢接单、船市萧条时接不到订单而消亡的难题,目前传统金融无法满足现代船舶工业快速发展的需要,必须进行金融创新,引入创设产业基金、风投基金、担保基金等金融产品,积极发展金融物流,以推动现代金融服务业的发展。

4.建立创新驱动下区域间科技创新协同机制

区域协同创新体系是建立在统筹不同区域创新行为的基础上,充分利用和调动多个区域的资源、企业和机构等进行跨区域、跨产业合作的创新模式,因此区域创新的协同需要政府和政策大力支持。以浙江省临海区域为例,区域的协同创新机制,不仅仅局限于区域的市县划分,而应将整个浙江省临海区域作为跨区域创新协同的平台。例如,为实现海洋旅游业的服务创新,提高浙江临海旅游业的竞争力,可以统筹舟山、宁波、温州等不同区域的临海旅游,推出不同主题跨区域旅游路线和旅游项目。依托各区域优势产业,如船舶业、海洋运输、渔业等产业,实现相关产业供应链创新。

不同区域科技创新的协同,是建立在共享区域资源知识,共同受约束与跨区域合作制度基础上的,因此,建立区域科技创新的协同机制,一方面要建立起基于浙江省海洋整体区域的资源知识共享平台,打破区域间隔离机制和彼此间的合作壁垒,将整个浙江省海洋区域经济作为一个整体,将各区域优势资源整合起来,例如将舟山的水产品加工、宁波港的物流以及温州、宁波等地的金融服务业等资源整合起来,推动相关海洋产业的产品、供应链创新等;另一方面,建立健全浙江省海洋区域协同创新制度,保证各区域参与协同创新的制度保障,使各区域解除区域间隔离,无后顾之忧。

第五章
浙江临港产业创新发展

　　发达国家和地区的实践证明：依托沿海优势，实行外向型经济、临港产业带动、贸易促进，利用港口及港口城市的集聚辐射等功能发展临港经济，实现临港工业、临港物流业、临港商贸业的协调发展，对于拉动区域经济发展，增加劳动力就业，培植新的经济增长点都具有重要意义，是繁荣发展区域经济重要途径之一。浙江省海岸线漫长，港口（湾）资源丰富。在新一轮产业带建设中，应着力开发利用沿海港口（湾）资源，大力发展临港经济，重点建设全球化大生产基地，建立具有国际竞争力的区域产业中心，推动经济社会又好又快发展。浙江沿海独特的地理位置、经济区位与海洋资源优势，为临港产业发展奠定了良好的自然地理基础；浙江临港产业前瞻性发展布局为临港产业的强劲发展带来了先发优势；浙江临港产业发展为培植全省新经济增长点打下了坚实的物质基础。浙江发展临港产业具有诸多明显优势，其发展趋势更具可持续性，大力发展浙江临港产业已成为地方政府产业规划和决策的必然选项。

第一节　国内外临港产业发展路径

一、集约化发展的概念与路径

1. 集约化发展的概念

产业集约化指产业发展以资源优化配置为原则,以社会福利最大化为目标,产业组织结构高度集中,产业内大、中、小企业共生,产业发展主要依靠技术进步和技术创新、劳动者素质提高与产业生产力的合理组织与配置。

集约化发展是一种概念层面的构想,产业层面的集约化发展,主要形式是产业集群化发展。产业集群即指某一特定产业(相同产业或关联性很强的产业)的企业根据纵向专业化分工,以及横向竞争和合作的方式,大量集聚于某一特定区域而形成的具有集聚效应的产业组织。这种产业集群不仅能够促进专业化分工合作,形成充分的市场竞争,还能够提升区域经济的外延性,使区域专业化水平不断提高。

2. 集约化发展的路径

产业协同创新是实现产业集群发展的主要路径之一。"协同创新"是指创新资源和要素有效汇聚,通过突破创新主体间的壁垒,充分释放彼此间"人才、资本、信息、技术"等创新要素活力而实现深度合作,在组织(企业)内部形成知识(思想、专业技能、技术)分享的机制,特点是参与者拥有共同目标,直接沟通,依靠现代信息技术构建资源平台,进行多方位交流、多样化协作。

产业协同是指开放条件下各产业子系统自发相互约束耦合,在时间、空间或功能上有序结合的过程,它是以系统的观点来考察产业之间的联动状态和过程,不仅关注各产业运动在时间和功能上的衔接,也关注其在动态变化中运行方向上的一致性,它强调的是产业之间的自组织,但由于它是一个开放性的系统,也不拒绝外力的作用。

　　基于产业协同的创新,一般会通过产业纵向与横向关联促进产业创新发展:第一,产业纵向关联型协同创新。通常,上游产业的创新更能对整个相关产业体系的创新效果产生决定性影响。要真正开发并生产出符合需求的产品,从根本上说取决于上游原材料和装备的支撑能力。因此,产业创新能力主要是经由上游产业向下发散的。上游产业通过充当同一产业体系内各下游产业间的沟通桥梁,帮助下游产业交流、梳理、整合来自消费层面的信息,加速知识、信息的流通和积累,可有力地促进整个产业体系的创新。当然,承认上游产业的决定地位,并不等于可忽视下游产业协同对产业创新的影响。当某一地区下游产业已经发展且具有举足轻重的地位,一些次要的上游产业产品主要依靠区域外供给时,下游产业协同就成为该区域产业创新的主要支撑力量。不过,现实中这种支撑力量并不大量存在,还不能从根本上否定上游产业的决定性影响。第二,产业横向关联型创新。产业横向关联也会在产业竞争中促进创新。当横向关联产业由于存在更多的共性技术和相容的硬件设备、更相近的人员知识结构和更趋同的产业文化时,也就更容易形成融合关系。因此,产业间的创新扩散速度更快,强度更大。同时,由于横向关联产业间的竞争会造成人才、信息和知识的壁垒,而壁垒又会诱发自成一体的创新格局。虽然自主创新也可能造成一定的资源浪费,但却可以强化人才、信息、知识和创新机制的定向积累,更有利于创新。

　　基于上述产业协同创新路径,临港产业协同创新的实施路径表现为临港支柱产业之间、临港核心产业与联动产业之间、临港现代制造业与现代服务业之间、临港传统服务业与现代服务业之间、临港产业与信息产业之间的协同创新等。

二、绿色化发展的概念与路径

1.绿色化发展的概念

　　绿色化发展起源于经济学领域,属于绿色经济范畴。"绿色经济"是英国经济学家皮尔斯于1989年出版的《绿色经济蓝皮书》中首先提出来的。目前,绿色化发展是指人们在社会经济活动的过程中,正确地处理与自然的关系,通过人类活动与生态环境相协调,提高对自然资源的利用效率,在生态环境可以承受的范围内永续利用自然资源,达到可持续发展目的的一种经济发展模式。

产业绿色化指产业组织在各种活动中合理节约利用资源,使经济活动中的物质消耗和污染排放最小化,各种产品和服务在生产和消费过程中对生态环境和人体健康的损害最小化,实现产业经济发展的生态代价和社会成本最低化,实现生态与经济相互协调的可持续发展,使生态、经济、社会三大效益获得最佳统一的现代产业发展模式。

2.绿色化发展的路径

产业层面的绿色化发展路径,涵盖了绿色技术、循环发展和低碳发展等三个方面。

(1)绿色技术。绿色技术是指对减少环境污染,减少原材料、自然资源和能源使用的技术、工艺或产品的总称。只要在减少环境污染,减少原材料与自然资源使用方面产生作用的技术,都可以称为绿色技术,而不管这种作用的程度有多大,也不管这种技术在何时何地以何种规模使用。

(2)循环发展。循环发展的核心是物质的循环,它强调使各种物质循环利用起来,以提高资源使用效率和环境效率。它要求按照自然生态物质循环方式运行的经济模式,用生态学规律来指导人类社会的经济活动。循环发展以资源节约和循环利用为特征,也可称为资源循环型发展。在现实操作中,循环发展遵循的基本指导原则包括减量化原则、再使用原则、再循环原则。循环发展存在企业、产业园区、城市和区域等层次,这些层次是由小到大依次递进的,前者是后者的基础,后者是前者的平台。

(3)低碳发展。低碳发展是一种以良好生态环境为基础的绿色经济发展模式,主要指在可持续发展理念指导下,通过技术创新、制度创新、传统高碳产业改造、新型清洁能源开发等途径和手段,最大限度地减少传统高碳能源的消耗,以实现经济发展与生态环境保护相协调的发展模式。低碳发展的实质是能源高效率使用和清洁能源结构问题,核心是能源技术创新和制度创新。未来中国要在不影响社会经济发展目标的前提下,在产业层面上实现低碳发展,途径包括以下四个方面。

第一,调整能源结构。在三种化石能源中煤炭的含碳量最高,石油次之,天然气的单位热值碳密集只有煤炭的 60%。其他形式的能源如核能、风能、太阳能、水能、地热能等属于无碳能源。从保证能源安全和保护环境的角度看,发展低碳和无碳能源,促进能源供应的多样化,是减少煤炭消费降低对进口石油依赖度的必然选择。

第二,提高能源效率。我国能源强度下降主要动力来自各产业能源利用效率的提高,其中工业能源强度下降是总体下降的主要原因。相对发达国家,我国能源强度的下降空间仍然很大。在能源领域,中国一贯以节能为先,今后仍必须坚持这一战略。因为只有节能才可实现能源安全、环境保护和提高竞争力等多重目标。有专家认为,通过强化节能和提高能效的政策措施,中国有望将 2020 年的能源消费总量减少 15% 以上。国际能源机构预测,到 2030 年,世界能源强度年均下降约为 1.1%,中国要实现这一目标,其能源强度年均下降率至少要保持 2.3%。从部门结构看,工业用能的比例虽在下降,但仍是最大的能源消费部门,而交通和建筑则是能源消费增长最快部门,因此这三大部门无疑是节能工作的重点。

第三,调整产业结构。同等规模或总量的经济,处于同样的技术水平,如果产业结构不同,则碳排放量可能相去甚远。三产提供的产品主要是服务,虽然在服务过程中为了提高效率需要一些办公及运行设备,需要消耗商品能源,但其单位产值消耗的能源也非常有限。真正需要大量消耗能源的是工业制造业、建筑业和交通运输业。然而,调整产业或经济结构受到诸多因素的制约。产业结构是与一定的经济和社会发展阶段相适应的。处于工业化进程中的发展中国家,工业在国民经济中的比例会在相当长的时期内占据主导地位,只有在充分工业化之后,才可能由服务业来主导国民经济。

第四,国际经济技术合作。先进能源技术最终要为解决全球能源和环境问题发挥作用,技术的传播和扩散非常重要。因为未来世界大部分的能源需求量和排放增长量来自发展中国家,而发展中国家限于自身经济实力,技术水平相对落后,技术研发能力相对不足。仅仅依靠技术的自然扩散带来的溢出效益或者商业性的技术贸易都是不够的,为了促进全球可持续发展的共同目标,发达国家有义务向发展中国家提供资金援助和技术转让。然而,长期以来可持续发展目标下真正积极意义上的技术转让进展十分缓慢。因此,对于未来国际气候制度的发展,非常有必要寻求制度化手段,来推进发达国家向发展中国家的技术转让。

三、国外集约化与绿色化发展经验

1. 日本

(1)国家引导临港产业。二战后,日本政府开始重视沿海工业带的发展,将发展临港产业紧急作为国家策略,并为此制定了一系列法律法规。1960 年,日本政府提出了《国民收入倍增计划》。该计划规定,要将太平洋沿海地带建设成为一个新的工业带。这项发展计划即确定了日本以临港产业为主的基本发展政策。此外,1962 年日本政府还制定了《建设新产业城市促进法》。日本政府制定的这些法律和政策对日本临港产业的形成和快速发展起到了非常大的作用。随着经济社会的发展,原有的临港产业模式不再适用于日本。针对此问题,日本政府大约每十年就会提出一个中长期的促进产业结构高级化的总体规划。在发展临港产业、振兴临港工业的经济思想指导下,日本政府特别选择某些具有临港产业优势的产业进行扶植,对企业的发展起到导向作用,引导其向该产业进行大量投资,使临港产业能够适应经济社会发展。发展临港产业离不开港口的有力支持,因此日本政府特别注重港口的建设。同时,政府的港口建设计划同临港产业转型相配合,使港口泊位和临港产业的产业结构及规模相辅相成,也是日本港口政策促进临港产业升级的重要方面。

(2)临港工业集聚度极高。日本的临港产业主要集中在"三湾一海"(东京湾、伊势湾、大阪湾、濑户内海)地区。这里集中了日本所有的石油化工工业、交通设备工业、钢铁生产能力和绝大部分汽车工业。与横滨港相伴形成的京滨工业带包括东京、川崎、横滨,布满了重工业和化学工业,有 200 多家大型工厂企业,如日产汽车、石川交通设备、日本石油、三菱重工等跨国企业；京叶工业带是填海造陆形成的人工海岸，聚集了大量的大型企业，有 2 座大型炼钢厂 2 座大型炼油厂和 4 座大型石油化工厂，其中，君津钢铁厂是世界十大钢铁厂之一；在阪神工业地带分布着6000 多家工厂，有一批钢铁、交通设备领域的大型企业，如三菱、川崎两大重工船厂；围绕在名古屋港发展起来的中京工业区有一批汽车、钢铁、机械、石油化工企业，其中丰田公司的大本营就在这里。日本的"三湾一海"地区不仅是日本临港工业最集中的地区，也是世界临港工业生产力最为发达和集中的地区。同时，日本也是世界上公认的物流实务和物流理论最先进的国家。

（3）临港工业向服务业拓展。日本在优良的港湾用地上布置最经济合理的临港工业生产工艺流程。绝大多数工厂的生产流水线都是用海轮进料，经过港口合理的自动流水生产线在船边出产品，整个过程均在港口周围完成。该工艺流程把货物周转过程减少到最低限度，极大地缩短了生产运转时间，具有极高的生产效率。经济的全球化使得临港工业扩展到临港服务业的领域。从此，日本临港产业发展成为临港工业和临港服务业相互协调发展的产业。全球一体化的临港工业生产方式发展到"原料产地→海洋运输→临港工业制造→多种运输途径→进入不同区域市场"的模式。与此同时，临港服务为临港工业配上全球承运人的完善服务和全球金融信贷体系的服务，以及全球网络的即时信息沟通，促成了一种完善、规模巨大的临港产业生产方式。这种生产方式是在全球范围内进行的商务流、物流、信息流的有机结合，利用全世界优质廉价的原料、合适的劳动力，生产面向全球消费者的产品，即以最少的成本生产出最大效益的产品，并以最高价格出售给全球买家，获取最大经济利润。

（4）高强度的技术创新能力。日本在发展临港产业期间，十分注重技术的引进和创新，并同当时重点扶植产业相配合，特别是将汽车、钢铁、船舶等技术资金密集型产业作为重点扶植产业。技术的引进和创新成为临港产业升级的主要保障。日本引进技术十分注重临港产业升级的需要，并且要求引进的技术是能够最有效地提高生产效率的。以临港汽车业为例，1961—1974 年，日本共从其他发达国家引进生产技术 488

项。日本在引进技术时不是简单使用,也不是简单地模仿,而是在消化吸收的基础上加以改进和创新,最终建立自己的技术体系。据统计,20世纪60年代中期,日本家用电器行业的研究开发费用中,用于对引进技术加以吸收和改革的占48.1%。日本这种技术创新模式对其临港产业升级起到非常关键的作用。

(5)可持续发展的系统化物流。日本企业和政府都高度重视物流业发展,强调从社会角度构建人性化物流环境,体现可持续发展的理念,将物流延伸至与物流相关的交通系统领域,突出物流作为社会功能对循环型社会发展的贡献。系统化是日本现代物流的重要模式,包括作业系统和信息系统两大系统,系统化实现了日本物流的自动化和效率化。注重物流成本测算,创新管理尽可能减少物流成本的方法,以及积极配合政府的政策导向,是日本现代物流业的管理特点。

(6)注重环境保护发展循环经济。在环境保护方面,日本一些沿海工业城市利用其长期积累的技术基础,以建设生态城市为目标,大力发展以资源循环利用为中心的新兴产业,使城市经济发展与环境再生统一起来。例如,位于东京湾的工业城市川崎,进入21世纪后,在建设生态城市的目标下,以大型联合企业日本钢管为中心,大力发展资源循环利用产业。按照川崎新的城市规划,川崎临海地区可细分为三个区域。其中,靠近市区的第一个区域为研究开发区,在2001年6月设立了环境能源创造研究所,是推动环境产业发展的据点;第二个区域是资源循环利用区,建有家用电器、塑料薄膜、塑料制品、木屑等各种废弃物再利用成套设备;第三区域为钢铁区,企业通过其开发的废弃物分类资源化技术和粉末炭吹技术,利用现有的高炉和转炉等设备使废钢和废塑料等都成为生产原料,实现再次利用。该城市通过发展资源循环利用,既减少了生产与消费过程的环境负荷,有利于城市的环境再生,又创造了新的产业,促进城市的经济振兴。

2.荷兰鹿特丹

(1)高效的集疏转运能力。荷兰鹿特丹港地理条件优越,处在世界上最繁忙的大西洋海上运输线和莱茵河水系统运输线的交接口,是典型的河口港,兼有海港和河港的特点。依靠其强大集疏系统和多种运输方式,可以在一日内到达德国、英国、比利时、瑞士等西欧国家,将货物便捷地送到欧洲各个目的地。鹿特丹港的基础设施最强调集疏运系统。它不仅包括对其服务腹地的运输网络,还包括港口本身内部的运输系统。鹿特丹港吞吐的货物80%的发货地或目的地不在荷兰,大量的货物在港口通过一流的内陆运输网进行中转。通过铁路、海运、河道、管道、公路、空运等多种运输路线将货物送到目的地。鹿特丹拥有覆盖从法国到黑海、从北欧到意大利的欧洲各主要市场和工业区的运输交通网络,并且还可以通过鹿特丹国际机场空运货物。个性化运输和中转服务与多式联运相结合,极大地满足了客户的需求。

(2)高科技打造现代物流业。荷兰的物流园区选址比较科学,主要是建在港区中心地带,靠近码头和运输设施,与码头间建设专门的运输通道,方便进行物资配给。园区内设有仓库,信息化程度高,并设有海关办事处。在埃姆、博特莱克和马斯莱可迪港区建有三个大型物流园区,即配给中心,三个园区存储和调度货物均采用无人操纵的自动化系统和电子数据交换(electronic data interchange, EDI)技术,对园区的指挥和监控均是通过先进的港口信息系统进行的。园区内作业自动化程度很高,安排运输货物步骤紧凑,可最大程度降低堆场搬运等方面费用。荷兰还受欧盟的委托,开发了三大信息系统:第一,IVC90信息跟踪系统。掌握航行船舶的信息,特别是对危险品船或有污染物的船舶实施全程监控追踪。第二,VOIR信息编辑系统。为船舶航行提供安全、有力的航行信息保障,有效减少航运事故的发生,或快速解决航运事故。第三,IRAS航运信息综合特种分析系统。对基础设施的大量原始数据进行分析,为政府整治船闸、码头或航道及时提出依据。

(3)临港工业集约协同发展。鹿特丹港不仅是转运港,也是巨大的工业综合体,已经形成集储、运、销一条龙服务的完整物流链。鹿特丹市炼油、化工、造船等工业主要是依托鹿特丹港发展起来的,主要分布于新水道沿岸,拥有一条以炼油、石油化工、船舶修造、港口机械、食品等工业为主的临海沿河工业带。依靠具有完善物流功能的现代港口区域及其周围区域,鹿特丹的物流业和临港工业实现了有效的协同发展。一方面,交通便利的现代港口可以将货物比较方便地输送到不同的目的地;另一方面,临港工业的发展与壮大也必将为港口提供最直接的、最有保证的货源。临港工业特别是临港重工业需要规模经营来降低生产成本和运输成本。荷兰工业园沿江两岸绵延十几公里,包括多种工业园,有炼油、交通设备、石油化工、食品等多个园区,并且每个园区都特别大。

(4)产业联动催生现代服务业。各种物流的交汇使鹿特丹港成为特色化海港的集合体,最大的特点是储、运、销一条龙。通过一些保税仓库和货物配给中心(物流中心)进行储运和再加工,提高货物的附加值。然后通过公路、铁路、河道、空运、海运等多种运输路线将货物送到各个目的地。鹿特丹的港口服务业发达,在中转货物的同时,还提供再包装、标签、称重、装配、质量监控、配送、海关等环节的服务。同时,由于它得天独厚的地理位置、同内地便利的联系、高效的后勤服务、熟练的工人和明确的海关程序等,许多公司都在鹿特丹建立了欧洲配给中心。物流的高度集中使鹿特丹成了一个中心,世界上所有大的船运公司都直接进驻于此或在此设代理处。每年有超过3万艘船只和超过4亿吨货物进出鹿特丹港,与航运服务相关的众多产业集聚在鹿特丹港区及其周围。包括船舶分级、船舶监测、船舶配件供应、物资补给、检查测试、保养、废物处理、船舶修理和船员招募与更换等业务。该地区有11万人从事与港口直接或间接相关的产业。同时,发达的临港工业促进了金融、贸易、保险、信息、代理和咨询等服务业的发展。

3.英国伦敦

(1)国际航运服务集群发展。真正意义上的国际航运中心体现在其"价值大港"的定位,而非传统意义上的"吨位大港"。虽然目前的"价值大港"也都是由当年的"吨位大港"发展而来,但是在每一个特定的历史阶段,只会有一种模式成为主导;现今,"价值大港"是国际航运中心的主导,依靠"吨位"来引领国际航运业已成为过去。英国伦敦正是这种"价值大港"型的国际航运中心的完美体现。伦敦通过将航运业技能与可信赖和专业化的环境完美结合,已发展成为全球公认的航运服务集群,即除了强调航运服务在地理上的物理集中,更突出其整体竞争力的提升。伦敦国际航运服务集群形成了以船舶经济为核心,密切联系保险经济、海事法律、船舶检验和船舶融资的中心结构以及以保险经济为重点,联系海事法律、船舶检验和船舶融资的外围结构。

(2)协同核心产业发展联动产业。伦敦航运服务中的船舶经纪在英国海外收入中起着最重要的作用。在核心产业船舶经纪业的带动下,伦敦为国际航运界提供了广泛的商业服务,其中包括:融资、保险、经纪、法律、会计、检验、教育和出版等,各自在国际市场上占据着举足轻重的地位。以金融为例,现代航运业与金融业相辅相成,在这个开放和外向型的经济体制中,没有金融的支持,航运业将失去发展的实力;而没有航运业的保证,金融业也将失去生存的基础。伦敦的国际航运金融业务发达,而且伦敦航运中介机构功能齐全、专业程度高,可以有效地支撑着整个航运产业链的发展。

四、我国上海临港产业区集约与绿色化发展经验

(1)构建临港产业园区,加速产业集聚。上海临港产业区正式开建于 2005 年,规划面积 241 平方公里。上海临港产业区为了加速产业集聚,高起点规划,形成了重装备产业区、临港物流园区、综合产业区、三新园区,以及 4 个与产业区配套的生活镇协调发展的合理布局。其中,重型装备产业区建立了六大制造基地;临港五六园区由保税港和国际物流园区组成;综合产业区集聚了五大产业集群;三新园区则由知识、技术、产业三大园区构成。合理的产业布局,为产业纵向关联和横向关联的协同与创新打造了坚实的基础。

(2)积极开展低碳研究,加快低碳实践。临港产业区开展了大量以低耗能、低污染、低排放为基础的前瞻性的低碳经济研究,进行节能减排工作,组织产学研团队,在广泛开展国内外合作研究和交流的基础上取得了重大的推进。临港产业区在规划建设之初就开展了大量的低碳经济研究与示范工程建设。产业区的高起点规划、高标准建设和高质量管理为发展低碳经济提供了广阔的空间,根据不同阶段的需求开展了各方

面的实践探索,包括相关产业选择、能源开发、生态环境保护、基础设施建设、交通体系、工业建筑节能等。

(3)注重产业功能配套,协调产业发展。上海临港产业区积极开发产业配套功能,为产业的协同发展提供了可能,提升了产业区的吸聚能力。为了满足临港产业区的全面发展,临港产业区从综合配套和服务体系两个方面来入手,加快发展产业功能服务配套。为了实现企业职工的社区化生活,临港产业区依托产业所在的部分区域,充分发挥临港地区特有的滨海水系、林地湿地等生态资源优势,规划建设若干集生产服务、生活配套、生态景观等多功能于一体的综合设施和社区。同时,建设起与一流产业区相配套的商业商务、教育培训、人力资源、医疗保健、体育休闲等社会服务体系。为保证人才与科技需求,产业区构建了集高等院校、科研院所、企业研发中心、公共服务平台、创业孵化等全方位的创新体系,吸引上海、长三角和全国的科研力量与教育力量来产业区落户。目前,产业区已入驻上海海事大学、上海海洋大学、上海电机学院和临港科技中专等高等院校与专业技术人才培养院校。

(4)开发海港新城,港城一体化发展。作为洋山深水港的配套工程之一,上海临港新城的建设取得了瞩目的成效。以滴水湖为核心的临港新城,目标建成上海东南端经济、文化中心,临港地区综合服务设施集聚地。发达的高速公路网、便捷的轻轨和磁悬浮等城市快速交通网缩短了临港与上海各城区之间的距离,优美的生态环境、完善的城市功能成就了海港新城现代化的生活空间,为集聚产业人气创造了得天独厚的条件。

第二节　浙江临港产业发展现状与面临的问题

一、发展现状

1.船舶业现状及特点

(1)产品结构有所优化。浙江省船舶产品以 7 万～8 万载重吨以下的中小型船舶为主,代表产品为 5000TEU 以下的集装箱船、灵便型散货船和油船、各类工程辅助船。近几年来也开发出一些高技术、高附加值船舶产品,如超低温金枪鱼钓船、GPA670 石油平台供应船、海洋工程装备等。开工建造 17.6 万载重吨散货船、32 万吨大型油船(VLCC)、重吊运输船等产品,初步具备承接建造大型和高技术船舶能力,具备 30 万吨以下大型船舶修理和改装能力。

(2)装备水平有所提高。浙江造船企业的装备在近几年得到了不断加强。全省现有 5 万吨级以上船坞(台)53 座,配备 200 吨以上起重吊机 76 台,最大起重能力 800 吨。重点骨干企业已逐步采用平面分段生产流水线等关键技术装备、三位船舶设计系统及先进船舶设计技术。钢材利用率、高效焊接率、预舾装率、无余量上船台率等技术指标处国内先进水平,船坞(台)、码头周期达到或接近国内先进水平。钢材预处理流水线、数控等离子切割机、高效焊接设备等成熟造船工艺设备在骨干船厂应用已较普遍,适应新标准要求的涂装房和相关设备也有一定数量,但多数小企业尤其以出租船台为主要经营方式的船厂,陆上生产设施相对薄弱,不能形成合理配置,高效的工艺辅助装备应用更少。

(3)船舶配套产品有所发展。全省船用配套产品取得船检部门认证的有 27 大类,主要有船用柴油机、船用齿轮箱、船用灯具及电控设备、舵机、锚机、锚链及缆绳、轴系螺旋桨、救生设备、防腐锌块、助航设备、舱口盖、船用油漆等。其中,大型中速船用柴油机是国内为数不多具有自主知识产权的船用柴油机产品;大型螺旋桨、变距推进器等一批世界知名品牌船舶配套产品也开始在浙江制造。

2.水产品加工业现状及特点

(1)加工品种与技术全国领先。浙江省在水产品加工品种和技术上在全国具有优势地位。近年来浙江省的水产品加工企业在传统的冷冻水产品及水产干制品加工基础上,通过引进技术与设备、自主创新及产学研联合攻关等方式,根据国内外市场的需求,积极开发水产加工新产品。全省现有大型自动化鱿鱼加工生产线、冷冻鱼糜及鱼糜制品加工生产线、烤鳗生产线、烤鱼片生产线、烟熏鱿鱼圈生产线、调味鱿鱼系列产品生产线、湿法鱼粉生产线、鱼油系列制品生产线等现代化加工线 300 多条,技术水平不断提高。水产加工产品由 20 世纪的腌制品、干制品、冷冻品等八大系列近百种产品发展到冷冻调理制品、鱼糜制品、即食休闲食品、海鲜调味品等十余大系列 1000 多种产品,产品朝多样化、系列化、高值化方向发展。

(2)国际竞争力开始有所提升。作为浙江省连续几年来大农业出口产值超 10 亿元的第一大产业,水产品加工的出口总量持续平稳增长,虽然受金融危机影响,2009 年出口额有所下降,但水产品的国际竞争力仍不断提升。水产品的国际竞争力对于提升浙江渔业产业层次,促进全省渔业和外贸的持续快速发展起到十分积极的作用,社会经济效益明显。

(3)水产品质量安全保证体系初步形成。浙江省尤为重视水产品加工的质量安全。目前浙江有浙江省水产品质量检测中心、农业部水产品质量检测中心(舟山)、国家海洋食品质量监督检验中心等专业的第三方检测机构,水产加工龙头企业、科技企业的实验设施和检测设备正逐步完善,能按规定对产品质量安全指标进行检测,全省初步形成了省、市、企业三级质检系统。

二、面临的问题

1. 石化行业

(1)节能减排压力依旧很大。浙江石化在飞速发展的过程中,面临着较大的节能减排任务与巨大的环境保护压力。石化的能耗占全部工业能耗的比重接近 20%,"十二五"期间浙江省全社会单位 GDP 能耗下降 18% 的能耗控制目标给石化行业带来了极大的节能压力;同时,近几年工业污染物大量排放使得居民生存环境严重恶化,随着环保意识的提高,人们开始对石化行业产生抵触心理,引发了社会对石化行业引起环境安全问题的担忧。虽然浙江省努力引导企业采取节能减排的措施,但与日益提高的社会要求相比还有很大的差距。

(2)产业链结构问题制约明显。浙江省传统精细化工比重过大,面临较大的调整压力,同时产业结构不均衡,基础原料还存在较大缺口。

位于产业链末端的精细化工十分发达,而其发展所需的大量原油、乙烯、丙烯、丙烯腈、丁二烯等基础石化原料则主要依靠进口或从外省市购入。产业的发展缺乏基础原材料产业支撑,本地原料供应不足,使下游产品生产成本难以控制,虽然镇海炼化 100 万吨/年乙烯项目的投产使本地石化基础原料供应不足的局面有所缓解,但原料供应和价格的波动仍将对后端企业带来一定的风险。同时,行业投资也开始出现分化,以产业末端精细化工为主,前端石油加工投资同比下降接近一半。

(3)集聚区产业链条明显偏短。浙江省石化产业在空间上初步形成了集聚发展的局面,但产业集群化程度不高,企业规模偏小,同质化竞争矛盾突出。现有石化产业集聚区内部分企业档次偏低,甚至有的与石化产业不相关联;企业集聚以扁平式为主,纵向关联集聚功能较弱,产业整体竞争力不强;重复投资问题突出,市场无序竞争的问题长期难以得到解决。

(4)资源要素制约问题尤为突出。土地、能源、水资源和人力资源紧张等因素,制约了石化产业进一步发展。石化产业高投入、高产出等特点决定其单体项目能源、水等资源消耗量相对较多,占地面积相对较大,土地环境资源约束矛盾突出,制约了浙江化工企业的集聚发展和做大做强。产业发展的空间要素制约也问题突出,专业石化园区的布局仍滞后于行业发展需要。

(5)技术创新环境仍然需要改进。各地在准入条件和标准上的差异影响行业技术装备水平的整体提升。高端技术人才仍很缺乏,产学研模式还未形成气候,人才培养、研发能力与石化产业发展不相适应。企业技术创新能力弱、自主知识产权技术少、高端石化产品生产技术缺乏、技术装备水平不高等问题亟待解决。促使优势企业依靠技术、装备、质量、管理优势脱颖而出的政策和环境机制尚待完善。

2.船舶业

(1)技术研发薄弱,创新能力不强。浙江省的船舶设计院所比较少,研发层次不高,主要以常规船型设计为主,没有绿色环保船型等高技术、高附加值船型的设计能力。船舶科技研发经费投入不足,主要以国家或地方政府为主,企业没有成为船舶科技研发的主体。科技成果转化率很低,社会效益、经济效益和生态效益也比较差。船舶技术市场发育滞后,船舶科技基础条件与软环境建设上缺乏整体规划、统筹布局和政策导向,无法实现资源有效共享。

(2)龙头企业整体实力有待提高。浙江省的大型龙头企业数量与国内其他地区大型企业数量相比偏少,总产值超百亿的企业仅有金海重工一家,而江苏有四家。与韩国、日本等造船发达国家相比,浙江省龙头企业的造船规模较小,实力较弱。

(3)产业链结构发展不均匀。浙江省的船舶工业主要集中在加工制造的中间环节,两端则相当薄弱。前端的大部分设计研发依靠国内外引进,后端的市场营销和品牌资源还处于起步阶段。而中间的加工制造环节也主要集中在船壳加工和船用设备总装领域,船舶配套产品发展滞后,大量设备、材料需要从省外、国外购入,导致了生产成本的提高和生产周期的加长。少数能够为常规出口船、中高端船舶配套的产品种类也属于技术含量低、附加值低的产品。

(4)船舶金融服务急须创新。由于船舶行业资金密集的特性,需要大量的资金投入来支持产业发展,而全球船市的不景气导致金融市场对船舶行业整体不看好,传统以银行贷款、保函等为主要方式的资本运作模式急需创新。船厂订单履约风险扩大,船东接船意愿不强、交船困难问题突出等直接导致了银行将船舶行业列为高风险行业,阻碍了船舶行业的整体发展,形成恶性循环。船厂担保难问题也比较突出,这导致许多船厂的资金周转出现困难,比如土地权证和海域使用权证的问题没有解决,缺乏抵押资产,而在建船舶的抵押问题也尚未解决。

(5)多头管理职责履行协调不够。船舶行业表面上分工明确,实质上在准入监管、船检管理、船舶质量源头控制等领域难以管理到位。涉船管理的部门过多,如各地方政府经信委、安监局、交通与海事局各派出机构、地方海事部门、船舶检验部门等,职责履行之间协调性差,效率太低。同时,多头管理导致了各项费用支出过多,如下水服务费、拖轮服务费、船舶出港服务费、环保收费等收费项目依然较多。

（6）产业集群发展水平较低。浙江省的船舶行业虽然在某些区域形成一些集聚，但是依旧是低水平的扁平式发展，现代造船模式应用的深度不够，同质化竞争严重。有的大中型企业虽然普遍开始分段造船，但仅限于企业内部生产流程分工，没有建立专业化的船舶中间产品生产企业，船舶建造社会化分工不足。船厂布局过于拥挤，没有合理规划，企业没有发展壮大的空间。低水平扩大发展，小规模生产发展等问题突出，形成结构性产能过剩。

3.水产品加工业

（1）产业结构过于简单。浙江省的水产品加工还是以食品加工为主，几乎没有涉及医药、皮革制造、化工等产业的关联部分。并且，水产品食品加工也以初级冷冻加工品为主，占了近 40%，产业技术含量低，附加值差。

（2）企业发展壮大艰难。浙江省的水产品加工企业，大多数还处于小、散、低、弱的状态，难以创立国际品牌，抵御国内外市场风险的能力也比较弱。同时，水产加工对资本市场的吸引力比较小，投资比例与其地位严重不相符，水产加工业投资不足，导致整个产业缺乏快速发展后劲。

（3）技术发展水平创新不足。加工重点依然是低复杂度的转化方式，高附加值的产品少，例如制作鱼片、盐腌、罐装、干制和发酵。加工废弃物综合利用水平不高，如除腥技术、淡水鱼类加工等方面的技术有待进一步突破。由于行业内的技术溢出效应比较明显，容易造成普遍的"搭便车"现象，使得创新环境恶劣，许多企业的技术创新与产业创新也比较难推进。科技研发投入也比较薄弱，与发达省份相比差距较大，并没有形成有效的科技研发创新体系。

（4）集群发展模式还需突破。虽然水产品加工由于其港口依赖性，主要集中在舟山等港口城市，但目前仅仅是区位的聚集，没有形成明显的集群深度发展态势，缺乏必要的产业内协调与合作。水产品加工业依旧停留在劳动密集型阶段，企业间同质模仿严重，带来了恶性竞争严重以及利润率极低等问题。

（5）相关物流服务业体系薄弱。水产品加工对物流，特别是冷链物流的要求比较高,浙江省没有形成完整的体系。现有的水产品加工物流规模小、运输与仓储资源分散,没有形成集运输、储存、装卸、整理、加工、配送、信息等多样化服务功能为一体的现代物流体系。以生产企业为核心的冷链物流体系尚未建立,不能实现产地市场和销地市场冷链物流的高效对接,同时,第三方冷链物流服务也满足不了现有需求。

(6)原料来源与销售渠道单一。浙江省水产品加工的来源非常单一,接近75%为近海捕捞,不到5%为来料加工,其他的则是养殖和远洋捕捞。同时,销售渠道却以外包为主,受各种贸易壁垒、技术壁垒及政策壁垒的影响较大。这种单一的原料来源与销售渠道模式制约着产业做大做强,使之承受着很大的风险。

4.港口物流业

(1)产业带动作用较弱。浙江省沿海港口服务主要以传统的装卸、储存、转运为主,商业功能、物流服务功能还处于起步阶段。服务水平不高,服务方式和手段较为单一,对产业的带动作用较弱。港口的运输组织功能和综合运输枢纽作用不明显,发展现代物流业的空间还很大,没有在促进经济结构转型升级、带动区域经济协调可持续发展方面起到应有的作用。

(2)航运服务发展缓慢。与港口配套的物流及航运服务产业发展较为落后,船代、货代、无船承运等行业仍处于较低层次的发展阶段,企业小、散、乱的特点明显,还不能给予浙江航运企业的发展应有的支撑,沿海港口尚未形成规模化的海运服务集聚区。总体来看,政府对航运业发展的重要意义认识不足,重视程度不够,重陆轻水的指导思想长期难以改变,对航运业发展缺少扶持政策。

(3)行业信息建设落后。浙江省港口物流相关的信息资源难以有效整合。以港口业务为中心的电子口岸信息系统已经初步建成,但在信息互联互通、数据共享、身份认证、技术数据标准统一、企业普及应用等方面还需要不断推进和提升。企业与企业之间、企业与政府服务机构之间在信息化建设和应用方面进展程度不同,地区之间也存在层次上、规模上的差异。同时,信息的共享难度很大,没有形成有效的信息网络。

（4）港口金融发展明显滞后。浙江省的港口金融服务体系虽然有一定的基础，但还不能满足建立现代港口物流体系的需求。金融服务以传统的存、贷、汇为主，高端金融服务不足、创新产品匮乏。与发展港口金融服务相适应的咨询、评估、保险、金融信息平台等配套体系建设发展缓慢，港口金融发展的相关财税政策支持也比较缺乏。

（5）集疏基础设施有待加强。铁路、内河集疏运基础设施发展滞后，集疏结构不合理，各种运输方式衔接不顺畅，运输效率比较低下。浙江省各种运输方式之间衔接不足，尤其是公路、铁路、水路（特别是内河）之间的衔接，已经成为港口集疏运网络建设的最薄弱环节。浙南集疏设施较为薄弱，港口的对外集疏运体系基本以公路为主，对外辐射的公路网技术等级偏低，路网结构尚待完善，制约了地区经济发展和港口向外辐射能力的发挥。

（6）资源整合利用有待改善。全省港口资源功能布局欠合理，资源整合进度需要加快。由于管理体制机制的影响，港口间尚未形成合理分工、利益共享的合作发展模式，深水岸线资源未得到有效利用。浙西南航运资源未能有效开发，内河航道与沿海港口之间没有形成完善的江海联运体系。目前，我国不同运输方式基础设施的规划建设归口不同的行业主管部门，综合交通运输发展的各种机制体制障碍依然存在，行业间无序竞争、地区分割、衔接不畅等问题日益凸显，交通行业管理体制机制亟待改革和创新。

三、基于集约化与绿色化发展模式的问题剖析

浙江省临港各重点产业存在技术落后、整体创新环境差的问题。作为绿色创新的基础，浙江省的创新体系不健全，各行各业缺乏创新精神，绿色创新政策体系不够健全，绿色技术创新体系无法建立。科技进步条例中，涵盖环境和创新的条款不多，主要是鼓励技术创新，以及对先进技术的引进、消化、吸收、创新等宣示性内容，并没有在政策上给予实质性的支持。

浙江省的园区建设规划不合理，被划分成过多的产业园区，造成很

多园区规模较小,临港资源被人为分割,无法形成显著的规模效应。园区建设不科学,功能划分不完善,缺乏合理的布局与价值链匹配,没有实现资源的有效利用。很多园区管理不规范,对企业入驻条件缺乏有效的论证,使得入驻条件过低,进一步造成了重复建设和集群扁平化发展。

第三节　浙江临港产业发展的对策建议

一、合理规划布局,发展特色集群

临港产业的集聚水平高,不仅有利于提高整个区域内临港工业的产业竞争力,促进该区域的经济快速发展,还有利于其所依托的港口针对该集群的性质,发展专业性码头,加快货物的周转。就现代港口城市的临港工业看,大都呈现产业集聚态势。

浙江省的沿海城市众多,海岸线比较长,应当进行更加有效的规划,不同区域根据现有的产业优势,发展不同的集群。根据现有资料来看,浙江省临港产业发展区域间与区域内都存在重复建设,同质化竞争严重的情况,并没有发展成为具有竞争优势的特色化集群。想要改变这种现状,必须分析各地区的优势与劣势,在基于各地明确的发展定位的基础上运用政策和市场两个手段提高临港产业的集聚度,改善产业集聚条件,提升产业园区产业集聚能力。

在政策上要做好引导工作。省级部门要从全省的情况出发,对现状进行梳理,对各地的发展方向做有效的论证,在此基础上对临港产业进行合理布局。例如,石化产业在宁波已经有一定的基础,则将石化产业集群重点区域定位于宁波及周边地区,浙南的温州等没有发展基础的区域则不鼓励甚至限制石化产业的发展。这样既有利于临港石化产业在浙北宁波及周边地区的集聚,也有利于浙南区域根据自身的优势发展其他临港产业。

在市场上要以龙头企业为主体,发挥集群集聚优势。纵向上要延伸产业链,加强集群内部企业的匹配,在集群内形成合力。横向上要加强企业间的交流合作,引导企业差异化发展,互相依存、互相扶持,在整体上形成区域品牌,促进产业整体提升。例如舟山船舶产业要充分利用船舶协会等平台促进交流,船舶企业在交流过程中,根据自身的情况在细分市场上寻找商机,针对不同目标客户,打造不同发展,提升产业整体水平与规模,打造舟山船舶品牌形象。

二、加强环境保护,实现可持续发展

临港产业的集约化绿色化发展,必须跳出传统的发展模式,避免各种急功近利、不顾长远的破坏性建设,而应建立严格的标准,使产业的发展与环境保护相协调。

优化配置环境容量资源,从源头保护环境。临港集群区域或者产业园区要做好环境影响评估与环境功能区划,制定严格的环境总量控制指标,加强对区域污染物排放的检测、统计和考核。建立严格的准入标准,对入驻的企业或者项目做全面的环境评估,在源头上控制污染。制定企业绿色发展管理办法,对重污染企业进行大规模集中整治,淘汰一批高污染低效率的企业。完善排污权有偿使用和交易制度,运用经济杠杆提高排污成本,倒逼企业进行技术改造和设备更新,主动削减污染物的排放总量。

强化污染治理和生态环境修复工作。开展对包括水、大气等方面的生态环境修复工程,加快推进临港产业集群区域的环境治理,恢复生态系统的自净能力,提高环境容量。加强对海洋生态的保护,严格控制产业集聚区的入海污染物总量,建立健全滩涂实地保护机制,加快海洋生态养殖技术研究,杜绝破坏式海洋捕捞作业与过度捕捞,强化重要港湾及重点海域生态环境恢复。

三、强化环保意识,监督狠抓落实

加大环保宣传力度,积极倡导环保理念,牢固树立环保意识,倡导绿色消费,营造一种人人重视环保、人人参与环保的良好氛围。引导企业

树立正确的环保意识,即绿色环保不是企业增长的负担,而是企业提高市场竞争力的有效途径,是增长的引擎。企业应积极进行绿色技术创新,开发绿色产品。

坚决淘汰高能耗、重污染落后产能,加强企业环评和审批,强化刚性考核机制,实施节能减排责任制。推进以节能减排为重点的生态文明建设配套改革,健全能源审计、能效对标及排污许可制度,完善节能降耗和污染减排奖励政策,健全绿色生产推进机制,优化能源消费结构,鼓励开发利用清洁能源和可再生能源。强化源头把关和工程保障,加快企业绿色技术改造,切实提高资源利用率和污染减排绩效,确保能耗、水耗及污染物排放强度等指标达标。

四、加大研发力度,构建创新体系

技术创新是临港产业集约化与绿色化发展的关键。加强技术创新,提高临港产业的发展质量,推动临港产业向集约化与绿色化方向发展。

引导企业通过技术许可、技术合作、技术并购等多种途径引进国内外先进技术,支持有实力的龙头企业参股、收购国外具有技术优势、产品优势的专业设计研究公司,鼓励有条件的企业到临港产业发达国家或地区设立研发机构,努力跟踪国际临港产业先进技术的发展动态,消化吸收国外先进技术。对临港产业发展中的重大关键技术、共性技术,政府要给予重点资助。运用现代科技手段提升临港产业的科技含量,提高临港产业的竞争力。

技术的应用推广与技术研发同等重要,要着眼于产业发展的需要,构建以企业为主体的"产、学、研、用"有机结合的技术创新体系,加大对科研成果转化的关注度。通过研发中介机构、科技孵化器、大学科技园区、临港产业园区、高新技术开发区等的协作加速技术成果的产业化、规模化,有效实现其社会价值。专业技工在技术的应用推广中起重要作用,要重视对专业技工进行相关的技能培训。

加大对临港产业高端领军专业人才的引进力度,以灵活多样的形式引进柔性人才,加大对高端人才的支持力度,使高端人才切实为临港产业的发展贡献智慧。重视人才储备和培养，一方面要积极与有专业优势的大学、科研机构建立合作，实施专业人才委托培养、联合培养，设立专门奖学金，鼓励学生学习相关专业，为临港产业发展储备人才；另一方面也要通过企业大学、师傅带徒弟等模式来培养。加快完善以企业为主体，学校教育与企业培养紧密结合的人才培养培训体系。

五、加快港口建设，打造港航集群

随着全球港口产能基本达到平衡，港口和临港产业的发展模式发生转变，全球主要港口正在从第三代港口向第四代港口转变，基于供应链的港航服务在临港产业中的地位日益凸显，加速浙江沿海主要港口向第四代港口转型，推动港航服务相关产业快速发展，打造具有竞争力的港航服务产业集群是浙江临港产业未来发展的重点。

信息技术是临港产业的下一代基础设施，加大港口信息化建设力度，健全浙江港口综合信息交易平台，加快"物联网"应用体系研究，形成便捷高效的长三角区域及长江干线港口、航运信息交换系统。大力开拓浙江港航信息服务市场，提高信息透明度，培育港航服务业群体。通过发展信息服务业，提高通关效率，加快信息流转，以港航信息服务推动浙江临港产业的集约化与绿色化发展。

加快港口码头支持保障系统建设和港口现代物流的载体建设，健全港口设施，完善港口功能；构筑以现代综合交通体系为主的物流运输平台，以通信及网络技术为主的物流信息平台，以引导、协调、规范、扶持为主的物流政策平台；设立出口加工区，拓展港口业务，为发展港口物流、选商引资和开发打下良好基础；按照市场经济机制对港口运输各相关环节进行整合，促使其向现代物流方向发展；鼓励有条件的企业"嫁接"国外知名物流集团，充当其全球物流网的支点，主动融入国际物流体系之中。拓展港口的经济腹地，浙江主要港口要抓住中部崛起和西部大开发的有利时机，把经济腹地向内陆省份推进。把宁波—舟山港建成亚太地区重要物流中心，加强港口与供应链上成员企业的合作，最大程度利用现有资源，改进码头的集中运输能力，提高码头泊位，装卸设备等作业效率,降低船舶和货物在港时间,提高通关、配送效率,提高整个港口供应链作业效率。

临港产业的集约化与绿色化发展必须依靠现代服务业,尤其是与临港产业密切相关的港航服务业,大力发展基于港航服务的金融、保险、信息、咨询、商务、订货、外汇结算和电子无纸报关等现代高端服务业,推进船舶修造、水产品加工等临港产业与现代服务业的融合,提升临港产业竞争力。

第四节　浙江临港产业发展的生态体系

一、基于绿色化发展的生态

1.基于绿色技术加快临港石化产业关键技术研发

绿色技术通过不断改进工艺、降低成本、节约能源等手段,减少环境污染,减少原材料、自然资源的使用,它又可以区分为绿色产品和绿色产业。临港石化产业发展目前面临的最大挑战是环境污染和安全问题,这是最需要绿色技术的典型行业,借助绿色技术应用,或许可以推动和促进该行业积极稳妥发展。

临港石化工业以炼油项目为龙头,一方面可提供大量清洁能源作为燃料,同时又是主要的有机合成材料的原料提供者,并以此形成三条主要产业链:炼油-能源产业链、炼油-乙烯-烯烃衍生物产业链、炼油-芳烃-聚酯产业链。炼油-能源产业主要是在石油中提取汽油、柴油、煤油等燃料,作为能源直接消耗,而不是进一步作为化工产品的原料。化学工业门类广、品种多、产品之间关联度大,其上、中、下游产业链很长,而石油化工处于其整个产业链的上游。在石油化工向精细化工等下游产业链发展的过程中,其对环境的影响是逐步加重的,这与其他工业有较大的不同。一般的工业行业,越是前道的初级加工,对环境的影响相越大,越到后道的精加工,对环境的影响相应减弱,而石化工业却是反过来的。因此在石化产业的绿色技术趋势大致有二类:一类是石油化学工业整个产业链中,只截取前道产品的生产,不发展精细化工,对环境的影响要小得多,当然这只是暂时的,治标不治本;另一类是在发展精细化工产业时,在技术与产品的研发阶段就开始考虑实现"绿色化"。"分子设计"技术、组合化学技术、纳米和微乳化技术,以及生物发酵技术等都为"绿色化技术"探索提供了新方法。

2. 基于循环发展构建临港石化产业生态园区

循环经济是现代国际社会广为推崇和实践的新型经济增长模式,它与传统经济增长模式的区别在于:传统经济增长直接依赖于对资源的消耗,并对环境产生直接的污染,是一种线性的增长模式;循环经济增长则立足于减少生产运行的投入和节约消耗,并在再生产运行链上大力回收和再利用废弃的物、渣、水、气、热,变前一轮生产过程中的有害物、无用物,为下一轮生产过程中的无害物、有用物,呈现为一种循环化的集约型增长方式。这种增长模式既可以创造巨大的客观效益,也能大幅度提高企业的经济效益,并能为企业树立良好的社会形象。

循环发展以资源节约和循环利用为特征,可从产业链、生态链视角进行解读。在工业产业内部,石化产业实现循环经济的潜力和空间是较大的。国内外一些先进的石化企业积极制定了环境友好、资源节约的可持续发展,并配以多种有效的保障措施,取得了显著的绩效。如中石化近年来在推进循环经济方面进行了不懈努力和积极探索,在资源利用、节约和环保方面都取得了较好成绩。在以往的石化工业行业,有"一吨油一吨水"之说,即炼制一吨原油,要有一吨淡水与之配套,因此,对缺水地区来说,发展石化工业,淡水供应是个很大的制约因素,镇海炼化将加工一吨原油的耗水量下降为 0.31 吨,走出了一条节水型的炼化工业发展路子。浙江在发展石化工业过程中,起点必须要高,要以循环经济和清洁生产为要求,坚持走资源节约型和环境保护型的发展道路。石化工业的技术不断在进行改进和提高,新的工艺方法不断得到优化。因此,在项目的引进过程中,应该对投资方采取的炼化技术和工艺进行限制,要充分考虑多种"三废"回收技术在石化产业发展过程中的运用,以保证资源的最大化利用以及生产过程的清洁和安全。

浙江发展临港石化产业,必须以大型炼化项目为龙头,形成一体化的产业链,培植企业集群,要有相应的园区作为载体,而园区式发展,已经成为现代石化工业发展的一个方向。按照循环经济的模式进行工业园区规划建设,大力节约和集约利用土地,推进资源综合利用。推进园区内企业之间实现废物和副产物的互相利用、能量和水的梯级利用、基础设施的共享,形成企业或产业之间共生的生态网络关系,实现物流、能流、技术的集成和信息与基础设施的共享,实现资源利用的最大化和废物排放的最小化。引导企业之间整合,引进关键项目,形成企业(产业)之间的物质循环利用产业链,按照工业生态学原理,将工业园区建设成为生态工业园区。

3.基于低碳发展确定临港新能源重点发展产业

低碳发展的实质是高能源效率和清洁能源结构问题,核心是能源技术创新和制度创新,其实施途径涵盖提高能源效率、调整能源结构、调整产业结构、推进国际经济技术合作等方面,目前重点应尽快发展低碳化的新的可再生能源。可再生能源主要包括太阳能、风能、水能、生物质能、地热能和海洋能等。海水、风能、潮汐能等新能源是浙江省临港区域的特色优势,应充分发挥浙江临港区域特色优势,重点发展新能源产业,加快新能源开发步伐。

(1)风能资源利用。利用海岛地区丰富的风能资源,依托风电场等一批项目,建设有特色的海上能源基地。积极引进实力雄厚、技术先进的风力发电公司和风机设备制造企业。

(2)海水资源综合利用。因岛制宜建设一批海水淡化项目,推进海水直接利用,加快浓缩海水综合利用步伐。近期主攻浓缩海水晒盐,中远期发展化学元素提取、盐化工,发展海水淡化装备制造业。

(3)潮汐能资源利用。重点抓好主要试验场实验及研究工作。中长期要结合国家相关产业政策,加快培育发展潮汐发电及设备研发、制造等产业发展。

(4)太阳能资源利用。浙江地处我国东海前沿,光照充分,加之船舶工业等制造业基础较好,发展太阳能光伏产业条件十分优越,为太阳能光伏产业提供有利的产业基础。要明确发展目标,做好产业规划;加强技术攻关,破解技术性瓶颈制约;加大政策扶持力度,促进光伏产业发展和光伏产品应用。

二、基于集约化发展的生态体系

基于集约化视角构筑产业生态体系,侧重于从协同创新视角解读,实现产业生态内部的协同创新,其分析主要涵盖三方面。

1.临港核心产业与辅助产业协同创新

水产加工业是浙江省传统优势产业,经过长期的发展,生产规模、技术装备、研发能力和经营管理水平均有较大提高,水产加工业已成为带动捕捞业、养殖业、机械制造业、包装业、服务业等相关产业发展的重要支柱产业和渔民转产转业、吸纳城镇劳动力及渔农村富余劳力的重要就业渠道,在浙江大力发展海洋经济、建设海洋综合开发试验区中具有重要的地位。

但浙江水产品加工业在目前发展阶段面临多方面的挑战:首先,由于原料供应不足、劳动用工紧张等原因,浙江水产加工业的整体产能发挥不足;其次,企业自主创新能力不强,产品雷同竞争现象严重;第三,人民币升值、生产成本上升,导致企业利润空间被日益压缩;第四,国际贸易技术壁垒及国内市场的诚信问题,导致国内外市场开拓困难,行业的结构性和素质性矛盾日益突出;第五,受到东南亚国家水产加工业的快速发展和国内水产加工业竞争的影响,企业的外部压力加剧。

破解上述失衡与瓶颈的策略是充分利用各种资源、拓展和延伸水产品加工业供应链体系,具体包括:首先,发展现代化渔业,发展远洋捕捞,规划建设全国远洋渔业基地;其次,扩大优势品种的养殖业规模,规范养殖技术,提高养殖水平;第三,支持企业在国外建立渔业捕捞、采购、物流基地,为水产加工企业供应原料;第四,整合资源,完善水产品交易市场建设,提供从原料供应、加工生产到销售贸易等环节的一体化服务,提高流通速度,降低运营成本;第五,拓展水产品精深加工新领域。

　　水产品加工业供应链的纵向拓展与延伸,需要辅助产业的横向支撑和协同。

　　(1)积极实施品牌,全面提升浙江水产知名度。根据浙江资源品种优势,加强对地理标志证明商标和浙江区域名牌的管理和使用;利用现有品牌优势,加强对传统品牌的维护,帮助企业创立和培育新品牌,打造全省、全国知名的水产品和水产品加工企业;鼓励企业加强与国内外著名品牌合作生产,借助著名品牌扩大影响力;鼓励企业及时申请在外商标注册,培育浙江省出口创牌企业;进一步加强标准体系建设,支持企业主持或参与国家标准、行业标准的制订和开展各项认证。

　　(2)加强技术改造,提升生产装备水平。引导和扶持企业加大技术改造力度,推进一批投资规模和产业关联度大、技术水平高、市场前景好的重点技术改造项目的实施;支持企业对冷库、特种设备的改造更新,推进生产装备与生产过程的信息化和自动化,提高工艺水平和生产效率;鼓励企业开展技术改造、技术创新、流程再造,整合资源,完善产业链,推进节能减排,发展循环经济;鼓励企业将技术改造与技术引进、技术创新相结合,加大引进技术的消化吸收再创新力度,使整个行业的技术装备水平达到国内先进水平。

　　(3)加大信贷融资支持力度,通过金融创新协同支持水产品行业发展。根据企业生产经营状况、信用状况、资产负债等情况实施信贷分类管理,引导企业参与第三方信用评级,对重点支持企业要充分运用差别化利率、信贷授信等手段。加强金融创新,努力解决水产企业抵押担保问题,积极探索开办仓单质押贷款,积极开展应收账款质押业务,积极推进商业汇票、票据贴现等业务,积极发展"网络联保"贷款等,多方面扩大企业融资渠道。加强金融机构支持结算体系建设力度,提高支付清算速度,大力推广银行本票等新的结算工具在水产品收购中的运用。因此,水产品加工行业的发展,需要横向辅助产业和平台如科研、人才、物流运输和仓储、信息、金融等方面的协同和支持。

　　2.传统服务业与现代服务业协同创新

　　浙江省沿海城市港口物流作为传统服务业,面临多方面挑战,但如能与现代服务业协同创新、融合互动发展,将会带来新的发展机遇。

(1)港口物流面临运行成本居高不下的挑战。主要原因之一是物流环节多接口之间未能实现有效衔接,而物联网技术可有效解决此方面的问题。物联网技术是指通过射频识别、红外感应器、全球定位系统、激光扫描器等信息传感设备,按约定的协议,将任何物品与互联网相连接,进行信息交换和通讯,以实现智能化识别、定位、追踪、监控和管理的一种网络技术。它需要互联网企业设计和运行的信息平台的支持,通过该信息平台有效实现库存、仓库、货物数据整合,实现物流接口之间有效对接。

(2)港口智能物流化发展将带动现代服务业。基于物联网技术的港口智能物流,可以把货物运输的全部过程整合设计出来,货物可以在运输的不同阶段投保,这样有利于促进金融创新,将推动传统金融走向现代金融。

(3)港口物流仅仅停留在货物装卸功能上,产业附加值处于较低水平。为提升港口物流产值,必须重点发展仓储、加工、分装、配送、货代和中转、工程运输、加工配送等产业,拉长港口物流产业链,促进港口物流向先进的物流供应链方向发展,努力提高附加值。拉长物流产业链,必须努力发展现代服务业,围绕港口物流发展需求,大力发展包括金融、保险、信息、咨询、商务、订货、结算和报关等现代服务业,带动其他服务业发展,通过服务业发展达到增值目的。

(4)港口物流管理面临效率低下的窘境,必须积极构建综合性信息系统。加快建设覆盖政府相关部门、涉外单位、主要货主的"统一、共享、安全、高效"的物流信息公共平台。强化港口物流专业信息服务,以现有EDI系统为基础,进一步加大投入,扩大覆盖面,优化对企业、货主、船舶等物流主体的全程服务。着眼长远,进一步发展跨市域物流信息支持系统,有序推动省域信息网络与省外信息网络的联网。

3.临港产业与信息技术产业协同创新

临港产业的下一代基础设施是信息技术,信息技术提供网络支撑,把物联网、互联网和信息软件等产业体系协同起来,这与原来的基础设施体系建设有很大不同。船舶产业已成为浙江省增加财政收入、吸纳人员就业、延伸上下游产业、带动服务业发展和临港经济发展的重要支柱产业。修造船管理模式的转变,特别是数字化造船的趋势,对浙江船舶产业信息化建设提出了更高的要求。如何充分依托信息技术,推动信息化与船舶产业融合,提高产业效能,打造一流的现代化修造船基地,是值得研究的一项重要课题。目前浙江船舶产业信息化主要存在企业设计系统与生产管理系统之间联系不够紧密、船舶行业在成本设计、统计、监控、分析方面的管理较为粗放、缺乏行业规范和行业标准、船舶产品设计和管理的大型核心软件自主创新不足、企业信息化专业人才缺乏等问题,政府在推进船舶工业与信息化融合方面,可以采取以下对策。

(1)应用数字化设计技术,实现船舶产品绿色设计。通过船舶产品数字化系统的开发和应用,在完善数字化设计系统功能的基础上,进一步推进船舶产品数字化设计的深度和广度,在计算机中建立船舶产品全数字化信息模型,使各阶段、各专业的设计作业能在同一数据库中进行,优化各个设计环节,减少产品生产的往复过程,提高整个制造系统的资源利用率,降低废品率,节约资源。同时在设计中还应综合考虑产品的结构设计、材料选择、制造环境设计、工艺设计、回收处理设计等各个方面。

(2)应用计算机虚拟仿真技术,实现船舶产品绿色制造。通过开展虚拟制造技术、仿真技术和多媒体技术研究,建立船舶产品虚拟制造的装配系统和应用环境,研究与开发船舶产品装配可行性校验、产品建造工艺编制及可行性校验、产品运行维护功能性校验、产品舱段及整船的虚拟装配和漫游、CAD 实体数据的转换接口等技术,实现船舶三维 CAD 模型在虚拟制造系统中的动态再现和漫游性检查,使船东、设计师和建造师能够较早地在虚拟环境下对船舶设计布置的合理性及分段、总段的整体吊装、设备、装备的系统模块安装等生产过程的可装配性、可维护性和安全性进行虚拟仿真,检查船舶设计和工艺的合理性,从而优化船舶制造模型,预测产品的可制造性,避免产品装配、安装过程中的干涉,减少施工过程中的返工。

（3）应用数据管理技术，提高信息资源集成应用。通过对船舶产品数据管理技术的研究，应用船舶产品工作流管理、任务流管理、产品结构配置、数据与文档管理、设计变更与版本管理、产品物料清单（bill of materials，BOM）管理、与 CAX 的接口等技术，构建企业级的船舶产品数据管理平台，根据船舶产品设计和建造的特殊性，在不同阶段按不同的组织方式（系统、托盘等）管理设计资源，实现与信息系统的集成，对各设计阶段产生的船体 BOM、舾装 BOM、涂装 BOM 等加工和工艺信息进行统一动态管理，为设计、制造和管理一体化及时提供正确的信息，实现船舶产品数据的有效集成管理。

（4）应用资源配置技术，实现造船企业资源优化配置。突破造船企业资源利用率低，生产变动因素多，壳、舾、涂一体化制造的计划管理难度大等难点，通过研发具有自主知识产权的造船企业制造资源配置管理系统，在保证船舶产品开工、上船台（坞）、下水、交船的四大节点下，以计划为导向的造船企业劳动力负荷、制造场地设备资源负荷 S 曲线为基础，依据产品动态 BOM 表、船台（坞）搭载网络图，以及人力、设备、场地等，编制生产技术准备计划、造船大（中）日程计划，各级月度、周计划及其负荷计划、托盘集配计划等，实现船舶建造在空间上分道，时间上有序，使造船企业的生产管理和协调从以现场调度型为主的模式改进为网络计划型管理模式，提高造船企业制造资源优化配置能力。

（5）应用供应链技术，提高造船企业物流管理水平。运用科学的管理理念和方法，研发具有自主知识产权的，能实现设计、采购、配送、制造并行模式的造船企业物流管理系统，对造船企业中物流的各个环节实行合理有效的计划、组织、控制和调整，提高造船企业的经营决策和电子商务技术水平，采用条形码技术，实现材料和设备等船舶制造物资全过程跟踪、控制和管理，变二次领料为一次配送，使造船企业由传统的领料型生产转变为配料型生产，建立按流通量控制的生产物资管理与集配体系，实现造船制造物流的通畅性、准时性和为生产现场服务的高效性。

（6）应用产品成本管理技术，加强成本管理控制。研发具有自主知识产权的造船企业成本管理系统，建立一个快速、合理的目标成本分解和产品成本核算体系,建立船舶产品成本项目库,对设计、采购、制造过程中工、料、费的目标成本进行分解,并应用有效的核算手段,在生产过程中进行成本管理与控制,变事后核算为事先控制,实现从目标、控制到核算的全过程成本管理,提高造船企业成本管理水平。

(7)应用信息集成技术,实现造船企业管理一体化。加强船舶企业与企业、企业与设计院所、企业与供应商之间的信息整合,大力推进设计、制造和管理信息共享平台的建设,通过异地协同网络等先进技术,达到信息流、物流和价值流的高度集成,逐步实现区域性设计、制造和管理信息的数字化无缝连接,有计划、有步骤地逐步建立起面向整个造船过程的信息集成系统,实现设计、制造和管理的一体化及壳、舾、涂一体化。

(8)完善船舶产业信息技术创新和信息化社会服务体系。完善以企业为主体、市场为导向、产学研用相结合的船舶产业信息技术创新体系,加大科技研发投入力度,在重点园区和船舶骨干企业建立船舶产业信息技术研发中心。加强面向船舶行业的区域性信息技术创新服务机构建设,加强高等院校、科研机构、船舶企业在科研开发、人才培养、技术支撑、信息交流和投融资方面的合作和交流。

第六章
浙江海洋产业创新发展

第一节　海洋产业生态化及其意义

海洋产业生态化,是指海洋产业的一种新的布局和发展模式,是指依据产业生态学、产业关联理论等的指导,遵循海洋产业系统内的自组织性规律,对海洋产业体系内的各组分进行优化耦合,与产业生态环境内的各要素共生共享,以建立高效率、低消耗、无(低)污染、经济增长与生态环境相协调的产业生态系统的过程,这样的海洋产业生态系统我们把它称作"海洋产业生态圈",它包括了生产要素、服务要素、科技要素、人才要素、公共管理和基础设施等,具体见表 6.1。

表 6.1　海洋产业生态圈的具体构成要素

要素(维度)	具体内容
生产	海洋渔业、海洋油气业、海洋矿业、海洋盐业、海洋船舶工业、海洋化工业、海洋生物医药业、海洋工程建筑业、海洋电力业、海水利用业、海洋交通运输业、滨海旅游业等主要海洋产业
科技	围绕主要海洋产业形成的科研、设计和实验体系

续　表

要素（维度）	具体内容
服务	为主要海洋产业提供服务的组织，包括信息服务、设计服务、物流服务、广告服务、会展等
劳动	适宜海洋主要产业及其相关配套产业的各种人才，包括海洋科技人才、涉海专业人才、海洋综合管理与营销人才等
基础设施	港口、码头、信息平台等
公共	海洋相关法律法规和政策、海域使用规划、海洋金融信贷服务、产业发展规划等由政府和公共机构提供的支持、规制与服务

以主导海洋产业为核心，通过产业链延伸、优化与产业补链，共享区域内各种资源与要素，形成该地域的多维网络产业体系，其各组成成分之间形成了多样的关系，包括：核心产业与衍生产业之间；核心产业与衍生产业和配套服务业之间；产业与服务中介机构之间；产业与政府管理机构之间；产业与科研体系之间；产业与公共设施环境之间等，从总体上而言是一种共生共享共融共赢的多维关系网，图 6.1 即是以主导产业为核心形成的产业生态圈的整体结构。

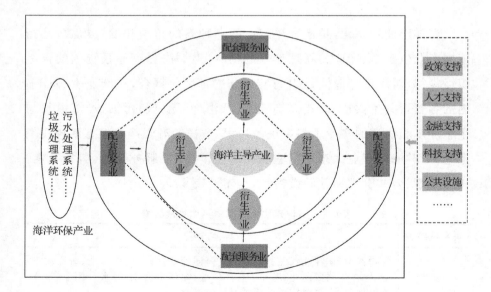

图 6.1　海洋产业生态圈结构

与产业的传统发展方式相比,生态化发展方式对于海洋产业来说具有重要的意义。

1. 有利于海洋产业结构优化与转型升级

生态化发展方式在海洋产业发展中的应用,使海洋经济发展更注重整体的协调发展,产业之间的伴生、共生和配套服务等都是地区海洋经济发展中的重要内容,产业的多样化与组合化势必将推动海洋相关产业链的优化与产业结构的转型升级,提升海洋产业的整体竞争力。

2. 有利于提升海洋产业系统的稳定性

生态化发展方式的推动,使得海洋产业从刚性生产走向柔性生产,所形成的产业发展模式是一种多维的网状结构,并且产业与所在环境之间也同样形成了一种共生共赢的和谐关系,产业系统具备了产品生产、社会服务、生态服务与能力建设等多项功能,系统对外部的依赖性低,抗外部干扰能力强,系统整体稳定性高。

3. 有利于推动海洋经济的可持续发展

生态化发展方式强调生态理念在海洋产业发展过程中的应用,在推动海洋产业发展过程中,不再重点关注短期经济效益,更关注经济效益、生态效益、社会效益的统一,关注长期效益与区域效益的协同发展,可持续发展理念在海洋经济发展中的贯彻,将有助于区域海洋经济的长远发展。

第二节　国外海洋产业生态化创新发展的经验

一、日本

1. 海洋水产业

日本海洋水产业历史悠久,是海洋经济中的支柱产业之一,海洋水产自古以来就是日本重要的食物来源之一。日本所处的西北太平洋海域,有世界著名的渔场,具有发展海洋水产业的得天独厚的自然条件。

现今日本的海洋水产业,既包括渔船渔业,也包括水产养殖业,还包括水产加工、水产物流、水产销售等相关产业,构成了相互衔接、配套完善的完整产业链。

2.海洋交通运输业

海洋交通运输业简称海运业,也是日本海洋经济的重要支柱产业之一。日本四面环海,经济发展所必需的资源能源大部分依赖进口,对外贸易几乎全部依赖海运,海运业是支撑日本国民经济的"生命线"。日本的海洋政策历来十分重视海运业,安定的国际海上输送是其重要目标。受全球金融危机的影响,国际贸易萎缩,日本海运业面临的最大问题是日本船籍的船只数量和日本籍远洋航运船员数量急剧减少。为提升日本海运业的国际竞争力,日本政府采取了一些对策,例如,改革税制,实施以吨数为标准的税制;保证船舶保有量;加强船员教育;加速老龄船舶的改造和更新;整备海上输送据点,强化阪神、京滨两大国际集装箱港湾的机能;加速海运业的集团化发展。

3.海洋船舶工业

海洋船舶工业是日本海洋经济中与海洋交通运输业紧密关联的又一重点产业。日本海洋船舶工业产能较为集中,排名前三位的企业占据了一半以上的市场份额。随着世界范围内船舶工业的转移和海运业的低迷,日本船舶工业产量急剧下降,造船能力位于韩国和中国之后,但通过强化产业基础及拓展国际合作等手段,日本船舶工业仍然是海洋产业发展中的中流砥柱。日本船舶制造的重心已经开始向特殊功能、高燃油效率和高环境性能船舶转型。制造船生产的硫酸矿石两用运输船,既可以装载硫酸又可以装载矿石,在有效解决铜矿产地和加工地区间的运输周转问题的同时,大大降低了成本。随着日本加大海洋资源能源的开发力度,海洋船舶工业的配套发展将十分重要,浮体式液化气生产储运设备、海上物流中心等新概念船舶的开发将成为日本海洋船舶工业的新增长点。

海事集群在日本海洋经济发展中体现得淋漓尽致,已形成多个具有规模优势与结构优势的海洋产业集群,包括关东广域地区集群、近畿地区集群等。日本海事集群独特的银行支撑体系、中介支持体系和财团特征的治理机制,使其成为全球最大的海事集群之一,航运巨头和银行间的互动,航运巨头和修造船业、海事工程装备业之间的共同研发和技术创新,航运巨头与保险公司在船体与机械设备险方面的密切合作,以及日本主要港口拖船服务商和码头运营商与三大航运巨头公司联姻,形成了具有特色的集群创新网络。

二、美国

1.传统产业

鉴于美国的整体经济结构和国家禀赋,发展海洋经济,主要集中在高科技领域,并形成了"科技兴海"的理念。高科技的应用,使美国海洋传统产业得到不断改造,捕捞业从近海捕捞走向远洋捕捞,传统的海洋捕捞业已发展成包括海洋捕捞、海水养殖、水产品精加工的现代海洋渔业;计算机技术、新材料、新能源等在船舶设计和生产中的广泛应用,使现代船舶制造的自动化、现代化程度得到提高,并大大提升了海洋资源开发利用的效率,这也是美国海洋经济能保持全球领先优势的最重要原因。针对不同的海洋发展项目,美国政府还有重点、有针对性地投资建设了一批科学研究机构,并根据不同区域的海洋资源兴办了不同形式的海洋科技园区,如在密西西比河口区和夏威夷开办了两个海洋科技园。

2.海洋新经济产业

美国海洋休闲渔业的迅速崛起,在于在空间布局上除了对近岸水域和沙滩的利用,更加强了对海岛的综合开发利用,在开展传统滨海旅游项目的基础上,重点开展海岛、海滩、海洋垂钓等新兴旅游开发项目,化资源优势为产业优势。尤其将海洋渔业与休闲、娱乐、旅游、餐饮等行业有机结合,提高了渔业的社会、生态和经济效益,形成一种新型产业。潜水、帆板、水下观光、海洋公园、邮轮游艇等休闲项目在美国也受到广泛的欢迎。

开发海洋尤其是用现代技术手段开发海洋,发展海洋经济及相关产业,对环境与生态的影响巨大,必须先行考虑。与日本国土面积狭小、亟须向海洋拓展不同,美国由于大陆经济的发达,在发展海洋经济方面相对比较从容,其一个突出的特点就是非常注重保护性开发。这也是美国政府在制定相关海洋政策时始终坚持的原则和导向,即重视海洋经济发展过程中对海洋和海岸地区环境质量造成的破坏,关注气候变化对于海洋生物资源产生的不良影响,避免过度捕捞给渔业资源带来的致命性打击,努力在海洋环境资源管理与经济发展之间达到良性平衡。

三、澳大利亚

1. 造船业

澳大利亚造船业是高度外向型产业,80%以上的民用船用于出口,出口量占世界高速轮渡市场的 1/4 以上。澳大利亚通过采取改进船舶的设计和质量,财政支持和补贴造船业,维持和发展军用舰船设计的系统集成能力等方式来保持其在国际市场上的竞争力。

2. 海洋运输业

在海上运输资产中,国家投资约占 25 亿澳元,聘用员工 3550 余人,拥有载重吨位在 2000 吨以上的各类商船近 70 艘。每年约有 4500 万吨货物装船运输,以散装货为主,占贸易总量的 92%,运费约 6 亿澳元。澳大利亚的海运业有着巨大的发展前景,未来研究和开发的重点是新型高速货运系统,重视岸线改造技术和船舶技术的开发及商船队现代化。[1]

3. 海洋交通运输业

海洋交通运输业方面,澳大利亚约 90%的贸易品是通过海洋运输的,现有大型港口 63 个。海洋运输产业还支持带动了一系列相关服务行业包括船舶修理、造船、海洋保险、船舶经纪业及航运机构等的发展。

---

① 孙松山.山东半岛蓝色经济区发展战略研究.西南交通大学,2011.

　　政府对海洋产业的可持续发展十分重视,提出要将海洋产业发展成为具有国际竞争力的大产业,并且对海洋产业的发展进行规划。澳大利亚于 2009 年出台《海洋研究与创新框架》,旨在建立更加统一协调的国家海洋研究与开发网络,将参与海洋研究、开发及创新活动的所有部门协调起来,以充分挖掘海洋资源,为社会经济发展服务。其中提出了发展海洋观测、建模与预报,发展海洋科技,促进技术转移等多项政策措施。

第三节　国内海洋产业生态化创新发展的主要经验

一、大连

1. 海洋渔业

　　大连市渔业经济运行质量和效益总体保持较好发展态势。大连对于海洋渔业的发展,严格遵照"适度捕捞,注重加工,科技开发"的基本思路,努力拟定结构合理的可持续发展方案,优化捕捞结构和海水养殖业结构。关注国际上最新的海洋渔业技术变化趋势,引进与借鉴国外先进的技术和方法优化海洋水产结构。

2. 海洋盐业

　　大连港的海洋盐业专业化水平较低。但大连对于海洋盐业的发展仍十分重视,注重提高劳动生产率,坚持"先开发,后深化"的方针,走盐碱联合开发的生产道路;在改善传统生产方式及产品的基础上,不断开拓新兴领域,发展附加值高、技术含量大的盐化工、盐田生物等系列科技。

3. 船舶工业

　　船舶工业基地,船舶制造业是大连港专业化水平最高的海洋产业,大连市在发展船舶制造业的过程中,抓住国家振兴东北老工业基地的机遇,依托自身的区位优势和已有的船舶工业的雄厚基础,实施船舶产业集群,大力发展船舶配套业。总体思路是实现从地域优势向具有高级竞争能力转变,从传统的船舶制造业向先进制造业转变,从跟踪模仿向自主创新转变。坚持统筹港口、航运、船厂,建设符合国际化形态的修船体系;坚持科技创新,建立具有大连特色的产学研结合的船舶科技研发中心,发挥政府、行业协会、中介组织等各方的积极作用,总体上提升船舶行业的核心竞争力。

4. 港口运输业

作为我国北方重要的对外贸易港口和东北地区最大的货物转运枢纽港,大连的海洋交通运输业发展较好,具有比较优势。大连的交通运输业较发达,已初步建立起以港口为中心的多联运的综合运输网络,一定程度上可提升整体运输能力;港口硬件设施不断完善,服务功能多样化;智能化的港口管理系统,可提升港口经济的辐射与带动作用。

5. 滨海旅游业

大连市积极发展"海岛观光游、渔家风情游、垂钓赶海游"等特色旅游,使得滨海旅游业发展迅速。为进一步推进海洋旅游业的发展,按照现代港口城市的要求,大力发展集休闲、度假、探险和娱乐为一体的特色滨海旅游业,将旅游市场与渔业资源融合,积极推进渔业工业产业游,促使滨海旅游业和海洋渔业共同发展。

二、青岛

1. 海洋渔业

青岛渔业发展过程中养殖、捕捞和加工业并举,并且大力发展高标准池塘,加大科技在海洋渔业中的投入,实施近海渔业资源修复工程,提高渔业可持续发展能力。此外,青岛还全面实施无公害水产品行动计划,针对渔业产业化水平低的状况,遵循市场经济规律,打破行业和行政区域界限,多渠道培植壮大龙头企业。

2. 海洋船舶工业

青岛造船基地的集群效应已经显现,成为海洋船舶工业的重要集聚地。北船重工、现代造船等众多造船企业分布在青岛的海岸线上,此外还有中船重工、韩国马斯特等配套项目的在建工程,投资 25 亿元的 712 船舶电力所项目已建成投产,带动了配套产业的进一步发展。青岛在发展船舶修造业时,坚持"走出去"和"引进来"相结合的方针,突出重点,主攻薄弱环节,做强重点配套实施,力求在激烈的国际市场竞争中保持稳步前进的发展势头。

3.港口物流业

青岛地处我国北方海岸线中央,拥有丰富的建设深水港的资源。在发展港口交通运输业的过程中,青岛注重搞好海岸线保护开发,实现可持续发展;推动"区港联动",实现港口与保税区的优势互补;实施港铁联运,努力扩大货源腹地;同时进一步完善港口经济产业链,提升青岛港口经济的整体实力。

青岛是名副其实的"海洋科技城",拥有各类海洋专业技术人才 5000 余人以及中国海洋大学等 7 家国家级海洋教学科研机构和众多国家级、省部级海洋类重点实验室。青岛拥有高新技术产业园和蓝色硅谷等特色园区,依托海洋科研优势,正迅速向海洋科技产业跨越。中科院海洋所、中国海洋大学、国家海洋局一所等科研机构都在从事海洋药物及保健品的研究与开发,一些大企业与科研单位共建产学研实体,共同组成海洋药物和保健品研究开发基地。现在青岛市正在研究发展的海洋药物和保健品有近百个,数量居全国前列。

第四节　国内外海洋产业生态化创新发展对浙江的启示

通过对国内沿海城市和国外沿海发达国家的分析,可以发现虽然各个沿海地区和国家的海洋资源禀赋不同,发展海洋产业的侧重点也不一样,但在发展过程中还是有很多共同规律的。本节总结了各个地区和国家发展海洋产业过程中对生态化发展模式有价值的共同点,希望对浙江海洋产业的生态化之路有所启示。

一、确立海洋发展,明确海洋经济主导产业

国内外的实践证明,海洋主导产业的选择对一地区海洋产业的发展有着至关重要的作用,代表了未来海洋产业的发展方向。在海洋主导产业选择的过程中,政府要协调好各方的利益,搭建好海洋产业发展的平台,在宏观上明确海洋产业的发展方向,确定海洋主导产业,微观上重视各海洋企业的主体作用,充分发挥企业的积极性。合理的海洋主导产业选择促使海洋产业得到进一步发展,使海洋经济的综合实力得到增强。例如,船舶制造业是大连的海洋主导产业,发展历史悠久,综合实力强,交通运输业和滨海旅游业也发展较好。这些海洋产业的发展使大连海洋经济的发展得到了进一步提升。青岛的海洋主导产业为海洋渔业和海洋旅游业,特别是海洋旅游业发展状况较好,带动了其他相关海洋产业的发展。

二、注重海洋科技开发,支撑产业生态系统

海洋产业的发展尽管因各个国家(地区)的自然条件和社会经济条件不同而各具特点,但是起决定性作用的是由科学技术所决定的生产力发展水平。海洋产业是技术密集、资金密集和人才密集的行业,对现代科学技术有着强烈的依赖性,其对最新技术的使用之多、应用之广,是陆域经济难以比拟的。海洋高新技术的发展和应用,直接关系到海洋新兴产业的形成与发展,直接关系到海洋生态产业链的完整和生态系统的构建。海洋产业结构合理化、高级化的实质是海洋产业随着科学技术的进步而升级变化,同时,又反过来促进海洋产业的技术进步。高科技的应用,使海洋产业中的传统产业得到了不断改造,同时,又不断地开发和建立新的海洋产业。日本的海洋经济发展,正在经历着重大转变,即从以往依靠扩大资源开发利用转为依靠技术进步,应用高新技术改造传统海洋产业。

三、注重产业配套,不断延伸产业链

产业链对于推进各海洋产业的联动发展有着重要的意义,主要体现在整合效应、集聚效应和协同效应上。以龙头企业为主导的产业链中,龙头企业具有较强的资源整合能力。凭借科技、资源和管理上的优势并购同行业企业,实现产业整合和竞争力,提升盈利能力,或者向产业链的上游拓展、下游延伸,实现多元化发展。产业链也具有明显的集聚效应,一方面,它吸引了资本、技术、劳动力等要素向产业链流动,从而推动产业链所在地经济的更快发展;另一方面,产业链又对周边地区有着较强的辐射和带动作用。以海洋渔业、海洋交通运输业、海洋船舶业等为主导产业发展相应的海洋配套服务业,本质上即是对各主要海洋产业链的延长和拉伸,有助于改善产业发展结构、推动新兴产业壮大和提升海洋经济的整体竞争力。

四、注重保护海洋资源,强调可持续发展

在发展海洋产业时,一定要考虑到海洋资源的公共性使得产权的界定费用很高,一旦海洋生态环境遭到破坏,很难做到权责明晰;海洋资源的流动性也易造成相互间推卸责任。正因为海洋资源的特殊性,在开发海洋时要加大对海洋资源的保护力度。例如,澳大利亚可持续战略的实施,使得海洋渔业和海洋旅游业发展得很好,并给国家带来了可观的收入。

第三篇

舟山海洋经济创新发展

第七章
设立舟山自由港的思路

　　2011 年 6 月,国务院批准设立浙江舟山群岛新区,新区明确提出了要顺应经济全球化、贸易自由化大趋势,全方位提高对外开放水平和层次,加快建设舟山港综合保税区,条件成熟时探索建立自由贸易园区和自由港区,将舟山群岛新区建设成为我国重要的海上开放门户。2012 年 9 月 29 日,国务院批准设立舟山港综合保税区,开放层次为国内最高。2017 年 3 月 31 日,《中国(浙江)自由贸易试验区总体方案》印发,方案指出,在朱家尖岛布局建设舟山航空产业园,通过通用飞机总装组装、制造,对接国际航空产业转移,形成航空产业集群。在这一新形势下,舟山必须要充分利用新区建设的有利形势,积极谋划自由港区的建设思路。

第一节　自由港

一、自由港的内涵

　　理论界在研究自由港问题时经常涉及的相似概念主要有自由区、自由贸易港、对外贸易区、自由贸易区、自由贸易园区等。

自由区(free zone)是指一国的部分领土,在这部分领土内运入的任何货物就进口税及其他各税而言,被认为是在关境以外,并免于实施惯常的海关监管制度。《京都公约》在"F.1 关于自由区的附约"中把自由港、自由贸易区等国际通行的开放区域模式统称为"自由区"。

对外贸易区(foreign trade zone)是自由贸易区在美国的专有名称。自由贸易区有两种用法,一种是与自由港同义的自由贸易区(free trade zone),但自由贸易港的范围通常涵盖整个港口或者城市,而自由贸易区则只限于港口或城市的某特定地区,它可设在内陆或远离港口的地区。另一种自由贸易区(free trade area)是《世界贸易组织法》所规定的自由贸易区,指两个或两个以上的关税领土(一般是国家,但也有非国家实体,如香港、澳门)通过达成某种协定,取消相互之间的关税和与关税具有同等效力的其他措施的国际经济一体化组织。第二种概念不在本章的研究范畴内。

自由贸易园区是为了避免与第二种含义上的自由贸易区相混淆而在我国出现的特有概念,其英文翻译仍为第一种自由贸易区概念的译法free trade zone,定义为在某一国家或地区境内设立的实行优惠税收和特殊监管政策的小块特定区域,类似于世界海关组织的前身——海关合作理事会所解释的"自由区"。

自由港和自由贸易港在国内诸多专著和论文里是可以互换的概念,属于自由区的范畴,特指位于港口的自由区。通过对国外文献资料的进一步查阅,我们发现世界自由港均译作 freeport,没有 free trade port 一说,为此,我们采用更严谨的国际通行说法,本章中采用"自由港"这一名称,其范畴与外文资料中的 freeport 一致,定义如下:自由港(freeport),又称"自由口岸",是指设在一个国家或地区境内、海关管辖区之外的,货物、资金、人员可以自由进出,全部或者绝大多数进出商品免征关税,且以港口为核心的区域。

自由港按其限制程度,分为完全自由港和有限自由港。前者对外国商品一律免征关税,现在世界上已为数不多;后者仅对少数指定出口商品征收关税或实施不同程度的贸易限制,其他商品可享受免税待遇,世界绝大部分自由港均属此类,如直布罗陀、汉堡、新加坡、槟榔屿、吉布提等。按其范围大小分为自由港市和自由港区。前者包括港口及所在城市全部地区,将其划为非关税地区,外商可自由居留及从事有关业务,所有居民和旅客均享受关税优惠,如新加坡。后者仅包括港口或其所在城市的一部分,不允许外商自由居留,如汉堡、哥本哈根等。

二、自由港概述

1. 世界自由港发展历史

（1）早期阶段——发展自由贸易

有史可查的世界上第一个自由港——设在意大利热那亚湾的雷格亨(Leghoyn)港,建于 16 世纪中叶,1547 年被宣布为自由港,即为后来通行的自由港雏形。17 世纪以后,意大利威尼斯、西班牙直布罗陀等港口取得自由港的地位。之后,德国汉堡、丹麦哥本哈根也先后宣布建立自由港或划出部分地区成立自由贸易区。这一阶段的自由港发展主要由欧洲国家主导,自由港的建立有效地促进了资本主义国家的自由贸易。一直是关税壁垒高筑、进出口手续繁杂、征税名目繁多的美国也在 1934 年通过了对外贸易区法规,在沿海一些地区设置自由贸易区,并于 1936 年建立了美国境内的第一个自由贸易区。

（2）稳步发展阶段——综合型自由港

20 世纪 70 年代末,自由港的数量扩展缓慢,主要侧重扩大自由港的功能,即发展为包括转口、工业、金融、建筑、旅游、贸易等领域的立体经营的综合型自由港。这个阶段的自由港数量增长缓慢而功能趋向综合,主要是受 20 世纪 60 年代后以出口加工区形式出现的经济特区的影响。

（3）扩散发展阶段——新兴国家的发展

20 世纪 60 年代至 90 年代中期,遍及全球的 86 个国家和地区,尤其是新型国家和地区及发展中国家,把创建自由贸易区作为发展国际贸易、转口贸易、引进外资、扩大就业、实施新经济政策、促进区域经济发展及振兴本国经济的试验基地和示范区。尤其引人注目的是,作为关贸总协定创始缔约国之一的美国,虽具有发达的市场经济机制,却仍然奉行自由贸易政策,重视自由贸易区所发挥的作用。此期间贸易港的蓬勃发展和自由港的成熟对今后自由港的发展具有深远的影响。

(4)后续发展阶段——国际区域一体化发展

20世纪90年代中期以来,自由港呈现国际区域一体化发展趋势。在美洲,北美自由港建立以后,初步形成了一体化市场。在欧洲,欧洲自由贸易区和欧盟签订了《欧洲经济区条约》,以建立更加广泛的自由贸易区。在亚洲,东盟和我国的领导人在文莱宣布,东盟和我国在未来将建成一个世界上最大的自由贸易区。

综上,自由港作为推进国际经济联系的一种特殊形式,从单一化向多样化发展,由贸易型向综合型发展,由经济发达地区逐渐向后进地区扩展,逐步由低级阶段向高级阶段或高级化方向发展。

2. 自由港的主要类型

(1)商业型自由港

以发展国际贸易和转口贸易为主,功能比较单一,主要业务就是贸易和转口贸易。政策自由度有限,即在港区内对货物进行简单加工,货主除了可以获得进出口免关税这一优惠政策外,享受不到别的政策。商业型自由港的作用比较有限,主要利用港口运输功能促进贸易和转口贸易,改善国际收支不平衡的现象,对地区经济的拉动作用有限,是早期发展自由港的方式。

(2)工业型自由港

以发展工业为主,主要分布在发展中国家,主要从事出口加工业。优惠政策多样化,如给投资者提供所得税、土地费、财产税等税费优惠。作用很多,不仅提高了就业率,而且为国家创收外汇。

(3)旅游购物型自由港

以旅游购物业为主,主要分布在加勒比海地区:设在环海或临海的岛国或岛屿地区,拥有迷人的自然风光,环境优雅,气候适宜,有着发展旅游业的先天优势。经济一般不发达,产业结构单一。对外经济贸易活动具有单向性,即单方面的进口贸易,几乎没有出口贸易来弥补国内商品的短缺。主要通过旅游业创外汇,一般不允许经营加工制造业,并禁止外商从事进口贸易业务。

(4)综合型自由港

主要是在成熟港口和贸易往来发达的地区发展起来的,同时发展运输、贸易及转口贸易、工业和出口加工等现代港口功能。主要特点:完备性,在港区内通过自身的服务、自我封闭运转;运转衍生性,港内各种功能相互依托影响,形成航运、工业和贸易相结合的经济区辐射性。港区功能影响力巨大,促进周边地区发展。

(5)保税型自由港

主要与周边的保税仓库、保税工厂相配套,是一种伴生形式的存在。主要特点:广域性,通过保税运输线与周边的保税仓库、保税工厂相连,延伸了优惠政策,拓展了自由港的地域;灵活性,保税仓库和工厂内,货物可进行自由移动、处理、加工等环节,构成"微型自由港"。

(6)港城型自由港

港口与城市共同组成"前港后城"的布局。主要特点:区位优势明显,主要位于国际航运主干航线的枢纽上;经济自由化,利用"前港后城"优势实行自由化的经济政策,推动城市经济发展,带动城市功能开发;辐射力强大,可扩大城市功能辐射覆盖面,使城市成为世界级著名城市,如新加坡、伦敦。

3.自由港的行政管理模式

(1)集中的管理模式

阿联酋对港口、自由港、海关采取三位一体的管理模式,其管理机构是政企合一的实体——迪拜港董事局。由其统一管理、经营港口和自由港,董事会主席由皇室指派,对协商事宜具有最终裁定权。这种高度集中的行政体制能够最大限度地协调各部门、机构的利益,但是对政府机构整合资源及责权划分能力要求较高。

(2)专门机构管理模式

通过立法由中央专设机构对自由港区进行宏观管理,由拥有自主权、自负盈亏的法人机构负责管理和协调港区的整体事务,包括投资建设必要的基础设施,审批项目立项,协调自由港区内各部门的工作,配合城市经济发展及整体规划和建设,该法人机构既是自由港区最高权力机构,又是该自由港区的具体经营者,其行为准则和活动范围由法律规定。例如,汉堡自由港隶属于汉堡市政府,由市政府的经济事务部直接管理,下设港口航运空运技术处、港口和河运工程处及专门负责投资建设的法人,而且政企分开,政府主要负责征地及修建港区内铁路、公路,承租的私营公司主要负责超重机械、仓库、办公室等的投资建设。

(3)直接管理模式

一些国家的自由港区实行政企分开、港务局直接管理的模式。例如,乌拉圭东岸共和国国家港务管理局根据经济发展形势,积极有效地促进国内的经济和社会发展,提供优质服务,进行港口基本建设,有效地管理和保护能源,帮助乌拉圭成为具有高度竞争力的物流中心。

4.自由港的主要特征

(1)境内关外

根据国际惯例对自由区的经典定义,自由港首要的特征在于其开放地位和特殊的海关监管制度:一是一国的部分领土,属境内。二是关境以外,属关外。三是免于实施惯常的海关监管制度。因此,"境内关外"的开放条件和实施非惯常的海关监管是自由港的第一要义。

(2)自由化

自由港是一个开放区,区内在海关监管、货物流转、金融市场、进出口管制等方面都有着高度开放的特征,具体体现在如下方面:一是自由进出的航运运输。港口实施自由进出管理,无须申报海关手续,免除强制引航,航员可自由登陆等。二是自由交易的贸易体制。自由港区内交易自由、免除进出口关税。三是自由化的货币金融制度。自由港区货币自由兑换,资本自由流动,银行利率自定,外汇管理放开。四是自由投资经营。自由港区内企业自由经营,没有行业限制。

(3)综合化

世界自由港的总体发展趋势是向多功能、综合化方向发展,即兼具转口贸易、出口加工、商业旅游等功能,即自由港内可容纳自由贸易区、自由工业区、出口加工区、旅游度假区、科学工业园区等。同时,自由港的综合性还体现在比保税港区配套政策覆盖面更广的各种政策,包括免税优惠、外资投资、金融外汇、股利汇出及出入境自由的综合政策体系,保障了自由港功能最大限度的发挥。

（4）国家行为

自由港所在国在设立自由港之前都是先立法,制订相应的管理制度,对自由港的地位与性质、管理准则、优惠政策、区内企业设立程序等进行法律层面的规定,然后再设区,归所在国政府管辖。关于自由港所采取的一系列特殊政策,是政府为了促进对外贸易、加速经济发展而制定的,是政府关于经济发展全局政策的一个有机组成部分,自由港主管机构必须对政府负责,代表国家行使管理职能。因此,不论是自由港的立法,还是自由港的管理及其他经济职能的行使,体现的都是一种国家行为,这是自由港的一个显著特点。

第二节　建设舟山自由港的意义

舟山建设自由港有利于提升我国全球资源配置能力,保障国家经济安全;有利于充分发挥舟山的综合优势,形成我国重要的物资储备、转运、交易、加工基地,配合全国大宗商品交易中心的运行,提升我国在全球大宗商品配置格局中的话语权,保障国家经济安全;有利于拓展我国海洋空间,参与国际合作;有利于打开原有海关特殊监管区域（如保税港区）发展的空间、政策限制,构建南北联通、江海直达、东出太平洋、南下台湾海峡的重要通道,更好汇集与配置国际航运金融、保险、信息、货物等资源,拓展海洋空间,维护国家海洋权益;有利于创新我国对外开放模式,提升我国海洋经济发展水平。舟山自由港建设符合我国国家发展及海洋发展,自由港这一特殊经济贸易区域既能够满足我国贸易开放的发展要求和基本国情,又开创性地弥补了原有保税港区等经济试验区域的不足,是目前国家贸易促进的最高层模式。

第三节　建设舟山自由港的目标模式

从世界各地自由港的发展来看,自由港并没有统一的模式,而内涵界定与功能定位将是我们以舟山为例思考自由港政策法规问题的前提和关键。舟山国家群岛新区的批复,把新区政策同时延伸到港口,将自由区的功能与港口结合,实施"区港一体化"将更加有效地开发和强化口岸物流、国际中转、国际贸易等服务功能。

因此,根据世界自由港发展趋势,借鉴国外先进自由港发展模式,结合舟山自身的现实基础和优势,舟山自由港的目标模式应是以自由贸易功能为核心的功能齐备的综合型自由港。如图 7.1 所示,舟山以自由贸易政策为核心内容,以口岸和物流两大功能为主,以加工功能为辅,兼顾保税仓储、商品展示和离岸金融三项功能,实行高效便捷的监管模式,重点发展国际贸易,国际采购、分销和配送,研发、加工、高端制造,仓储、信息、金融、检测和售后服务维修,海运、理货、代理、港口作业等业务,着力打造国际航运中心、国际商贸中心、大宗商品国际交易中心与定价中心,争取发展成为货物通关最畅捷、综合成本最低廉、服务配套最完善、管理运作最规范的国际综合型自由港。

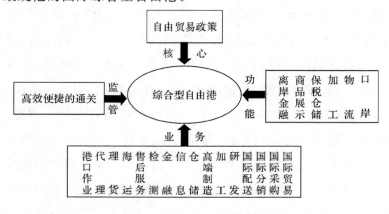

图 7.1　舟山自由港发展模式

第四节　建设舟山自由港的对策体系

一、总体规划

就舟山而言,受地理、历史、政治等各种因素影响,人口和经济总量在浙江省排名靠后,财政收入不足,地方财政难以完成自由港相关配套基础设施建设,给予招商引资企业、高层次人才有足够吸引力的财政补贴。因此,对于舟山自由港建设来说,在《自由港管理法》的制定颁布和国内相关管理体制机制大改革的前提之下,思考和争取相应的配套政策是自由港后期建设的重点内容。

在国家外汇金融体制改革推进的前提之下,积极争取试点和创新机会。一是争取获得较宽松的金融改革试点机会。支持有条件的商业银行开展离岸银行业务,允许在港内注册、企业开设离岸账户,推进外汇管理便利化;促进银企合作,缓解中小型企业融资难的问题。二是争取推行船舶登记制度创新试点。有选择地放宽船公司股权结构比例、船龄限制、船级社的准入条件等;允许境外邮轮公司在舟山注册设立经营性机构,经批准后开展国际航线邮轮服务业务;鼓励境外大型邮轮公司挂靠舟山自由港,游客可在港口下船观光后返船继续旅行。三是争取灵活的出入境管理试点。自由港区内允许外国领事馆设立办事处或其他符合我国法律要求的办事机构,采取放宽入境外币携带数量、实施更加简便的出入港区手续、对商务人士实施免签证或落地签等一系列措施。四是争取真正的境内关外税收制度试点。非保税货物以增值税"不退不征"方式进入保税区运作,适应跨国公司整合销售、物流运作、出口分拨等业务需求,探索会展、国际分拨、转口等新型贸易通关便利制度。

二、政策体系

1.海关管理政策:自由开放,高效监管

特殊的海关管理体制和政策,是自由港的基本标志和正常运营的基本条件。为此,要将划定的区域从国家统一的海关和关税体制中划出来,设置管理线,形成"一线管出口、二线管进口"的管理模式。对于一线管理,即自由港与境外的进出口商品活动,应基本放开,除国家禁止入境的货物外,所有进口货物只需向海关申报验关放行,不受统一的进口配额和许可证的管制。对于二线管理,对输往海关监管区外的应税商品,一律征税放行,对输入的国内商品,出口时要受统一的配额和许可证管理。对于区内贸易,基本采用国内贸易方式,海关不予监管。

2. 外汇金融政策:机制创新,自由流通

争取国家对自由港实行财政政策的倾斜,给自由港管理机构以充分的支持。为了实现资金的自由流动,应在新的外汇管理机制基础上,进一步取消外汇管制,使外币可在自由港内自由流通,最终在舟山自由港区培育起以外资银行为主的离岸金融市场,即构造起一个无形的金融自由区。通过引进更多的专业银行、保险、担保、信托投资、风险投资等金融企业在舟山设立分支机构,积极发展船舶融资、航运融资、物流金融、海上保险、航运保险与再保险、航运资金汇兑与结算、离岸金融业务等航运金融服务。

3. 财政税收政策:加大支持,拓宽优惠

将国家现有保税港区、开发区、出口加工区和国家新区等关于财税的优惠政策全部引入舟山自由港区,借鉴国际有关做法,进一步加大优惠力度。争取将上缴中央的部分或全部税收以转移、支付的方式回流舟山基础设施建设和生态环境保护领域。对进出口物品(除烟、酒、石油、化妆品和药品等)、区内企业的过境和转口贸易货物、区内货物、企业进口供自由港内市场销售的消费类货物、区内人员所需基本生活消费品的进口物品等均给予税收减免优惠;对投资于港口、交通、能源等基础设施领域的外资,对经批准设立的外资和合资银行及其他金融机构,对外商再投资等均给予较大额度的税收减免。

4. 产业政策:优先扶持,重点激励

通过申请批准设立舟山产业投资基金,引导优先支持区内基础设施建设和重点产业发展;对符合国家产业政策的区内项目,在项目审核、土地利用、贷款融资、技术开发、市场准入等方面给予支持;对投资经营深加工、商业贸易、服务贸易、仓储物流的企业实行低税率,以促进舟山产业结构升级和优化。

5.投资政策:多样筹资,稳步积累

鼓励多渠道筹资建港,大力引进外资,与其他地区联合开发港口设施,采用发行债券、股票等筹资方式;建立"舟山自由港建设专项基金",基金可来自养港资金、有偿出让港区土地、政府的投资补助和财政贴息、船舶附加费等;减轻港口企业税费负担,鼓励其经营除码头、仓储和装卸业务外的房地产、贸易、运输和其他服务业,以积累港口发展资金;积极推行港务设施有偿使用政策,自由港内码头设施的租金收入直接上交自由港管理部门,用于自由港建设。

6.人员出入境政策:灵活便利,高效管理

简化审批手续,实行人员自由出入港的鼓励性政策;境外人员入区从事商务活动或旅游,凭有效证件在机场或港口办理登记手续后可免除外事、边防部门的审批手续,直接往返于自由港与境外;允许外籍居民长期居住,国内人员进出实行个人或团体特别出入证制度;对港区内因业务需要经常出国、出境的有关人员,可以实行"一次审批、一年内多次有效"的出国审批办法,或者办理一定期间多次往返手续。

7.人才发展政策:优化环境,创新平台

制定舟山自由港建设人才发展规划,加强人才现状调研与需求分析,积极制定中长期涉海人才发展规划,实施人才培养计划、高技能人才招聘计划、海外领军人才引进计划、企业家培训计划、人才留住与发展计划等,确保人才发展规划目标和任务高效的实现。完善人才创业创新环境,以领军人才带动引进、创新团队引进、高新技术项目引进等方式,建立一批创业创新平台;完善人才交流服务平台,健全用人机制,建立主要由市场配置人才资源、人才自由流动的机制,推进人才流动向企业倾斜,形成人才高效汇聚、迅速成长的良好环境。

第八章
国际化东方价值大港的模式

按照《浙江省海洋经济发展示范区规划》所提出的构建"一核两翼三圈九区多岛"的海洋经济总体发展格局,本章把东方价值大港的研究重点放在"一核"上,即由宁波—舟山港海域、海岛及其依托城市所组成的核心区,因为这个核心区是整个东方价值大港的关键,以此为突破,可以带动和促进整个浙江港口的转型发展。在"一核"基础上,延伸到"两翼",即以环杭州湾产业带及其近岸海域为范围的北翼,以及以温州、台州沿海产业带及其近岸海域为范围的南翼。其中,北翼以嘉兴港为骨干,南翼以"温台港"为骨干。

第一节 东方港口群的现状与问题

一、发展现状

本章所指的东方价值大港,特指浙江省海洋经济发展示范区内的东方港口群,其构成包括:核心区的宁波—舟山港,具体包括宁波的北仑、镇海、大榭、穿山,舟山的定海、老塘山、马岙、金塘、沈家门、六横、高亭、衢山、泗礁、绿华山、洋山,该区域地处我国港口体系中枢节点和长江航道的"龙口"位置;南翼的温台港,包括温州港的苍南、平阳、瑞安、瓯江、小门岛、乐清湾、状元岙;台州港的大麦屿、临海、海门、黄岩、温岭、健跳;北翼的嘉兴港包括独山、乍浦、海盐。"一核两翼"构成的东方港口群,自然条件优越,拥有海岸线 6646 公里,占全国的 21%,水深大于 10 米的深水岸线达 471 公里,居全国第一位,具有得天独厚的地理优势和资源优势。[①]

从表 8.1 中可以看到,2009 年至 2011 年东方港口群保持了快速发展,吞吐量以环比 10% 以上的增长率大幅提高,而在 2011 年之后则呈现增速放缓的趋势。自 2009 年,宁波—舟山港的吞吐量曾超越上海—洋山港成为世界第一大港。此外,集装箱吞吐量的排名也稳步上升,从全球第 13 名上升到了第 6 名。

表 8.1　2009—2015 年东方港口群吞吐量　　　　单位:万吨

年份	东方港口群各港口名称				东方港口群总吞吐量	环比增长率/%	上海港	全国
	宁波—舟山港	温州港	台州港	嘉兴港				
2009 年	57684	5617	4178	3485	70964	11.34	49467	475481
2010 年	62700	6408	4705	4431	78244	10.26	65339	542800
2011 年	69100	6950	5099	5258	86407	10.43	72800	636024
2012 年	74401	6997	5358	6004	92760	7.35	63749	687975
2013 年	80978	7379	5628	6605	100591	8.44	756129	68273
2014 年	87346	7901	6049	6880	108177	7.54	66954	803307
2015 年	88929	8490	6237	6273	109930	1.62		

资料来源:本书编委会.中国海洋统计年鉴 2016.北京:海洋出版社,2017.

三、存在的问题

1.定位不明确

东方港口群是长三角港口群的重要组成部分。虽然中央批准了建

[①] 舟山港航区. http://port.zhoushan.gov.cn/

设以上海为主体、以浙江和江苏为两翼的上海国际航运中心,并组建了由交通部与两省一市共同参与的上海组合港管理委员会及办公室发挥综合行政协调功能,但限于体制、地方利益等深层次原因,组合港管理委员会要真正发挥作用几乎是不可能的,目前基本处于名存实亡的状态。上海和浙江、江苏各港口群之间定位不清晰,重复建设、争夺资源、抢占腹地的无序竞争依然十分激烈。竞争本身不是问题,问题是地方保护下的竞争不足,以及由此带来的价值链转型动力不足。表8.2是宁波海洋经济生产总值与上海、天津、青岛三地海洋经济生产总值和增加值的比较,从表中可以看出宁波的总值超过天津和青岛,但增加值明显落后,说明宁波港的价值创造能力明显滞后。

表 8.2　2006—2015 年主要港口城市海洋生产总值、增加值　　单位:亿元

年份	上海港		天津港		青岛港		宁波港	
	总值	增加值	总值	增加值	总值	增加值	总值	增加值
2006	3988.2	1006.06	1369	—	860	400	1532.68	381
2007	4321.4	—	1601	—		—	1903.15	448
2008	4792.5	—	1888.7	—	1450	475	2375.95	342
2009	4204.5	2495.4	2158.1	—	1238	580	2451.62	479
2010	4756	—	2380	1200	1550	550	2845.5	806
2011	6000	—	3536	1957	1739	669	3219.58	958
2012	5946.3	3508.9	3939.2	2183.1	—	1114	3972.7	
2013	6305.7	3757.5	4554.1	2457.4	—	1317		1137
2014	6249	3756.1	5032.2	2788.8	—	1751.1	—	
2015	6759.7		4923.5		—	2093.4	—	1263.88

资料来源:本书编委会.中国海洋统计年鉴 2016.北京:海洋出版社,2017.

江苏通过体制改革和产业结构调整,实现了快速发展,其近年来集装箱吞吐量的增速超过上海和浙江。江苏省加大港口建设力度(如南京港龙潭港区、苏州港太仓港区、南通港洋口港区)和资源整合力度(如将张家港、太仓港和常熟港整合在苏州港下,成立由沿江港口企业、经济开发区、保税区、物流园区、港口管理局等 126 家单位组成的"沿江港口联

盟"),低姿态地主动接轨和配套上海港口,构建与上海港口的合作关系,业务空间和业务量都获得很大发展。

2.总体规划不明确

浙江海洋经济示范区内部的"一核两翼",由于宁波－舟山港、温台港和嘉兴港分属不同的行政地区,缺乏一个强有力的管理机构和监管机构来负责制定和实施东方大港的总体发展规划,缺乏统一监管机构协调各个港口的价值链整合,结果导致港口建设和发展方面出现条块分割和行政壁垒,本位主义和地方保护主义比较严重;各港口之间存在低端恶性竞争,难以形成优势互补、合理分工、合力竞争、共同发展、合作共赢的格局;各港口之间同质化竞争,特别是一些中小港口"求全求大"、盲目扩张、设置过密,导致经济腹地重叠,码头功能雷同且布局凌乱,低水平重复建设和深水岸线资源浪费现象比较突出;产能结构性矛盾和港口群整体资源浪费现象突出,制约港口群的转型升级和价值提升。上述情况即使在宁波－舟山港这个核心区内部也同样存在,浙江省明确提出要"打破港口的行政分割,推进宁波－舟山港规划、管理和服务体系一体化体制改革",但由于体制问题突破困难,这些状况并未得到根本性的改观。

3.创新发展不系统

第四代、第五代港口是国际港口发展的大趋势,它强调现代港口不仅仅是保证经济活动顺畅完成的"后勤服务总站",更是以城市为主体,以自由贸易为依托,主动策划、组织和参与国际经贸活动的前方调度总站、产业集聚基地和综合服务平台。天津、深圳、大连等港口都把建设第四代港口作为发展的目标。浙江港口虽然也提出"港为城用,城以港兴,港城互动,共同发展"的理念,但无论是在思想意识上,还是在具体行动上,都还处在刚起步的阶段,与真正的第四代港口存在相当大的差距。最主要的表现就是对第四代港口的认识不足,很少明确以其思想或目标来指导港口的创新发展,港口功能仍主要是货物装卸和转运,停留在比较单一和低端化的水平,缺乏与城市、城市产业间的主动性和紧密性的互动,充分利用港口资源来促进城市及城市产业群发展的作用未得到有效发挥。

宁波、舟山、温州、台州和嘉兴五大港口中,虽然装卸工艺、仓储技术和运行效率都达到较高水平,但信息技术应用水平、增值服务能力较一般。具体反映在:第一,信息化程度偏低,报关、报检、集装箱周转、集卡拖箱等港口服务质量相对较低,海港网络、集装箱网络、财务电子数据交换网络、全球卫星定位网络,以及企业资源计划(Enterprise Resource Planning,ERP)和客户关系管理(Customer Relationship Management,CRM)系统等现代化信息设施的建设水平普遍滞后。第二,港口群所处城市的综合服务能力较弱,缺少发达的金融、信息、贸易等服务业作为支撑。第三,与上海港相比,通关服务上差距明显。宁波、舟山两个港区分属于两个行政区和两个关区,通关未实行 24 小时工作制,节假日期间最多加班 1 天。而上海港实行"5＋2"工作制,报关截关日期比宁波晚1 天,报关可到下午 4 点,特殊情况还可加急处理,并得到口岸单位、港口、堆场的配合,协调与通关效率高,成本费用低。

舟山港区目前全部为散货运输,以原油、煤炭、铁矿砂为主,且基本为中转,对舟山地方经济贡献率不大,也没有形成其他相关产业链群,属于"飞地"性质。舟山提出要建立大宗物资交易平台,但从与此相配套的服务业发展程度看,与深圳、宁波、青岛等国内外主要港口城市相比还只是停留在初级阶段,船舶融资、航运交易、海事会展、海事法律、航运咨询等港航配套服务业还几乎是"原始"状态。

4. 基础设施有待提升

一是码头能力的结构性短缺。浙江港口除宁波—舟山港外,其他港口水深有限,码头分散,规模偏小,设备简易,技术落后,管理薄弱,近年来虽然港口建设力度加大,但是,可开发的深水港口资源有限,大型专业化深水泊位、公用泊位、专业化集装箱泊位能力不足的矛盾日趋突出。

二是集疏运网络和基础设施建设相对落后。公路和铁路建设不能适应增长的需求,特别是舟山,运输成本较高(跨海大桥收费偏高),铁路没有开通,航空运力较小,道路交通仍较落后。信息网络建设滞后,连岛工程建设周期长,特别是舟山港与宁波港之间的网络和基础设施难以有效协同整合,成为宁波—舟山港口进一步发展的瓶颈。

三是港口高端人才短缺。相对于上海和江苏而言,浙江高等教育缺乏对港口专业人才的培养,而且除宁波外,由于城市配套、交通、生活成本等原因,其他浙江港口城市对人才的吸引力不强,尤其是舟山港,由于观念滞后、生活成本高、文化环境滞后,没有形成高端人才集聚的生态系统,高层次人才引进非常困难。人才短缺将成为浙江港口可持续发展的一个重要影响因素。

第二节　国外经验

一、新加坡港口

目标定位高远,前瞻性强。新加坡从发展差异化产业出发,以打造全球港口物流(包括海港、空港)标杆为目标,大力发展创新业务,提升服务,在引领世界港口物流服务方向的同时,谋求港城一体化的良性发展。

1.自由港政策驱动

实行自由开放政策,打造自由港。除对烟、酒和汽车等课以重税之外,其余进口商品全部免税;与美国、欧洲、日本、新西兰等许多国家签订双边自贸协定,呈世贸协定中枢之势。在自由贸易政策的强力驱动下,新加坡港口物流(包括海港、空港)得到空前发展。

2.国际产业群链整合

为了利用外来资本带动本国港口产业发展,新加坡先提高本地企业的运行效率(如生产、仓储运输、资金和技术管理能力等),再把新产品、新技术、新模式引入本地企业,最后与跨国企业共同合作研发,打造支撑港口物流产业集群化发展的产业链条。

3.信息化与"智慧国"打造

大力推进数字、教育、金融服务、物流、高科技制造、旅游等领域信息化建设,规划建设全国超高速网络,巩固新加坡作为亚洲乃至世界信息通信中心的地位。"智慧国"建设为港口物流业插上了腾飞的翅膀,为自由港提供最高端的信息基础平台支持。

二、美国纽约－新泽西港口群

美国的纽约港和新泽西港分别隶属于两个不同的州——纽约州和新泽西州,早期时各自发展,并没有完整的合作设想与规划,双方常常争吵不停。为从根本上解决问题,双方经协商共同组建了跨州管辖的纽约－新泽西联合港务局,共同管理两港。

港务局管理委员会由 14 人组成,每州 7 人,由州长任命。港务局是一个两州共有的公共机构,自营自治,财政自主。整个港务局不依赖任何当局财政支持,也没有征税权力,只依靠桥梁和隧道的通行费、用户服务收费及租金等,且实行"地主港"的经营模式,两州政府划定以自由女神像为中心、半径为 40 公里的约 3855 平方公里的范围为港区,由港务局对码头、空港、地铁、道路及隧道等设施进行统一规划、开发、建设和管理,并基于市场机制招租专业企业进行具体经营。港务局管理委员会主要职责包括:共同建设与维护两港口码头;统一建造、维护两港的公共基础设施;两港信息系统共享;共建港口安全体系。在很长一段时期内,纽约－新泽西港独享世界最大的港口称号,相当程度上证明了这一管理模式的创新非常成功。

第三节　国内经验

一、香港港口群

1. 自由贸易、直面全球

香港的经济自由度在世界排名前列,贸易自由度很高,且依托国际一流的机场和港口条件,构筑起一流的货柜航线网络,把香港港口和全球逾 500 个目的地联系起来。所有这些,都极大地促进了转口贸易的发展。

2.注重效率、服务为王

20世纪90年代以来,香港面临着来自华南地区港口发展的巨大挑战,其高额的费用和海陆联运的成本成为无法回避的问题。但香港通过自身拥有的全球生产力和效率最高的货柜码头,充分发挥港口效率与服务水平的竞争优势,在保证自己竞争地位的同时,拓展了与内地港口的合作,提升了自己在华南地区及国际市场的竞争力。

3.高端配套、港城合一

随着从初级转口港到全球第一大集装箱港,再到国际航运中心的演变,香港港城关系不断深化。港城围绕港口发展高附加值的高端服务,促进港口与城市的互动发展。根据"大市场,小政府"的理念,香港特区政府根据亚太地区最重要的国际金融、贸易、航运、信息服务枢纽之一和跨国公司地区总部的定位,以金融服务、贸易和物流、专业服务、旅游等四大支柱服务产业为重点发展方向,努力打造"城市整体产业规划－基础建设－招商－服务－推广"的产业孵化链,着力建设超一流的服务软环境,以保证为顾客提供高效、定制化的专业服务,从而提升整个产业的竞争力,提升城市整体品牌形象。

二、天津港

1.定位新

滨海新区的功能定位为中国北方地区的国际航运中心和国际物流中心、京津冀乃至环渤海地区的世界性加工制造基地、天津国际港口大都市的标志区。在发展方向上,滨海新区致力于打造成京津冀地区的经济增长极,最终发展成为城市新区。

2.体制新

为保证滨海新区的发展,引进和学习先进的管理模式,推进管理体制改革,在进行行政区调整的同时,建立了统一和精简高效的管理机构,行政统一、规划统一、监管统一,是体制创新的关键所在。

3.目标新

从创立之初主要为了探索天津经济发展的新思路,促进天津市的经济发展,到 2010 年完成了对浦东新区的超越,天津滨海新区确立打造中国经济增长第三极的目标。到 2020 年,滨海新区要建成我国北方对外开放的门户、国际航运中心和国际物流中心,实现经济发展方式的重大转变。

4. 规划新

行政体制改革后,滨海新区制定了新的发展规划,即"一核双港,九区支撑,龙头带动"。"一核"是滨海新区核心商务区,"双港"指北港区和南港区,围绕规划,滨海新区打响涉及改革开放、科技创新、功能区开发、基础设施建设的"十大战役"。

三、山东半岛

1. 定位清晰、目标明确

山东半岛蓝色经济区确立了以胶东半岛高端海洋产业集聚区为核心,壮大黄河三角洲高效生态海洋产业集聚区和鲁南临港产业集聚区两个增长极,构筑海岸、近海和远海三条开发保护带,培育青岛—潍坊—日照、烟台—威海、东营—滨州三个城镇组团,形成"一核、两极、三带、三组团"的总体开发框架。

2. 理念超前,气魄宏大

以世界眼光、一流标准对半岛蓝色经济区进行高标定位、规划和建设。以此为指导,通过大气魄和大手笔的运作,通过打造半岛蓝色经济区成为国际一流和国内示范的海洋经济领军者,山东拥有了蓝色经济的新名片,初步树立起一面蓝色经济的旗帜。

3. 一体化发展,体制创新

山东蓝色经济区最大的亮点是敢于突破体制障碍,富有魄力,大胆探索。第一,管理一体化。创新海陆统筹管理模式,省市专门成立蓝色经济建设推进协调委员会和蓝色经济区建设办公室,建立健全了决策、协调、执行三个层次的组织体系和制度。第二,成立规模为 300 亿元的蓝色经济区产业投资基金,作为引导社会资本、境外资本参与蓝色经济区建设的重要融资平台,设立省级专项资金(2011 年为 16 亿元)扶持蓝色经济区建设。第三,建立与国家发展和改革委员会、财政部、海洋局等部委合作机制,寻求国家在专项规划编制、政策制定、项目安排、体制机制创新等方面的支持。

4.产业协同、创新发展

采用立体化、综合性的海洋开发模式,带动和促进了城市区域建设与发展。基于比较优势进行错位发展,以海洋生物等 5 大产业集群为"加速器",以 37 个特色海洋经济园区为重要增长极,大力推动青岛海洋科学与技术国家实验室等国家级创新平台建设,重点培育和发展"四海一新"产业体系,促进主体区、联动区(经济腹地)相互间融合发展。

概括国内外重要港口发展模式的做法,我们发现,打造东方港口群应着力于三方面:第一,实行基于管理一体化的"产业布局一体化、资源配置一体化、职能分工一体化,发展政策一体化"模式。不解决这个前提问题,是不可能将宁波—舟山港打造成第四代港口中的国际航运中心的。第二,基于自由港体制下的港城一体化发展。借鉴香港、迪拜、新加坡等港口国际贸易自由港(区)建设经验,把宁波—舟山港建设成为自由贸易港,可以最快速度实现港城一体化,打造国际航运中心。第三,构建基于高端价值的港口服务体系。这是因为要以高附加值的服务产业内部结构体系作为港口—城市生态系统重构的基础,就必须要建立较为完善的金融、信息、文化创意、网络等高端服务业体系。

第四节　打造东方价值大港的发展模式

一、发展定位

打造以宁波—舟山港为核心的东方价值大港,其发展模式概括起来就是"4.5 代港口"。要跨越式发展,到 2020 年打造起"4.5 代自由贸易港群"。"4.5 代港口群"具有以下特征:一是体制特征。以"先行先试"的模式推动,创新体制,实现宁波—舟山港与温台港、嘉兴港的一体化、特区化发展。二是政策特征。将宁波—舟山港区建设成自由贸易港,温台港和嘉兴港等作为核心区外港区比照享受自由贸易港政策。三是管理特征。不照搬区位、码头水深等物理属性或条件方面的第四代港口标准，而是强调管理思想、创新意识、服务内容、工作标准等软要素方面超越第四代港口的水准。四是功能特征。谋求港城一体化发展，促进港口、产业、城市（地区）的协同和协调发展。发挥全球资源配置枢纽的功能，承担港城综合供应网链一体化的角色，提供全程、全方位、多层次、个性化的服务。

二、发展目标

总体目标：以一体化为突破，以网络化为基础，以智慧化为导向，以绿色化为规范，将东方港口群打造成重要的国际航运中心，到 2020 年建设起"第 4.5 代"的世界级自由贸易港群。

该目标的具体内容，即港城一体化，承担全球资源配置枢纽功能，建设起以港口、临港工业区和临港新城为载体的集港口、产业和城市功能为一体的港城。自由贸易港的发展目标在于，构筑起全程、全方位、多层次、个性化服务体系的"一核多点"的区域自由贸易区，宁波—舟山港作为自由贸易港区的母港，温州港、台州港、嘉兴港等作为子港与宁波—舟山港母港形成共生共荣、联合经营、合作发展的子母港群。物流体系目标为，构筑起大宗商品交易平台、海陆联动集疏运网络、金融和信息支撑系统'三位一体'的港航物流服务体系，高起点建设我国大宗商品国际物流中心和"集散并重"的枢纽港。国际影响力目标，是在港口吞吐量（规模）、港口附加值（效益）、港口服务水平（效率）方面达到国际先进水平，成为未来第五代港口规则的制定者和引领者。

三、发展模式体系重构

1.体制重构：建立以管理一体化为基础的新型体制

要打造东方价值大港，关键和前提是体制的创新突破。比较国际国内的经验做法，东方港口群必须建立起以管理（包括行政）一体化为基础的新型体制，按照交通同网、市场同体、环境同治、产业联动、信息共享的原则,实现港口管理一体化、产业布局一体化、资源配置一体化和港城发展一体化,通过行政体制改革,加强区内统筹协调,形成优势互补、合作共赢的区域协调发展新格局。

(1)港口管理一体化。建立跨地区、跨部门的统一管理机构,切实打破条块分割状况,全面负责指导和管理港口群的建设与运作,实现规划一体化、运营一体化、监管一体化。加强港口群内港口的分工与合作,在资源整合、优势互补、协调发展的原则下实现运行一体化、市场一体化,从而不断提高东方港口群的整体竞争力和知名度。

(2)产业布局一体化。各港口及产业,应符合港口群发展对其定位分工的要求,做到错位发展,打造完整的产业链,提升港口群整体竞争力和绩效。统一规划,共同打造良好的产业生态环境,有序发展现代物流、信息、商贸、银行、保险、投融资、外汇、海关等支持性服务,形成不同产业互相支撑、互相促进的健康格局。

(3)资源配置一体化。建设动态的、网络型全球资源综合配置基础平台,以港口群各港口共赢和利益最大化为目标,统一优化和配置水利、交通、能源、信息等重大基础设施,优化配置要素资源,共建共享区域统一市场,杜绝港口资源的盲目和过度开发,提高资源的利用率。

(4)港城发展一体化。以港兴市,协同发展。深刻认识港口这一重要资源在城市经济、社会发展中的作用,坚定推进港城一体化,密切港城关系,促进港城互动,依托港口"产业集聚"带动相关产业发展,最终保障港口、港口产业、港口城市及腹地共同繁荣发展。

通过管理一体化,推进以资本为纽带,以政策为导向的管理模式,建立科学可行的利益协调、共享和奖惩机制。在资本纽带建设上,可相互投资参股,共同建设、合作经营。在政策导向上,争取国家政策支持,将东方港口群作为一个政策主体,跨越区域空间限制(如同中关村试验区),均实行统一的政策(如自由开放区、自由港、保税区等),给予统一的政策优惠,从而通过政策纽带将各港口密切联系在一起,形成陆海一体化环境管理的新体制。完善区域发展政策,探索建立区域经济利益分享和分配机制。

2. 产业重构:打造以智慧产业为基础的新型产业体系

以智慧化为先导,就是在发展东方价值大港时,坚持以"智慧港"建设为导向,实现产业联动、港城一体,构筑起"智慧产业体系",打造蓝色智慧城市。主要包括:

(1)构筑起蓝色智慧型立体式基础设施体系。面向未来国际智慧型港口发展的态势,把东方港口群打造成为国际一流的由智慧型水陆空交通网络构成的、能够实现无缝链接的基础设施体系。

(2)构筑起国际一流的智慧型港口物流体系。依托互联网,大力发展物联网技术体系,实现知识流、信息流、资金流与物流的互融互通,占领我国智慧型港口物流的制高点。

(3)构筑起国际一流的智慧型产业平台。把握历史机遇,高度重视应用信息化、虚拟制造、3D打印等先进技术来改造提升传统临港工业,发展知识型高端临港工业(如海洋生物、船舶制造、能源工业等),实现敏捷制造。借助港口技术、信息技术、服务技术,提供个性化服务和解决方案,为顾客创造价值,构筑起以效率和服务取胜的智慧型港口物流服务中心。

3. 网络重构:打造以网络化为基础的新型组织体系

(1)母子港网络。多层次架构港口网络体系包括:宁波—舟山港内部的信息、通关、物流、数据的联网发展;宁波—舟山港核心与温台港(南翼)、嘉兴港(北翼)的网络化发展;浙江东方港口群与长三角港口群的网络化发展;宁波—舟山港与支线港、设在内陆的子港形成子母港群,实现整个港群的网络化发展,在间接经济腹地和直接经济腹地拓展业务。

(2)产业网络。一是母子港口群要实现产业的错位发展和产业链群式整合,实现东方港口群内的港口生产、口岸查验、多式联运、信息枢纽、物流增值、配套服务、金融贸易等的网络化整合。二是港口产业、临港产业要与港口服务业网络化协同发展,规范并发展港口生产服务、物流服务、信息服务、商贸服务、金融服务等五方面港口服务业,构筑起能提供多元化与全程化服务的港口服务提供商。

（3）信息网络。按照技术先进、功能全面、容量充足、覆盖广泛的要求，加快构筑智能化、宽带化、高速化的现代信息网络，加快数字港口、电子口岸、物联网、云计算的建设，加快形成信息网络数字化平台，促进信息在港口、航运、贸易、海关、金融、口岸中心等多个平台的贯通融合与共享，切实提高管理和服务水平。在信息网络基础上，快速推进口岸"大通关"建设，发挥宁波－舟山港作为母港在海关监管和检验检疫等方面的核心作用，提高口岸通行效率。

4.业态重构：打造以绿色化为特征的新型产业形态

东方港口群应按照可持续发展和生态文明的要求，从规划设计、投资建设、生产运营的全过程，从企业、产业、城市三个层面搞好绿色建设，打造资源节约型和环境友好型港口群。正确处理开发建设与生态保护的关系，集约高效利用港口、海洋、土地、水等宝贵资源，大力发展智慧型产业和循环经济，使经济与环境、人与自然和谐统一。

（1）节约集约利用资源。建立科学的资源开发利用和保护机制，重视海洋生态功能区整体规划，对建设项目实行整体规划、整体论证、整体审批，对资源进行立体开发，提高资源的综合利用效率。

（2）设立准入制度。以发展循环经济为导向，明确产业发展的领域和重点，坚决拒绝不适合港口城市特点的产业入驻，科学合理地设置项目准入门槛，对新建项目实施严格的环境评价，从源头上杜绝环境污染。

（3）构建生态保障支撑体系。控制和强化对资源的保护性开发，拓展生态环境承载容量；建立健全生态环境控制体系，严格执行污染物的收集与处理规范，推进蓝天净气工程、水环境优化工程和生态园区示范工程；推行严格的环境保护标准和污染排放总量控制，严格环境检测流程和标准，构立科学的生态环境监测预警系统。

（4）探索生态补偿机制。运用经济、行政、科技、法律、文化等多种手段，促进港口创新发展。探索建立海洋生态补偿机制，研究制定相关技术标准，逐步形成制度化、规范化、市场化的海洋生态环境补偿体系。

第五节　打造东方价值大港的对策举措

一、推行一体化管理机制

1.组建自由贸易港建设发展领导小组

成立由主要省领导任组长,各港口所在地政府主要负责人、相关专业管理部门主要负责人组成的东方港口群一体化发展领导小组。负责贯彻落实党中央、国务院的有关指示,研究审议东方港口群建设的重大事项;组织、协调推进东方港口群有关发展、政策法规、体制创新、空间和产业规划、重大项目等实施工作。

2.设立自由贸易港建设发展管理委员会

成立自由贸易港(东方价值大港)建设发展管理委员会。负责贯彻落实国家有关法律法规和政策,研究拟订自由贸易港的发展和规划,参与组织编制《打造东方价值大港中长期发展规划》;研究制定价值港发展和管理的相关政策;协调整合各类创新资源;负责管理价值港发展专项资金,并协助做好监督工作;统筹产业空间布局,对各港口整体发展规划、空间规划、产业布局、项目准入标准等重要业务实行统一领导;组织开展国际交流与合作,提升价值港国际化发展水平。

3.确定自由贸易港空间范围

确定以宁波—舟山港为核心区,具体包括宁波的北仑、镇海、大榭、穿山,舟山的定海、老塘山、马岙、金塘、沈家门、六横、高亭、衢山、泗礁、绿华山、洋山。温州港的苍南、平阳、瑞安、瓯江、小门岛、乐清湾、状元岙,台州港的大麦屿、临海、海门、黄岩、温岭、健跳,嘉兴港的独山、乍浦、海盐则比照享受自由贸易港政策。第一阶段建设宁波—舟山核心自由贸易港区,第二阶段拓展到温台港和嘉兴港。

4.组建自由贸易港综合执法机构

整合价值港现有各类执法、管理机构,组建一体化综合执法队伍。

创新海陆统筹管理模式,探索开展海洋综合管理试点,推行海上综合执法,加强海上执法、海洋维权能力。

5.组建自由贸易港发展集团公司

整合资源,成立自由贸易港发展集团公司。协助相关部门统筹推进重大项目引进和产业布局,促进重大项目落地。建立价值大港产业基础设施建设与重大科技成果转化和产业化相结合的融资平台。

二、探索自由贸易港区建设

加快宁波—舟山港保税区、出口加工区等各类园区建设,申请扩展现有保税区政策享受的地理空间,争取"一核两翼"统一享受保税区政策。创新保税港区、出口加工区等各类园区的管理体制,采取循序渐进的方式,在条件成熟时,促进保税区、保税港区试行向自由贸易港城区转型升级。采取分步推进、逐步到位的办法推动自由贸易港由差别化监管向一体化监管,差别化政策向一体化政策转型。

三、争取国家政策支持

1.海域海岛政策

依照海洋功能区划和土地利用总体规划,统筹协调各行业用海用岛,合理利用海岛和海域资源。围填海指标优先用于发展海洋优势产业,实现耕地占补平衡和生态保护。大力推行集中集约用海模式,同一区域集中建设用海项目,推行优化平面设计的围填海造地和海上飞地项目,整体规划论证,提速审批;对列入中央投资计划和省重点建设的项目,开辟用海审批绿色通道。国家在海域使用金的分配上予以适当倾斜,养殖用海依法减免海域使用金。

2.土地政策

实行土地利用计划差别化管理,对重大建设项目特别是使用未利用地的建设项目,国家在安排用地计划时予以倾斜;逐步建立自由贸易区内土地指标统筹使用规划;组织实施国家级重大土地整治工程,支持开展未利用地开发管理改革试点。支持开展用海管理与用地管理衔接的试点,积极推动填海海域使用权证与土地使用权证的换发试点工作,以及凭人工岛海域使用权证书按程序办理项目建设手续试点。

3.开放政策

加大对自由贸易区内企业在进出口和境外投资合作等方面的扶持力度,建立便捷高效的境内支撑和境外服务体系。推进口岸大通关建设和通关便利化,实施分类通关、区域通关改革,逐步推行通关全程电子化操作,进一步提高通关效率。促进海关特殊监管区域和保税监管场所科学发展,支持符合条件的地区按程序申请设立海关特殊监管区域;在海关监管、外汇金融、检验检疫等方面先行先试。支持发展国际过境集装箱运输。在标准化体系和可追溯体系建设以及检验检疫、市场开拓等方面给予政策和资金扶持。

四、加大金融投资支持

整合省级现有专项资金,设立自由贸易港建设专项资金,重点支持交通、能源、水利等重大基础设施项目建设;在自由贸易港内设立国际金融特区,支持国内外金融企业依法在区内设立机构,鼓励国外大型投资机构投资港口金融、基础设施和新兴产业;条件成熟时可根据需要对现有金融机构进行改造,设立自由贸易港开发银行。以市场运作方式设立价值大港产业投资基金。积极推进金融体系、金融业务、金融市场、金融开放等领域的改革创新,积极开展船舶、海域使用权等抵押贷款。支持符合条件的企业发行企业债券、上市融资,积极引进全国性证券公司,支持区内证券公司做大做强。支持区内国家高新技术产业开发区内非上市股份有限公司股份进入证券公司代办股份转让系统进行公开转让,打造非上市高科技企业资本运作平台。规范和健全各类担保和再担保机构,积极服务海洋经济发展。促进海域使用权依法有序流转,创设海洋产权交易中心。研究设立国际碳排放交易所,重点支持海洋减碳经济发展。规范发展各类保险企业,开发服务海洋经济发展的保险产品。

五、探索自由贸易区财政税收模式

自由贸易区分属不同地级市和计划单列市，要实现管理一体化，必须探索出独特的财政管理机制、税收征收机制、分配补偿机制等。基本设想是：税收由自由贸易区统一征收，制定特殊优惠政策，参照香港、新加坡自由贸易区的税收政策，研究制定相应的政策。财政分配上，按照属地原则，由国家、省、所在地政府和自由贸易区分块分配。对自由贸易区内企业的税收征收办法，也参照新加坡等国家的做法，专门研究制定相应政策。对自由贸易区内的高新技术企业，则参照中关村内高新技术企业，享受同等优惠政策，如对于新认定的高新技术企业，先按 15％ 的税率征收企业所得税；再如，科技创新创业企业发生的符合规定的研究开发费用允许加计扣除，计入当期损益未形成无形资产的，在按照规定据实扣除的基础上，允许再按其当年研发费用实际发生额的 50％ 直接抵扣当年的应纳税所得额；形成无形资产的，按照该无形资产成本的150％ 在税前摊销。

六、打造人才特区

积极探索以"特殊政策、特殊机制、特事特办"的方式建设人才特区，构建灵活开放的体制机制，加大人才引进工作力度，抓好载体建设，实现"人才智力高度密集、体制机制真正创新、科技创新高度活跃、海洋产业高速发展"的目标。

1. 高技术人才创新创业激励政策

整合中央及省级各种人才开发资源，改革创新科研管理、财政扶持、金融支持、成果转化等办法，打通各类要素流动和配置渠道，着力构建"政产学研用"相结合的体制机制。实施一系列重大科技专项和新兴产业项目，依托研发机构、研发基地、各类工程研究中心、企业技术中心，为人才事业发展搭建多层次的创新创业平台。对于承担国家科技重大专项、省重大科技成果产业化项目、重大建设工程项目的高层次人才，给予重大科技成果转化和产业化项目统筹资金支持。对于科技创新创业企业转化科技成果,以股份或出资比例等股权形式给予本企业相关技术人员奖励,技术人员一次性缴纳税款有困难的,经主管税务机关审核,可在5年内分期缴纳个人所得税。

2.推行人才培养与兼职政策试点

支持具有博士和硕士学位授予权的高校、科研机构聘任其他企业或科研机构具备条件和水平的高层次人才担任研究生兼职导师,联合培养研究生;支持由高层次人才创办的或与高校、科研机构联办的企业及科研机构在重点领域设置博士后科研工作站;面向高校、科研院所,协调推动教师、研究人员创办企业或到相关企业兼职,允许其在项目转化周期内,个人身份和职称保持不变,享受股权激励政策。

3.居留与出入境政策

公安部门会同人力社保部门为符合条件的外籍高层次人才及其随迁外籍配偶、未满18周岁未婚子女办理《外国人永久居留证》;对尚未获得《外国人永久居留证》的高层次人才及其随迁配偶、未满18周岁未婚子女,需要多次临时出入境的,为其办理2至5年有效期的外国人居留许可或多次往返签证。具有中国国籍、愿意落户的高层次人才,不受其户籍所在地的限制,可以选择在自由贸易区内相关城市直接办理落户手续;如海外高层次人才愿意放弃外国国籍、申请加入或恢复中国国籍,根据有关法律规定,为其优先办理入籍手续。

4.其他基本生活待遇方面的政策

人才特区的高层次人才享受医疗照顾人员待遇,凭相应的高层次人才有效证件,到指定的医疗机构就医。为符合条件的高层次人才提供定向租赁住房。高层次人才随迁配偶,纳入公共就业服务体系,优先推荐就业岗位,积极提供就业服务。

七、完善工商管理政策

1.支持新兴产业、新兴业态发展

凡符合经济发展规律,投资主体迫切需要,法律法规又未明确禁止的行业和经营项目,支持先行先试,并予以登记。对法律、行政法规和国务院明确扶持的新兴产业、新兴业态,积极探索,力求积累经验。

2. 支持金融改革创新

对产业投资基金、创业风险投资、融资综合经营等改革创新中涉及工商行政管理工作的,积极做好支持服务工作。

3. 简化登记和授权

授予依法应当由国家工商行政管理总局登记管辖的内资企业登记管辖权。授予外商投资企业核准登记权。个案授权登记注册国务院有关部门批准的各类外商投资企业。

4. 放宽企业名称核准条件

对在自贸区设立综合性地区总部的企业,允许在名称中使用"总部""地区总部"等字样。企业注册资本(金)达到 5000 万元人民币、企业经济活动性质分别属于国民经济行业 3 个以上大类的,允许企业名称中不使用国民经济行业类别用语表述企业所从事的行业。

5. 放宽企业集团登记条件

凡母公司注册资本达到 3000 万元人民币,集团母子公司注册资本总额达到 5000 万元人民币的,允许申请设立企业集团。

6. 推动示范城区计划

支持实施商标和建设国家商标实施示范城区。支持企业开展申报驰名商标认定工作。支持商标无形资产资本化运作。积极支持企业以商标专用权质押获得贷款。在商标质权人和出质人协商同意的情况下,可免于提交出质商标专用权价值评估报告。

第四篇

舟山群岛新区海洋产业创新发展

第九章
舟山群岛新区的创新发展体系

第一节　舟山群岛新区海洋经济发展的背景

一、优势分析

（一）自然资源优势

1.区位优势

舟山地处中国东部黄金海岸线与长江黄金水道交汇处,背靠长三角广阔经济腹地,是中国东部沿海和长江流域走向世界的主要海上门户,与东北亚及西太平洋一线主力港口釜山、长崎、高雄、香港等,构成一个近 500 海里等距离的扇形海运网络。近年,随着东海大桥、杭州湾大桥、舟山跨海大桥等相继建成,舟山融入上海、杭州三小时经济圈,作为长三角海上开放门户的区位优势更加凸显。

2.群岛资源

舟山群岛是我国唯一的外海深水岛群,众多岛屿星罗棋布、纵横交错。舟山本岛面积 502.6 平方公里,为我国第四大岛,全市共有岛屿

1390 个,占全省的 45％、全国的 25.7％,其中,住人岛屿 103 个,万人以上住人岛屿 11 个,面积大于 1 平方公里的海岛 58 个,面积大于 10 平方公里的岛屿 16 个,具有异常丰富的群岛开发资源。[①]

3. 深水岸线

舟山港域适宜开发建港的深水岸段有 54 处,总长 280 余公里,占全省的 55.2％、全国的 18.4％,已开发利用约 120 公里,尚未利用 160 多公里,54 段适宜开发岸段中 41 段尚未开发;已建成生产性码头泊位 382 个,按每千米深水岸线承载 500 万吨年吞吐能力系数测算,可建码头泊位年吞吐量超过 10 亿吨,相当于目前上海港、宁波—舟山港货物吞吐量的总和。舟山港域航道畅通、港池宽阔、锚泊避风条件优越,有可通航 15 万吨级船舶航道 13 条,可通航 30 万吨级船舶航道 3 条;港池群岛环抱,水深浪小,少淤不冻;锚地 50 处,可锚泊 10 万吨级船舶锚地 20 个,锚泊 30 万吨级船舶锚地 5 个。所以舟山港综合条件优越,能满足第六代、第七代集装箱船和大型油轮、大宗散货船舶及更先进船型通行和靠泊,是我国建设大型现代化深水港理想港址。[②]

4. 海洋资源

舟山海域是世界四大渔场之一,有"东海鱼仓""中国渔都"和"中国海鲜之都"的美誉,拥有水产品 500 多种,年产 120 万吨左右,约占全国年产的 1/10,沈家门渔港与挪威的卑尔根港、秘鲁的卡俄亚港并称为世界三大渔港。舟山市的风能、潮汐能、潮流能、海洋油气、海底矿产等资源也非常丰富。经专业机构调查,舟山市近中期可开发近海风电场风电装机容量约540 万千瓦;可开发潮流能规模相当于 8 个秦山核电站;5 米等深线以上可围垦滩涂面积 595 平方公里,2020 年前可围垦造地 200 平方公里。

5. 旅游资源

舟山市特殊的地理位置、悠久的历史文化造就了其丰富的旅游资

---

① 舟山市人民政府网:自然地理. http://www. zhoushan. gov. cn/col/col1276174/index. html.

② 舟山市人民政府网. http://www. zhoushan. gov. cn/col/col1276174/index. html.
舟山市港行网. http://port. zhoushan. gov. cn/.

源,如"海天佛国"普陀山、"碧海金沙"朱家尖、"渔港海鲜"沈家门、"桃花传奇"桃花岛、"列岛风光"嵊泗、"蓬莱仙岛"岱山、"古城要塞"定海等,其中普陀山和嵊泗列岛为国家级风景名胜区,岱山岛和桃花岛为省级风景名胜区。作为佛教文化的富集地,独具特色的高品质旅游资源已使舟山成为中国滨海旅游的聚焦点、长三角滨海旅游目的地和海内外佛教朝拜圣地。

(二)人文资源优势

1.经济腹地广阔

经济腹地是决定港口城市未来发展的重要支撑力。舟山港的经济腹地是全国最大的经济圈——以上海为核心的长江三角洲经济圈,其城市化水平高,城市体系完备,也是我国经济发展速度最快、经济总量规模最大和最具有发展潜力的经济板块。目前,长三角地区 GDP 年增长率远高于全国平均水平,进出口总额、财政收入和消费品零售总额均居全国第一,长江三角洲城市群是世界六大城市群之一,也是我国重要的制造业基地、创新中心、高度国际化的世界级城市群和增长极。依托长三角及沿江地区经济腹地的持续快速发展,近年来,舟山港货物吞吐量连年大幅增加,在长三角综合运输体系中的枢纽作用日益明显,并且增长空间巨大。

2.海洋产业齐全

近年来,舟山不断调整和优化产业结构,全市初步形成了以临港工业、港航物流业、滨海旅游业、海洋生物医药业和海洋渔业等为支柱的开放型经济体系,海洋经济产值占 GDP 比重超过 2/3,是全国海洋经济比重最高的地级城市,经济结构实现了由单一的传统渔业经济向综合的现代海洋经济转变,并且优势产业突出。

3.政策创新

2011 年,国务院正式批复《浙江海洋经济发展示范区规划》和《关于设立浙江舟山群岛新区的请示》,为舟山市海洋经济的发展创造了良好机遇。国务院将舟山市定位为"浙江海洋经济发展的先导区、全国海洋综合开发示范区和长江三角洲地区经济发展的重要增长极"。舟山市海洋经济的发展上升到国家发展的高度,作为国家级新区的核心功能受到高度重视,并且享受"先行先试"的优惠政策,拥有巨大的政策创新空间。在执行国家、浙江省各项鼓励舟山群岛新区海洋经济发展的政策同时,舟山市还出台了若干配套政策。2011 年,舟山市确立了以发展港航物流业"建设我国大宗商品储运中转加工交易中心"和打造国际物流岛的主攻方向后,提出了一系列全面建设现代海洋产业基地的政策和规划。《浙江舟山群岛新区发展规划》中,明确提出了创新用地用海管理体制、创新金融和投融资体制、深化财税制度改革、创新民营经济管理体制、开展统筹城乡综合配套改革、创新海洋管理和行政管理体制等一系列政策创新的相关规划。

二、劣势分析

1. 产业基础薄弱

产业基础薄弱,集群发展不足。舟山市海洋产业发展现状可以概括为"不大、不强、不特、不联"。舟山市全部工业总产值不及其他县级市一家龙头企业规模的一半,绝大部分产业与长江三角洲地区没有形成联动发展格局,本地龙头企业没有形成集群化协同发展模式,产业集中度低,产业结构松散,产品结构趋同,"大而全""小而全"现象严重。船舶制造业企业间多为竞争关系而不是分工合作关系,船配零部件以进口为主,本地化配套率远低于全国平均水平,船舶设计也主要依赖国外;港航物流服务水平落后,船舶融资、航运交易、海事会展、海事法律、航运咨询等港航配套服务业几乎是"原始"状态,由于缺少高端服务支撑,服务模式创新明显落后于省内其他地区;旅游产业还停留在观光浏览阶段,对海洋文化发掘不够,地域特色旅游产品开发较少,旅游收入来源单一。

2. "孤岛效应"明显

与其他经济发达的东部沿海城市比较,舟山存在明显的"孤岛效应",即思想保守,变革思维存在路径依赖、自我锁定效应。在企业访谈中,75%的被访者认为舟山市存在小富即安、"宁做鸡头不做凤尾"的文化特性,满足于自身自然资源优势,满足于"孤岛式"内源发展模式,满足于"自给自足式"经营模式。同时,舟山市基层领导干部"官本位意识"比较突出,部分区县政府缺少对辖区内资源的整合引导能力,各自为政、重复投资、浪费资源,无法从全球化、区域经济一体化视角来布局本地经济发展的国际空间和区域空间。

3. 各类人才匮乏

现代海洋产业体系的构建根本上要依靠高层次人才的引进与培养,但舟山由于城市配套较差、交通不便、生活成本过高和人才引进机制不完善等因素,人才吸引力较弱。人才引进和高等人才培育机构的不足,难以满足舟山群岛新区海洋经济快速发展对各类高端人才的需求,从而无法为舟山群岛新区的海洋产业提供规范化、高质量的技术支撑和服务。

4. 商贸环境落后

目前舟山市的商贸条件和环境还无法适应其定位的发展需求。例如,城市基础设施不够完善、现代服务业发展落后、现有物流业利润来源单一、财税政策保守、投融资渠道匮乏等都是制约舟山群岛新区海洋经济发展的重要因素。尤其是,舟山港主要作为央企或者省属企业对下属企业进行货物配置的货主码头和堆场的性质突出,难以形成良好的市场交易氛围。

5. 集疏运网络单一

国际物流岛建设,尤其是大宗商品储运中转加工交易中心的建设,对海陆空联动集疏运网络有很高的要求。天津港、上海港、汉堡港、安特卫普港、鹿特丹港、新加坡港等国内外著名港口的发展经验表明,拥有发达的铁路运输系统是成为国际物流港的必要条件。舟山港海陆联运多为"水—水"中转集运模式,交通运输以水路和公路为主,航空比重极小,没有建起公铁两用跨海大桥的集疏运网络,根本无法满足打造国际物流岛的定位和要求,尤其是面对广大的经济腹地,缺乏铁路系统将成为未来舟山海洋经济发展的重要瓶颈之一。

6. 服务创新滞后

作为重点发展的港航物流服务业,舟山市港口信息服务体系整体规划不足,港口管理部门、口岸监管部门、港口企业和物流企业业务信息系

统仍相对独立,没有建成统一的港口物流公共信息平台。同时,舟山市
金融机构少,业务规模小,金融人才匮乏,缺乏完善的金融开放和监管体
系,财税制度也相对保守,这些都将严重制约舟山市海洋经济服务功能
的发挥和辐射范围的延展。

7. 政府配套能力不足

从上海浦东新区、天津滨海新区和重庆两江新区的实践经验来看,
舟山群岛新区的建设,必将带动一批大型项目与工程的开发与建设,这
将对周边综合运输体系和市政配套提出更高要求。目前,舟山本级财政
收入中能够建设各类配套措施的资金远远不能满足需求。同时,舟山市
的资源保障能力也稍显不足,特别是土地资源供应紧缺问题较为突出。

三、机遇分析

1. 正逢经济全球化

经济全球化已使全球经济成为一个有机互动的整体。改革开放以
来,我国经济社会发展取得的伟大成果,正是抓住机遇、积极融入全球经
济的结果。国务院批复设立浙江舟山群岛新区,正是在经济全球化大背
景下,我国经济需要进一步融入全球、扩大改革开放的需求。舟山地处
国内经济最发达的长三角地区开放前沿,在全球化背景下发挥国际物流
岛等诸多国际化功能,可以充分利用国内外两大市场,进而辐射带动长
三角、全国甚至东北亚等更大范围内的经济发展。

2. 国家物资保障需求

长三角地区正是国内消耗资源能源的主要区域,这些重要物资也主
要通过海上运输从境外到达我国。舟山群岛新区打造以大宗商品为主
的国际物流岛,可以有效增强国家大宗物资的储备中转能力,确保国内
特别是长三角地区大宗物资的安全,同时也有助于积极推进走出去策
略,提升我国在国际大宗商品市场的话语权,从而保障我国经济社会发
展对能源、资源的大量需求。

3. 海洋经济是新增长点

我国海洋经济连续多年高速增长,产业范畴不断拓展,产业体系持

续完善,但目前海洋产值还不足世界海洋产值的 2%,海洋开发利用水平与海洋资源拥有量及海洋大国的地位极不相称,海洋开发技术也相对落后。随着国家对海洋经济的日益重视,海洋经济在国民经济中所占比重也将不断增长,海洋开发模式也将会逐渐趋向于国际化。舟山群岛新区建设承担着振兴我国海洋经济和创新海洋开发模式的重任,是我国新型海洋经济发展模式的重要试点和探索。

4. 长三角区域经济一体化

2008 年,国务院正式批复实施长江三角洲地区区域规划之后,长三角区域经济一体化步伐进一步加快。长三角区域的经济一体化发展,提供了一个全新的平台,有利于增强两省一市的抗风险能力。两省一市可以通过取长补短、协调联动,促进市场体系的不断完善,从而有效化解人民币升值、劳动力和原材料成本提高等带来的风险。舟山群岛新区的建设,以长三角区域作为经济腹地,具备了强大的后盾和支撑力,同时也能积极推进长三角区域经济一体化进程。

5. 贸易模式正在改变

伴随信息技术的迅速推广和经济全球化发展,传统航运和贸易方式已经发生巨大改变,船舶大型化和贸易全球化趋势日益明显。新的航运模式将打破各种传统运输方式之间的壁垒,强调海陆空集疏运网络的整合与联动。港口不再是运输的终点,而是国际贸易运输链中的一环,并且只是国际综合枢纽的组成部分。同时,船舶大型化和计算机技术的广泛应用,将使未来港口承载更多功能,通过先进的金融工具和交易模式,推进大宗商品贸易模式创新。舟山港依托区位优势和深水港资源优势,可以充分利用现代信息技术形成"大进大出"的国际贸易模式。

6. 上海市"四个中心"建设

上海市已经确定"四个中心"(国际经济中心、国际金融中心、国际航运中心、国际贸易中心)建设规划,江浙是"四个中心"的两翼,而国际航运中心的重要一翼就是宁波—舟山港。长三角的航运布局是,上海洋山港以集装箱为主,舟山国际物流岛以大宗商品的国际储运中转加工交易中心为主,兼顾集装箱。因此,舟山群岛新区是上海"四个中心"建设功能完善和布局优化的重要支撑与补充。

7.舟山群岛新区的设立

2011年,国务院批复设立舟山群岛新区,这是我国区域发展、海洋发展和贯彻实施国家"十二五"规划的重要举措。舟山群岛新区的设立,标志着国家对舟山群岛新区给出了明确的定位,"我国浙江海洋经济发展的先导区、海洋综合开发示范区、长江三角洲地区经济发展的重要增长极"。在此定位下,舟山群岛新区将获得国家政策的高度支持和巨大的政策创新空间。

四、挑战分析

1.国内外港口竞争激烈

随着港航物流业的迅速发展,国内外港口之间的竞争日趋激烈,港口的自然垄断力也相对降低。争夺更多货源、吸引更多船公司挂靠,让同一区域内港口的竞争进入白热化状态。从国际水平来看,韩国釜山港、新加坡港、日本大阪港等都处在环太平洋黄金岸线上,跟舟山群岛区位优势相似,并且在大宗商品分拨、交易方面已具备了相当的基础,将在东太平洋大宗商品市场上同舟山群岛产生激烈竞争。从国内来看,我国在长三角、珠三角、环渤海、东南沿海、西南沿海五大区域,初步形成了规模庞大并相对集中的港口群:以大连港为引擎的东北亚国际航运中心、以青岛港为主的山东半岛港口群、环渤海湾京津唐港口群、上海国际航运中心、珠三角港口群等。这些港口群在吞吐量、基础设施、港口管理、人力资本等软硬件方面,都优于舟山港。因此,如何与这些港口建立竞争性合作关系,实现优势互补、错位分工,是舟山群岛新区在国际物流岛建设过程中必须面对的一个重要课题。

2.长三角港口优势均衡

从长三角区域范围内看,宁波—舟山港作为上海国家航运中心的重要一翼,需要寻找与上海港错位发展的空间,而舟山港作为宁波—舟山港的重要组成部分,又需要寻找与宁波港的错位发展空间,如果不能应对好这些挑战,就难以形成扬长避短、协作互利的发展格局,国际物流岛建设也会受到巨大阻碍。从产业基础来看,自 2010 年起,宁波—舟山港虽然货物吞吐量跃居世界第一,但与宁波港域 40815.4 万吨的吞吐量相比,舟山港域 22099.7 万吨的吞吐量明显比重过低。而且,宁波梅山港和上海洋山港都是保税港区,拥有完善的配套政策体系和成熟的港口运作流程与规则,集装箱吞吐量也远远超过舟山港。因此,舟山群岛新区在打造国际物流岛的过程中如何实现与宁波港、上海港等港口的竞争合作关系也是一个巨大的挑战。

3. 城市竞争性较弱

2008 年长三角一体化规划实施以来,长三角地区城市群的综合竞争力有了很大提升。上海市积极打造"四个中心",金融资源配置能力、航运市场运行能力和国际贸易操作能力都得到了明显提升。江苏省和浙江省的城市,按照长三角规划中的分工体系,在产业结构、外贸分工、人才流动等方面也形成了良性竞争格局。但在长三角城市群中,舟山市在社会经济基础、产业结构升级、高端人才吸引和金融、航运市场扩容等方面都处于相对劣势,要想成为长三角地区的经济增长极仍旧任重而道远。

4. 滨海旅游市场竞争大

生活水平、文化素质的日益提高,使游客对高品质旅游产品的需求越来越多,这对舟山群岛新区滨海旅游业的服务水平和滨海旅游产品升级优化提出了新的挑战。同时,周边东南亚国家、地区的海岛旅游发展已经较为成熟,我国东部沿海省市的滨海旅游业也相对发达,这都对舟山群岛新区滨海旅游业发展构成了强有力的"威胁"。在激烈的竞争中,舟山群岛新区如何深入挖掘自身海洋文化特色、创新高品质旅游产品、保护自身旅游资源和旅游环境、有效缓解交通住宿等旅游限制、吸引游客长期在舟山逗留和消费、与周边旅游市场形成错位发展空间,是当前舟山旅游业发展的艰巨任务。

5. 海洋生物医药研发投入大

海洋生物医药产业是一种典型的海洋高新技术产业,具有资金需求量大、研究周期长、开发风险高等特征。例如,海洋药物开发周期一般是 8 年左右,投入成本从几百万元起,技术研发需要药物化学、基因、酶、细胞等专业的高端技术人员,同时获得批证的难度也较大,进一步增加了企业研发投入的风险。从国际市场看,欧美、日本等发达国家在海洋生物医药研发上,投入大、起点高、技术力量雄厚,竞争优势明显;国内市场上,山东、广东、福建等省海洋药物研发基础较好,并具有相对技术优势。在国内外市场的激烈竞争下,舟山企业转型升级进入海洋生物医药行业需要面对资金、高端人才、可转化技术成果、研发周期、风险承受力等方面的挑战。

6.传统临港工业失去优势

临港工业是港口城市经济社会发展的重要动力和支撑力,因为临港工业不仅自身产值突出,同时还会带动金融、贸易、保险、信息、代理和咨询等服务业的发展。舟山市已初步形成船舶修造、水产品精深加工、临港石化、大宗物资加工等产业为支柱的现代临港工业体系。但不能忽视的是传统临港工业往往会对区域环境造成巨大的污染和破坏,这不但会严重降低舟山市原本优良的空气质量,使其失去一大优势,还会对滨海旅游业造成严重威胁。因此怎样发展绿色临港产业,增大技术资金投入、利用低碳环保技术避免对环境的破坏与污染,是舟山群岛新区临港工业发展过程中面临的巨大挑战。

第二节　舟山群岛新区海洋经济发展的基础

一、区位资源基础

(一)区位条件

舟山市背靠长江三角洲,面向太平洋,位于国际南北海运主干道和长江黄金水道交汇处,对内是江海联运枢纽,辐射整个长江流域和中部沿海,对外是我国除台湾外唯一深入西太平洋的地区,与东北亚及西太平洋主要港口釜山、长崎、高雄、香港、新加坡等构成了一个500海里的等距离扇形海运网络,是我国对外开放的重要贸易通道,更是我国走向深远海、捍卫大洋公海权益的前沿阵地。

（二）港口岸线

舟山港是我国深水岸线资源最为丰富，建港条件最为优越的港口之一。适宜开发建港深水岸段有 54 处，总长 280 公里，占浙江的 55.2％，全国的 18.4％；港口资源可建码头泊位年吞吐量超过 10 亿吨；锚地 50 处，锚泊作业面积达 390 平方公里，船舶避风和锚地条件优越，港域航道共 99 条，多条国际航线穿境而过；港口对外开放度高，已与世界上 170 个国家（地区）进行贸易往来，港航运输呈现出"大进大出"的特点，2016 年全市外贸进出口总额达 696.11 亿元，为我国经济社会发展的能源、资源物资中转储运发挥了重要作用。

（三）海洋资源

作为外海深水岛群，舟山群岛拥有丰富的海洋资源。面积 500 平方以上的海岛占全国的 25.7％，全省的 45％。地跨暖温带和北亚热带，海洋生物资源丰富，是世界著名的四大渔场之一和三大渔港之一，是我国最大的近海渔场和海洋生物基因库；佛教文化、渔业文化底蕴深厚；海岛风光绮丽，拥有普陀山、嵊泗列岛、桃花岛、岱山岛、沈家门等著名海岛旅游资源，接待游客人数超过 2100 万人次；东海油气、多金属结核矿产、风能、潮汐能、波浪能资源丰富，开发利用前景广阔。

二、发展现状

近年来，舟山围绕"以港兴市、工业强市、服务富市"的三大定位，大力推进"海洋经济强市、海洋文化名城、海上花园城市、海岛和谐社会"建设，着力打造"国际性海上开放门户、现代化海洋产业基地、群岛型港口宜居城市"，全市海洋经济呈现结构逐步优化、实力明显增强、贡献日益突出的良好发展势头。

三、产业基础

（一）海洋渔业

舟山市积极进行渔业产业结构优化调整，形成了捕捞养殖、生产加

工、市场营销等较为完整的产业链。水产品加工业是舟山市重点发展的
现代海洋渔业,多年维持着 10% 以上的增长速度,2008 年后,舟山市及
时调整水产品结构,加大精深加工比例,促进高端水产品加工发展之后,
随着全球经济复苏,2016 年,水产品加工业产值超过 200 亿元,实现了
突破性发展,如图 9.1 所示。舟山市水产品加工业一直保持浙江省领先
地位,以不到浙江省 20% 的企业数量,创造了浙江省 1/3 以上的产值和
出口量,在全国范围内,舟山市水产品加工业也位居前列,见表 9.1。[①]

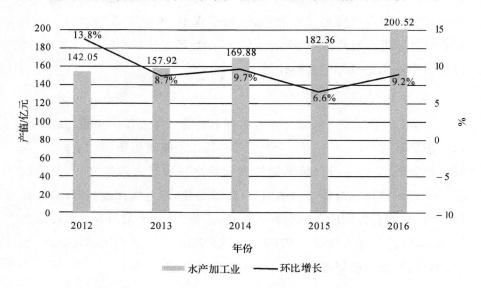

图 9.1 2008—2015 年舟山市水产加工业产值

资料来源:舟山群岛新区统计信息网.

表 9.1 2015 年舟山市水产品加工业发展情况

项目	全国	浙江	舟山	宁波	舟山占浙江比例
水产品总产量/万吨	4895.6	418.8	125.6	93.87	30.0%
加工品产量/万吨	1367.8	201.8	80.00	26.2	40.0%
加工产值/亿元	1971.4	488.3	151.9	71.3	31.1%
加工企业/个	9971	2641	400	334	16.0%

① 舟山市 2017 年国民经济和社会发展统计公报. http://zsfgw.zhoushan.gov.cn/

续　表

项目	全国	浙江	舟山	宁波	舟山占浙江比例
出口产量/万吨	296.50	43.39	20.28	15.90	46.7%
出口产值/亿美元	106.10	17.08	6.36	4.24	37.2%

资料来源：舟山群岛新区统计信息网.

（二）海洋船舶工业

舟山市已初步形成以船舶修造、水产品精深加工、临港石化、大宗物资加工等产业为支柱的现代临港工业体系。2016 年，全市工业总产值2465.44 亿元，比上年增长 16.9%，其中临港工业总产值 1655.75 亿元，增长 16.9%，占规模工业总产值比重的 86.2% 以上。[1] 特别是船舶工业异军突起，已成为舟山市第一大支柱产业，基本形成了集船舶设计、制造、修理、船用配套产品制造和船用商品交易于一体的产业体系，具有建造、修理和改装 30 万吨级以下各类常规船舶的能力，成为全省最大、全国重要的修造船基地之一。

（三）海水综合利用业

缺乏淡水资源往往是制约海岛经济发展的共同因素，因此舟山市切实实施"发展水为先"的，建成年均引水量 2160 万立方米的大陆引水一期工程，全面启动大陆引水二期工程，一批海水淡化工程也陆续建成，形成了本地蓄水、大陆引水、海水淡化三位一体的水源系统，基本满足了经济社会发展需求。为加快推进海水淡化产业化和综合利用进程，同时致力于建设全省、全国海水淡化示范城市和产业化基地，舟山市已建成海水淡化工程 12 处，日产水能力达 3.7 万吨，嵊泗县 78% 的日用水来自海水淡化，日产 10 万吨级海水淡化项目也正在积极推进。

（四）海洋生物医药业

舟山海域为沿岸流系与黑潮流系频繁交汇水域，水质肥沃、饵料充足，水文条件优良，是我国鱼类资源最大集群区，有利于海洋生物技术的

---

[1]　综合《舟山统计年鉴 2017》《舟山市 2017 年国民经济和社会发展统计公报》

研发与产业化发展。同时,舟山市水产品加工业实力雄厚,为产业链升级优化奠定良好基础。经过多年发展,舟山市已拥有一批以海力生集团为龙头的具备研发能力和一定生产经营规模的水产品精深加工企业,并与浙江大学、中国海洋大学、浙江海洋学院等科研院校建立了长期稳定的合作关系,不断提升海洋生物医药产业的研发实力,同时拥有较为先进的技术设备和相关经营管理人才。舟山市海洋生物药物产业成长较快,海洋药物及医药中间体产品在全国拥有较大市场份额和一定市场影响力。

（五）海洋能源产业

舟山工业发展时间较短,环境保护良好是舟山的优势,而且滨海旅游业对环境条件要求较高,现代居民的环保意识也在逐渐增强,因此,在舟山群岛新区的规划过程中对滨海石化项目的开发态度应谨慎。海洋新能源方面,舟山市拥有丰富的风能资源,风力发电是舟山市积极培育的海洋新兴产业。自 2005 年起,舟山将风电产业作为特色优势产业大规模开发建设,并引进了一批投资者,如长江三峡工程开发总公司、中国华电、浙江国电等企业。舟山风电产业虽然有了初步发展,但产业链构建仍旧困难重重,主要是因为风电产业属于资金密集型和技术密集型产业,关键零部件和设备依托于机电制造企业。

（六）港航物流业

舟山港地处我国南北航线与长江航线的"T"字形交界点,背靠经济发达的长江三角洲,是长江流域诸省重要的海上门户,全市拥有的岸线、深水岸线在全国均居于前列。目前,舟山港的开发模式主要有三种:一是大型货主企业独立开发,提供专用服务,即一个港区或作业区由大型企业建设专用码头,纳入企业生产物流体系,为企业配套项目提供中转或直接服务,如定海港区的册子作业区、泗礁港区的马迹山作业区等;二是企业独立或者合作开发公共码头,提供公共综合服务,以老塘山港区最为典型;三是政府主导开发,提供公共综合服务,如小洋山深水港区是由上海市政府与舟山市政府合作开发的公共港区。

（七）滨海旅游业

舟山境内拥有佛教文化景观、山海自然景观和海岛渔俗景观 1000

余处,主要分布在 23 个岛屿上,其中,普陀山、嵊泗列岛是国家级风景名胜区,岱山岛、桃花岛是省级风景名胜区,定海是全国唯一的海岛历史文化名城。舟山市的滨海旅游产品已由早期单一的朝圣、观光型逐步向特色鲜明、内涵丰富的多元化方向发展,现有的旅游产品主要有观光旅游、休闲度假、专项旅游、节事旅游、体验型旅游及商务旅游、健康疗养等,见表 9.2。突出"佛""海"两大主题,舟山市成功举办了首届世界佛教论坛、国际沙雕节、观音文化节、中国海洋文化节、中国海鲜美食节等一系列旅游节庆,荣获了"中国旅游竞争力百强城市""中国十大节庆城市""中国海鲜之都"称号,是全国首批旅游综合改革试点城市之一。舟山当前客源分布集中在浙江、上海、江苏和福建,见表 9.3。

表 9.2　舟山滨海旅游产品分类

观光旅游	普陀山佛教文化之旅、桃花岛影视武侠文化游、定海环岛游、舟山南部诸岛游等
节事旅游	中国舟山国际沙雕节、中国普陀南海观音节、沈家门渔港民间民俗大会等
休闲度假旅游	朱家尖海滨休闲度假游、定海古城要塞休闲游、岱山海洋文化科普游、岱山海景房产等
专项旅游产品	渔家乐、休闲渔庄、农家乐等
体验型产品	东极海钓、探秘游、游艇旅游、秀山滑泥游等
新型的旅游产品	商务会展、军事旅游、保健类旅游、豪华游船游艇旅游、美食购物旅游、婚旅等

资料来源:舟山市旅游委员会政务网.

表 9.3　2015 年舟山不同地区客源地分布

客源地	定海	普陀区	普陀山	岱山县	嵊泗县	全市
浙江	52.28%	49.87%	19.36%	58.91%	46.63%	45.94%
上海	9.23%	14.46%	12.07%	18.72%	18.9%	14.98%
江苏	8.08%	8.94%	9.96%	7.35%	14.6%	9.8%
福建	2.79%	5.87%	17.23%	2.34%	6.78%	6.86%

资料来源:舟山市旅游委员会政务网. http://zstour.zhoushan.gov.cn/

第三节　舟山群岛新区海洋经济发展的体系

一、定位

2010 年 5 月,国务院批准实施《长江三角洲地区区域规划》,提出"建设浙江舟山海洋综合开发试验区";2011 年 2 月,国务院正式批复《浙江海洋经济发展示范区规划》,明确提出"探索设立舟山群岛新区"。2011 年 6 月 30 日,国务院正式批复同意设立浙江舟山群岛新区,明确新区范围包括舟山整个市域,并将舟山群岛新区定位为"我国浙江海洋经济发展的先导区、海洋综合开发示范区、长江三角洲地区经济发展的重要增长极"。

1.浙江海洋经济发展的先导区

作为浙江海洋经济发展示范区的核心发展空间,舟山群岛新区应充分利用区位和海洋资源配置优势,合理开发保护海洋资源,率先建成现代海洋产业体系,成为浙江省拓展发展空间、转变经济发展方式、大力发展海洋经济的前沿阵地,发挥引领和先导作用。

2.我国海洋综合开发试验区

深化改革,先行先试,推动大宗物资储备、深海科学研究与资源开发、海岛保护与开发、用地用海政策改革、岸线资源集约利用、江海污染联合治理等机制体制创新,舟山群岛新区应着力优化发展环境,提高海洋经济对外开放水平,主动参与全球海洋经济的合作与竞争,加强与周边地区及东北亚的合作,增强国际资源配置能力,为全国海洋经济转型升级探索积累经验。

3.长江三角洲地区经济发展的重要增长极

舟山群岛新区应切实加强保障能力建设,加快推进大宗商品交易平台、港口服务"三位一体"体系建设,为长三角地区提供全方位的港口服务。加强与长三角地区及国际化港口经营公司合作,探索港航物流供应链发展模式,构建面向东北亚乃至全球的国际物流枢纽。全面提高居民生活水平,积极打造海岛宜居环境,在推动长三角地区协同发展、全国区域协调发展中发挥更加重要的作用。

4.蓝色智慧城市

在原有"浙江海洋经济发展的先导区、全国海洋综合开发示范区、长江三角洲地区经济发展的重要增长极"的定位上,舟山群岛新区还可增加"蓝色智慧城市"这一定位。"蓝色智慧城市"这一定位紧密迎合了世界经济发展的重要趋势,并且凸显了舟山群岛新区的先天优势——"蓝色",即海洋与环境,以及未来后发优势——"智慧",即信息化改造和知识密集型产业发展,突破常规地避免了舟山群岛新区建设的路径依赖和路径锁定。

(1)"蓝色"的内涵。"蓝色"即充分发挥舟山群岛新区先天的海洋资源、海岛资源、岸线资源和区位资源优势,不断拓展海洋产业范畴,深化海洋产业结构调整,打造日趋完善的海洋产业体系,并加强海洋环境保护。其具体内涵包含:第一,开发蓝色资源,利用高新技术,充分开发利用舟山群岛新区丰富的海洋资源、海岛资源、岸线资源和区位资源,占据全球蓝色资源开发的制高点,打造我国海洋资源开发的高地;第二,发展蓝色产业,大力发展高新技术产业、低碳环保海洋产业和海洋新兴产业,加快发展绿色化和集约化临港工业、港口物流产业、现代服务业,实现高新技术与海洋产业的充分融合,建立现代蓝色产业体系,实现现代服务业占70%以上比重;第三,开拓蓝色空间,面向全球,作为连接中国内陆、长江三角洲地区与全球的物流中枢,给舟山以无限的全球空间发展力,用信息化、智能化技术,可以把舟山群岛新区的港口物流网延伸到全球各个角落;第四,打造蓝色经济体,在开发蓝色海洋资源,发展蓝色海洋新兴产业,拓展蓝色市场空间的基础上,最后构筑起舟山群岛新区国际一流的蓝色经济体,并辐射带动整个长三角地区和全中国。

(2)"智慧"的内涵。"智慧"即充分利用现代信息技术、海洋生物医药技术、海洋高端设备技术和海洋环保技术等高新技术,实现海洋产业结构的升级优化。其具体内涵是构筑起以"智慧型基础设施"为支撑,以

"智慧型高端服务"为配套,以"智慧型港口物流"和"智慧型临港工业"为重点的现代海洋产业体系。第一,"智慧型基础设施",实现从工业化城市到信息化、数字化城市的转变,重在建设全互联网无线覆盖的高效、便捷、动态的信息化、智能化数字城市;第二,"智慧型高端服务",重点发展知识密集型生产性服务业和消费性服务业,并不断结合自身优势创新现代服务模式,服务于舟山群岛新区的科学发展和和谐发展;第三,"智慧型港口物流",重点建设将现代互联网信息技术和港口物流产业相整合,以物联网技术为支撑的港口物流业;第四,"智慧型临港工业",信息化优化提升传统临港工业,发展知识型和技术密集型高端临港工业(如海洋生物医药业、海洋高端设备制造业和海洋新能源产业等)。

基于以上分析,建议把舟山群岛新区未来海洋经济发展定位为:中国打造海洋强国的桥头堡、中国蓝色经济发展的第一增长极,构筑蓝色智慧型经济体,打造成国际一流的"蓝色智慧城市"。

二、发展目标

根据《浙江舟山群岛新区发展规划》舟山群岛新区的专项目标分为四项。

1. 我国大宗商品储运中转加工交易中心

致力于建设综合性世界级国际枢纽港、国际航运中转中心、国际大宗物资储运中转加工交易中心、物资储备基地,积极拓展物流业等涉海涉港现代服务业,保障我国大宗商品安全,打造国际物流岛。

2. 我国东部地区重要的海上开放门户

全方位扩大开放,建成舟山保税港区,探索建设自由贸易园区,打造自由贸易岛,成为我国承接国际资本、人才、技术等要素转移和配置国内外资源的重要平台。

3. 我国重要的现代海洋产业基地

充分发挥海洋空间优势和海洋资源优势,转变海洋经济增长方式,培育海洋开发实验基地,支持国家重大海洋科研成果转化,着力打造具有规模效应、现代技术、领航优势的海洋产业集群,成为我国开发公海、远洋资源的前沿基地。

4.我国海洋海岛综合保护开发示范区

高标准、高水平开发海洋海岛资源,优化海洋海岛开发管理保护机制体制,加强海洋生态文明、海洋科教基地和海洋文化基地建设,成为长三角城市群中独具魅力的海洋城市,打造海洋花园城。

5.我国陆海统筹发展先行区

创新陆海统筹综合管理体制机制,实现陆海产业联动发展、基础设施联动建设、资源要素联动配置、生态环境联动保护,成为全国陆海统筹发展示范。

三、发展重点

根据"蓝色智慧城市"的定位,舟山群岛新区还应该以"智慧型港口物流业"为核心,以"智慧型临港工业"为制造业基础,以"智慧型滨海旅游业"为支撑,以"智慧型高端服务业"为未来增长极的思路,设计海洋经济发展的四大重点。

1.智慧型港口物流业

以现代信息技术、互联网产业和港口物流产业相整合为基础,建设以物联网技术为支撑的"智慧型港口物流业",打造物流产业"云舟山",构筑起以"高度敏感的信息系统、全球领先的港口技术、国际一流的物流服务"为支撑的智慧型港口物流平台。

(1)港口物流服务信息化。以IT技术改造港口物流服务,加强口岸监控平台、物流监控指挥中心和物流配送中心建设,建立基于智能配货系统的物流网络化公共信息平台,以高效率、自动化、智能化服务增强港口竞争优势。

(2)大宗商品信息交易服务平台。通过互联网横向连接贸易主管机构,实现部门间信息共享,纵向连接相关企业管理系统,确保信息流畅。

(3)大宗商品电子商务系统。通过互联网连接相关政府职能部门、海关、港口用户、园区、代理等,并逐步向其他港口延伸,提高大宗商品交易效率。

（4）物流技术研发机构。鼓励建立一批物流网技术开发和应用机构，加快物联网技术与港口物流服务的对接，推动港口物流业的持续升级优化，争取早日实现港口物流技术的国际领先目标。

（5）智慧型物流集疏运网络。结合连岛轨道交通、国际空港和跨海公铁两用大桥建设，利用现代信息技术和互联网产业构筑起智慧型立体式物流集疏运网络。

2. 智慧型临港工业

依托现有临港工业基础，大力发展新兴临港工业，以海洋高端设备制造业与海洋生物医药业为重点，以绿色临港石化产业和海洋资源综合开发产业为辅，加快改造升级传统临港工业，发展知识密集型高端临港工业，构筑起四大智慧型临港工业基地：海洋高端设备制造业基地、海洋生物医药产业基地（海洋生物谷）、绿色临港石化产业基地和海洋资源综合开发产业基地。

（1）海洋高端设备制造业。以船舶修造业为基础，形成以高技术船舶制造和海洋资源开发装备制造为重点的集研发、设计、制造、营销、服务等环节为一体的完整产业链，"重中之重"是发展具有自主知识产权的高技术船舶制造业。

（2）海洋生物医药业。在原有海洋药物及医药中间体产品基础上，通过产学研合作，加大研发投入力度，加强科技成果转化能力，以胚胎技术、基因技术为突破口，打造具有自主知识产权并集海洋制药、海洋保健食品、水产品加工、海洋生物育种技术于一体的"海洋生物谷"。

（3）绿色临港石化产业。在远离市中心、环境容量大、人口密度低的合适岛屿，适度探索发展绿色临港石化产业，加强与国内外大型石化公司的合作，重中之重是加大低碳环保技术投入，不能以破坏海洋生态环境为代价。

（4）海洋资源综合开发产业。立足国家，面向国际前沿，深度开发海洋油气资源、深海矿产资源、风能、潮汐能、波浪能等海洋清洁能源，构筑起海洋勘探开发服务基地和海洋新能源产业基地。

3.智慧型滨海旅游业

打造以"自在岛"为核心内涵的智慧型滨海旅游产业体系,从单一的观光浏览型滨海旅游走向多元化的生态体验型滨海旅游,从佛教旅游胜地走向综合化生活服务旅游胜地,借鉴迪拜、马尔代夫、不丹等地的旅游开发模式,结合蓝色智慧型产业体系,把舟山群岛新区打造成游客享受自在和谐生活的海洋天堂。

(1)构建旅游信息服务平台。构建舟山群岛新区旅游信息服务平台,加大旅游品牌宣传力度,提供多元化的旅游产品选择,建立提前预约交通、住宿、餐饮等旅游服务的电子商务信息平台,构建旅客体验信息反馈平台,从而优化服务资源配置,缓解旅游旺季压力,促进有效监管并提高地区的旅游服务水平。

(2)多元化海岛开发模式。创新多元化海岛开发模式,利用岛屿众多的资源优势,选择合适的岛屿按照一岛一个主题的思路,分别开发豪华游艇邮轮基地、超五星级海底酒店、海上迪士尼、海岛禅修基地、滨海运动基地、世外桃源体验基地等多元化的体验式滨海旅游产品,创造"眼球经济",让不同年龄、文化层次的旅客都能找到自己的需求,从而把舟山群岛新区建设成为全球著名的海洋自在旅游高地。

(3)发展海洋文化创意产业。大力发展海洋文化创意产业,利用岛屿众多、风景优美的天然优势,把部分岛屿建设成海上好莱坞,发展具有海洋文化特色的电影、电视、动漫产业,同时打造岛链式海洋公园,创造生活旅游天堂。

(4)创新商务会展服务模式。结合本地游客特色,依托港航物流产业的带动,加强商务会展基础设施建设,加大营销宣传力度,提高专业化服务水平,创新商务会展服务模式,全面提升滨海旅游产业层次。

4.智慧型高端服务业

智慧型高端服务业指知识密集型生产性服务业和消费性服务业。知识密集型服务是全球经济的重要发展趋势,紧紧抓住这个趋势,可以充分发挥舟山群岛新区的"后发优势",从而有效缓解舟山群岛在传统生产要素上的短板。而且,依托智慧型港口物流业、智慧型临港工业和智慧型滨海旅游业的发展,舟山群岛新区也具备在未来探索出高端服务业发展道路的可行性,从而把高端服务业作为未来海洋经济发展的第一增长极,反馈带动港口物流业、临港工业、海洋生物医药业和滨海旅游业等海洋产业核心竞争力的全面提升。

(1)智慧型高端服务业产业体系。除了智慧型港口物流业、智慧型滨海旅游业外,舟山群岛新区要发展文化创意产业、商务服务业、高端房地产业、金融服务业等,共同构筑起智慧型高端服务产业体系。

(2)文化创意产业。在多元化海岛开发模式下打造海上好莱坞、充分发掘桃花岛、普陀山等著名特色海洋文化的同时,给海洋文化创意产业的创业者提供具有足够吸引力的发展基地、平台和氛围也十分重要。

(3)商务服务业。围绕智慧型临港工业、智慧型港口物流业、自由贸易区建设,发展包括物流融资、海事会展、海事法律、航运咨询等高端专业化配套服务体系。

(4)高端房地产业。与旅游业、港口物流、文化创意等产业交相辉映,创造"眼球经济",开发高端商业房地产,从而快速提升具有舟山品牌特色的房地产经济。

(5)金融服务业。围绕大宗商品交易平台、自由贸易区、港口物流业和物联网技术,不断拓展投融资渠道,创新金融服务政策,大力发展海洋开发银行、海洋发展投资基金、金融期货、风险投资公司等,创新具有地方特色和海洋特色的金融服务模式。

围绕上述重点,以"四个要素"打造舟山蓝色智慧型产业体系,即智慧型港口物流业打造"云舟山"、智慧型临港工业打造"海洋生物谷"、智慧型滨海旅游业打造"自在岛"、智慧型高端服务业打造海洋经济"第一增长极",最终打造出整个舟山群岛新区的"蓝色智慧城市"品牌。

四、发展任务

《浙江舟山群岛新区发展规划》提到未来舟山群岛新区的阶段性任务是:

2020 年，地区生产总值达 3000 亿元，基本实现国家对舟山群岛新区的定位和功能定位，基本建成国际物流岛、自由贸易岛、海洋产业岛和海上花园城。创新环境不断优化，海洋科技攻关和产业化发展水平全国领先，成为全国深远海科技研发孵化中心，海洋环保和恢复成效显著。

2030 年，开放型经济体系基本完善，海洋资源利用深度化，海洋生态系统得到有效保护，海岛载体功能明显增强，海洋综合开发先试先行平台凸显，建成国际著名的自由贸易园区，并向自由贸易港市不断推进，创建基于经济全球化的服务经济新模式，形成一批具有国际竞争力的涉海骨干企业，建成国际领先的现代海洋产业体系，各项社会事业发展走在全国前列。

基于"蓝色智慧城市"的定位，结合舟山群岛新区海洋经济发展的优势、劣势、机会和挑战，我们有针对性地提出以下任务。

1. 重塑创业创新氛围

经济全球化是舟山群岛新区利用区位优势和腹地优势发展海洋经济的重大机遇，但过于保守的"孤岛效应"却成为舟山群岛新区海洋经济发展的重要制约因素。因此，舟山市各级政府要解放思想，从全球经济一体化和国家海洋的高度规划舟山群岛新区的海洋经济发展，打造具有国际影响力的"蓝色智慧城市"。同时，各级政府机构在自身解放思想的同时，也应该通过各种渠道和平台加大宣传教育力度，带动舟山群岛新区的普通百姓尤其是企业家改变原本"孤岛式"的世界观，从而形成一种全民积极参与的创业、创新氛围。

2. 积极引进高端大型项目

瞄准高端，重点引进知识密集型大型跨国公司是香港和新加坡快速发展的重要经验。舟山市政府应以此为鉴，加大力度引进富有创业创新精神且适合本地发展的大型跨国公司和高端大型项目。这些企业和项目在带动区域经济发展的同时，可以提高地区文化素质和人才集聚力，同时带动区域创业创新精神，提高区域经济的可持续发展潜力，为舟山群岛新区塑造一支"国际化、知识性、高素质"的创业队伍，突破舟山群岛产业基础薄弱、企业发展层次较低的瓶颈。引进大型企业项目时，要注意谨慎选择，避免陷入低端产业转移的恶性循环，可重点选择低碳环保的未来朝阳型海洋新兴产业。

3. 掌握自主知识产权

缺乏自主知识产权和原始创新能力是制约我国海洋经济发展的重要因素，作为担负我国海洋经济创新发展重任的舟山群岛新区，应该及时整合国际和国内高层次专家资源梳理面向未来智慧型港口物流业、智慧型临港工业、智慧型高端服务业等海洋新兴产业的关键技术和共性技术，通过"产学研政"合作研发，突破港口物流业、海洋新能源开发、海洋高端设备制造、海洋生物医药等领域的核心和关键技术环节，拥有一批具有自主知识产权的核心技术，提高在行业标准制定中的话语权，加快海洋新兴产业自主创新成果的产业转化，促进海洋产业结构的升级，积极融入海洋产业的全球化竞争市场。

4. 超前规划海洋经济布局

经济全球化、我国能源资源保障需求和长三角区域经济一体化发展都是舟山群岛新区发展海洋经济的重大机遇，因此舟山市应该紧紧抓住这些机遇，结合世界海洋开发的海洋综合管理趋势，从全球和全国海洋经济发展的高度，紧密把握海洋经济的未来发展方向，充分利用舟山群岛新区的海洋资源优势，超前规划未来海洋经济布局，谨慎选择重点发展领域。按照"蓝色智慧城市"的定位，不断强化知识密集型海洋产业在海洋经济发展布局中的核心地位，而不是仅仅为带动地方 GDP 显著增加去发展对环境会造成严重污染的重工业产业。

5. 培育智慧型产业集群发展

围绕"智慧型港口物流业""智慧型临港工业""智慧型高端服务业""智慧型滨海旅游业"等重点产业，把舟山群岛新区放在全球、全国和长三角地区的视野范围内规划未来产业集群。学习迪拜、滨海新区的大规划思路，创新产业组织模式，实现区域内产业的核心能力创造和协同，以专业性产业园区为载体，构建生态型或产业融合型产业集群，形成高效运行的共生系统。

6. 探索自由贸易园区建设

加快建设综合保税港区,共享上海国际航运中心政策,丰富上海国际航运中心内涵,增强长三角地区国际航运资源整合能力、综合服务能力和整体竞争力。重点发展海洋工程部件、船舶配件、电子产品、精密机械、国际服务外包、检测维修业务、海洋生物医药等产业的保税物流、加工、贸易以及相关增值业务。鼓励金融机构加大金融服务创新,探索航运融资方式创新,支持航运相关企业等参与组建或参股金融租赁公司。在综合保税港区基础上,选择合适区域探索建设自由贸易园区,逐步与国际接轨,推动贸易投资便利化,充分集聚国内外大宗商品做市商、生产商和营运商,实现定价、交易、交割、储运一体化。

7. 推进国际物流岛建设

结合舟山群岛新区发展条件,梳理国家和浙江省对区域、港口、开发区的扶持政策,向国家和浙江省提出具体政策诉求,在海关特殊监管区域、大宗商品储运及交易平台、土地利用政策、航运和监管政策、经济管理体制、基础设施建设、金融、人才等领域勇于先行先试,集聚国内外企业、资金和人才,为国际物流岛建设创造良好发展环境,以大项目开发建设为支撑,整合国内外各种资源,加快舟山群岛新区国际物流岛建设,提升其核心竞争力。

五、布　局

《浙江舟山群岛新区发展规划》舟山群岛新区的海洋经济空间布局为陆海统筹、江海联动的"一圈两带五岛群":"一圈"指以岱山、衢山、大长涂、大鱼山、大洋山等岛屿为核心的大宗商品储运中转加工交易中心核心圈;"两带"是指定海城区、新城和普陀城区的舟山南部花园城市带和岑港镇至展茅镇范围内的舟山北部海洋新兴产业带;"五岛群"是指普陀山国际旅游岛群、六横临港产业岛群、金塘港航物流岛群、嵊泗渔业和旅游岛群、特色生态保护岛群。基于"蓝色智慧城市"的定位,以上布局应有部分调整。

1. 海洋科教文化中心布局

在《浙江舟山群岛新区发展规划》中，"海洋科教文化中心"曾被划在舟山群岛新区建设的核心区内，后来却成了"南部花园城市带"中一带而过的组成部分，没有充分凸显海洋科技服务对舟山群岛新区海洋经济可持续发展的重大支撑作用。借鉴新加坡、伦敦和香港、青岛市的发展经验，可知科教文化产业是知识密集型海洋产业可持续发展的重要动力和支撑力，他们在发展知识密集型现代海洋服务业的同时，大力发展海洋科教产业，并成长为重要的国际教育中心，源源不断地为本地海洋经济发展提供优秀人力资源。因此，在《浙江舟山群岛新区发展规划》中应进一步凸显发展"我国海洋科教文化中心"的重要性。

2. 旅游岛群布局

五大岛群布局中，缺乏对海洋文化创意产业和商务会展产业的布局，借鉴新加坡、伦敦等发达海洋城市的经验，这两大产业是全球海洋滨海旅游业的重要发展方向，应该在充分挖掘本地海洋文化特色的基础上，选择合适的岛群重点布局发展，并提供良好的基础设施和创业氛围。同时，为加快形成世界级佛教旅游胜地，提高本地旅游产品层次，可以借鉴不丹等国的旅游发展模式，在某些地理位置偏远的岛屿建立佛教禅修基地，让尘嚣中忙碌的人们可以找到一个清静之所，感受这种新兴而健康的高端旅游产品。

3. 临港石化产业布局

大鱼山周边的石化基地在《浙江舟山群岛新区发展规划》中被列为重大项目布局的第一项和整体布局的核心圈范围，虽然我们无法否认临港石化产业对地方经济的巨大带动作用，但是也不能忽视临港石化产业对环境的污染和破坏作用，因此应借鉴挪威、澳大利亚的发展经验，重视海洋环境保护，积极发展海洋新能源产业，谨慎布局临港石化产业，加大对低碳环保技术的投资力度，强化产业监督监管机制。

第四节　舟山群岛新区海洋经济发展的措施

一、全面建设电子商务，构建信息数字城市

"蓝色智慧城市"的定位，要求舟山群岛新区尽快实现从工业化城市到信息化、数字化城市的转变。舟山群岛新区应依托于"智慧型港口物流业"的发展，从完善港口物流信息化服务、建设大宗商品电子商务系统和大宗商品信息交易服务平台开始启动数字化、智慧型城市建设，直到最终实现电子商务系统的全面建设。

二、率先实现电子政府，提高政府工作效率

数字化城市规划中一向把电子政府作为数字城市的神经、中枢去建设，它将打破现有行政机构的人为组织界限，构建一个电子化的虚拟机关，突破时间限制、空间限制、流程限制、暗箱限制，实现政务公开、采购公开、管理公开和服务公开。舟山群岛新区的政府机构刚刚进入电子政府的初级阶段，离数字化城市的要求标准还有很大差距。要想实现"蓝色智慧城市"的定位，就要从政府机构开始，突破信息技术难关和思想观念制约，尽快打造真正的电子政府，从而精简政府机构、提高工作效率和服务水平，加快"蓝色智慧城市"建设。

三、发挥政府引导作用，打造良好营商环境

舟山市政府应发挥引导作用，服从于群岛新区建设的需求，积极创新产业政策，指导产业结构升级和优化。通过宏观调控和产业政策扶持，逐渐发展壮大现代海洋产业体系中的主导产业；对于幼小新兴产业给予保护，通过税收、信贷、出口优惠和补贴等政策措施，重点支持发展中的海洋新兴产业；按照市场经济规律合理引导和推动产业转移，研究制订提高承接产业转移配套能力和公共服务能力的政策措施。在优化

营商环境方面,舟山市政府要加强基础设施建设,重点加强海陆空联运的集疏运网络体系建设和港口设备信息化改造,争取建成国际领先的物流基础设施、成熟的供应链管理服务和世界全方位高密度联系的通信网络。同时,还要加强制度创新,有效改善软环境,为投资者提供优惠的投资政策和宽松的投资环境;改革政府审批制度,缩短审批流程,明确收费标准,提高政府办事效率,强化政府服务功能;加强廉政建设,构建优良的信用环境,逐渐普及企业国际评级标准,迅速曝光企业不良记录。

四、加强基础设施建设,配套产业优惠政策

舟山群岛新区应加快规划建设集疏运网络等基础设施,重点规划建设跨海公铁两用大桥,将舟山群岛新区的铁路规划列入国家铁路规划系统,铁路网络融入长三角地区的铁路交通网络系统。舟山群岛新区内,海洋高端设备制造业、海洋新能源设备制造业、海水淡化设备制造业等临港工业企业,除享受保税港区各项保税、退税政策外,比照西部大开发和滨海新区,实施企业所得税税率优惠政策。风力发电、光伏发电等新能源和海洋环保企业,享受增值税全额即征即退优惠政策。允许境外邮轮公司在舟山群岛新区设立经营性机构,开通国际旅游航线,邮轮旅游和旅行社团队入境实现免签;岛内新注册的滨海旅游企业享受减免部分所得税政策,条件成熟后参照海南国际旅游岛实施旅客"离岛免税"优惠政策。

五、争取海陆空域政策,适度下放审批权限

舟山群岛新区应学习滨海新区经验,向国家和所在省份不断争取海、陆、空域的优惠管理政策,创新管理体制,加大对舟山群岛新区发展用地、用海、用空的支持力度。在确定舟山市耕地保有量和基本农田保护面积的基础上,实施耕地占补平衡创新机制,加快推进农村土地综合整治示范建设,适当增加建设用地规模指标。推进海域资源市场化配置进程,完善海域使用权招拍挂制度,并建立海域使用二级市场,对重点工程和项目,优先安排围填海计划指标。率先进行低空空域管理改革,利

用直升机、低空水上飞机等发展岛际航空。争取获得舟山群岛新区计划单列市经济管理权限,扩大新区的项目审批和规划自主权,优化市内审批权限和流程;国家和省里适度向舟山群岛新区下放大宗商品的批发和经营资质审批权限;经过审批备案后,舟山群岛新区可以获得无人岛的开发审批权限等。

六、申请海关特殊监管,享受各种优惠政策

学习天津滨海新区拥有所有海关特殊监管区域类型的发展经验,舟山群岛新区应积极申请国家海关特殊监管区域制度的批复,争取享受保税港区甚至创新自由贸易区的各种优惠政策,把定位为海洋综合开发试验区的舟山群岛新区打造成"综合自由贸易港",从而享受最为优惠的管理体制、产业发展目录、土地、税收、人力资源、投融资等政策和法律法规。从申请保税物流港区起步,实施对境内外进出保税港区的货物免税和保税港区内货物可以自由流转等优惠政策,进一步赋予舟山地方政府可以降低和免除地方税收的权利,从而使海关特殊监管区域内的雇员免征个人所得税,外国企业、自然人的经营利润和工资可以免税自由汇出,供水、供电、排水等业务不征收增值税及其他税。

七、创新投资融资体制,拓宽投资融资渠道

舟山群岛新区应争取中央政策支持,设立区域海洋开发银行、海洋保险公司、海洋投资基金、海洋风险投资公司和舟山群岛新区建设债券等,以缓解基础设施建设或者企业研发投入的资金缺口。同时,对投资海洋科技研发的企事业单位减免部分税费或者给予优先购买土地、滩涂、海域使用权的优惠政策。另外,经外汇管理部门批准后,允许岛内企业在具有业务经营资格的内外资银行开设离岸外汇账户,在国际物流岛内逐步实现人民币、外币结算自由化。逐步提高四大国有商业银行对舟山的授信额度,积极发展以金融租赁方式提供信用支持,推进完善海域使用权抵押贷款业务,允许和鼓励符合规定的金融租赁公司进入银行间市场拆借资金和发行债券,开展企业融资租赁船舶出口退税试点。加大

金融开放力度,允许外资银行在舟山群岛新区设立分支机构,自由进入国际物流岛,开展人民币和外币业务等。

八、支持海洋科技研发,加快引进培养人才

舟山群岛新区应大力支持国家级科研机构在舟山设立海洋科研基地,吸引境外科研院所或大型企业研发机构在舟山建立研发基地,对上述机构落户舟山提供土地、研发场所和配套资金,并给予税收减免政策。对科研单位、大专院校、技术推广机构服务于重点发展海洋产业的技术成果转让、技术培训、技术咨询、技术服务、技术承包等所取得的技术性服务收入,免征企业所得税。同时高度重视人才引进和培养,制定和落实舟山群岛新区中长期人才培养和引进规划,加强创新型海洋领军人才队伍建设,加快实施海洋紧缺人才培训工程。对舟山群岛新区引进人才给予提高计税工资标准优惠,开展高端人才个人所得税改革试点。加强与浙江大学、中国海洋大学、大连海事大学等高等院校的合作,通过联合建校或者是设立分校的模式,尽快建立起几所高水平的海洋高等院校。

九、推动产业转型升级,积极帮扶重点企业

首先,搭建产业发展平台,推进产业集聚、企业集群和资源集约,进一步优化产业空间布局;第二,升级改造船舶制造业、水产品精深加工业、海洋工程装备制造业、海洋新能源产业、海水综合利用业等先进制造业,做优做强临港产业;第三,推进旅游、商贸、金融、物流等现代服务业集聚发展,拓展规模,提升层次;第四,充分利用各种政策支持,关注重点企业资金流和融资问题,做好银企之间的桥梁工作,鼓励金融创新,加强金融监管。

十、狠抓投资项目推进,确保固定资产增长

首先,积极储备项目,充分利用国家发展海洋经济、舟山群岛新区建设的良好机遇和舟山群岛新区的深水港地理资源优势,积极策划建设一批影响全局、支撑长远发展的重大项目和重点产业项目;第二,加大项目

建设力度,强化要素保障和项目管理,加强领导联系重点项目制度,落实部门职责,对项目全程跟踪、督查到位,提高建设效率;第三,积极推进重点项目进度,加快选址、土地收购、环评、政策处理等环节,积极争取项目审批核准,拓宽项目融资渠道,积极争取信贷支持,有效吸纳民间资金;第四,加强重大项目科学引导,积极谋划重大优势产业、重大生态建设、重大民生工程等项目,确保在投资建设过程中同时实现产业结构升级优化。

第十章
舟山群岛新区海洋新兴产业创新发展

就舟山而言,海洋新兴产业主要是以电子、信息、生物、新材料、新能源等技术为基础,以深度开发利用海洋资源为目标而形成的一系列海洋产业。它不但包括海洋生物医药、海洋新能源、海洋工程与装备制造、海洋新材料、海洋电子信息、海水综合利用等新的产业形态,还包括经过高新技术改造的临港制造业和利用现代技术的现代渔业、现代海洋服务业。大力发展海洋新兴产业是建设海洋产业集聚岛的重要内容,是建设舟山群岛新区的必由之路。本章重点研究以制造业为主的海洋新兴产业。

第一节 舟山群岛新区海洋新兴产业的基本情况

近年来,舟山市着力发展海洋经济,临港工业快速成长,在地区经济发展中发挥着越来越重要的作用。新区成立以来,在政府引导下,依托新区产业政策,开展针对海洋新兴产业的招商引资工作,为建立现代海洋产业体系奠定了基础。

一、基本情况

2012年,全市海洋新兴产业产值达到463.6亿元,增长8.9%,占工业产值的38.1%;实现增加值93.2亿元,占地区生产总值的10.9%。①

海洋新兴产业中的重点领域取得了新的突破,产业培育取得较大进展。海洋工程装备领域已形成太平洋海工、中远船务、金海重工等一批骨干企业,开始建造自升式平台、平台供应船等海工产品。

海洋生物医药领域,以海力生为龙头的海洋生物医药产业已初具雏形,2012年销售收入达24亿元。舟山经济开发区的海洋生物医药产业园正抓紧开展建设和招商工作,海洋生物医药科研平台建设正在平稳推进。

海洋电子信息发展较快。2012年,舟山市海洋电子信息产业企业已发展到220余家,实现工业产值26亿元。已引进落户天禄裸眼3D电视、北斗导航通信、微软海洋云计算等一批海洋电子和软件开发项目。海洋电子产业雏形已逐渐形成。2013年2月,工信部正式发文同意舟山创建海洋电子信息产业基地。②

此外,海洋新能源、海水综合利用、海洋新材料等产业也开始起步。舟山海洋新兴产业整体开始进入从无到有、从小到大的发展阶段。

二、存在问题

在发展过程中,舟山海洋新兴产业仍然存在一些亟待解决的问题,主要表现在三个方面。

1.新兴产业发展不平衡

2016年,舟山市新兴产业产值总计914.4亿元,占全市工业总产值的比重达47.6%,主要包括高端装备制造、生物、新能源、新材料等产业。从2016年舟山新兴产业的构成情况看,船舶制造、海工与相关

---

① 舟山市2013年国民经济和社会发展统计公报. http://zsfgw.zhoushan.gov.cn/
② 舟山群岛新区统计信息网. http://zstj.zhoushan.gov.cn/

设备制造所构成的海洋新兴产业占比高达 71.5%,其次为高端装备制造,两者合计占新兴产业规上总产值的 84.8%,其他新兴产业总计仅占15.2%。这表明舟山新兴产业发展不平衡的问题较为突出,需要进一步加大其他产业的发展力度,进一步优化目前的产业格局。

2.海洋新兴产业的企业规模偏小

企业规模是企业核心竞争力的重要构成因素,从区域经济的角度看,一个地区大型骨干企业的数量与规模对于构建完整的产业链、带动地区产业技术进步与产业调整起着较为关键的作用。舟山市海洋新兴产业中,除船舶制造与海工装备制造产业之外,海洋生物制药、海洋资源利用、海洋电子信息等产业普遍缺乏行业内具有影响力的大型企业介入,一定程度上制约了本地区生产技术的改进、新产品的研发、行业重组、生产要素的优化配置和产业结构的动态调整。

3.尚未形成完整的产业链与产业配套体系

产业链的培育及其发展是现代产业经济中非常重要的内容,它包含价值链、企业链、供需链和空间链四个维度的概念。这其中涉及了企业相互间的分工与协作、供需关系的建立、资金与技术的交流。海洋新兴产业的发展需要设计研发、零部件(或原材料、中间产品)生产到系统总装(或最终产品生产)、相关咨询与市场服务等诸多配套环节,这就要求区域内相关企业要形成以重点环节为核心、具有较强关联性的产业链。舟山市海洋新兴产业中产业同质化较为严重,没有形成产业链配套体系,企业相互之间没有在产品生产环节上形成更加细化的分工与合作,缺少上下游供需关系的连接,产业链不完整。

第二节　舟山群岛新区发展海洋新兴产业的必要性

一、实现舟山群岛新区发展目标的内在要求

2013 年 3 月 2 日,国务院批复了《浙江海洋经济发展示范区规划》,

同意宁波－舟山港海域、海岛及其依托城市作为浙江海洋经济发展示范区的核心区。此外,舟山群岛新区作为国务院批复设立的唯一一个以海洋经济为主题的国家级新区,必须充分发挥自身的资源和政策优势,着力培育海洋新兴产业,加快实现海洋新兴产业的集聚,并通过辐射和扩散效应带动长三角地区海洋经济的整体发展。

二、优化地区产业结构、实现转型升级的必由之路

舟山市存在第二产业发展不充分、工业部门缺乏多样性、技术密集型产业较少等结构性问题。对于沿海地区而言,发展海洋新兴产业可以促使地区资本、技术、劳动力向该领域转移,形成新的产业格局,进一步提升工业部门在地区经济中的比重。同时,还可以进一步增加工业部门的门类,降低地区经济对个别行业的依赖度。因而,舟山必须通过发展海洋新兴产业,进一步优化地区经济结构,达到转型升级的目的。

第三节　舟山群岛新区发展海洋新兴产业的条件

一、舟山发展海洋新兴产业的优势

1.区位优势较为突出,便于海洋新兴产业的发展

首先,舟山可以利用地处长三角经济圈的优势,加强与上海、杭州、宁波、南京、苏州等经济大市的经济联系,从以上地区获得发展海洋新兴产业的资本、技术、人才等要素,并针对这些地区的海洋产业项目进行招商。其次,舟山作为港口城市,依托优越的深水港口,可以形成市场优势,为海洋新兴产业拓展国内外市场提供极大的便利。第三,作为我国东海位置最突出的城市,舟山在我国开发东海专属经济区海洋资源、确保我国西太平洋海洋权益等方面可以提供基础支撑与服务,成为基点。

2.海洋资源丰富,便于海洋新兴产业的培育

就海洋资源而言,舟山具有较为突出的优势,舟山海域海洋生物品种繁多,海岛岸线资源风能、潮汐能、潮流能、波浪能丰富。这些资源为舟山发展临港装备制造、海洋生物医药、海洋新能源、海水综合利用等海洋新兴产业提供了基础条件。

3.新区的政策优势,便于吸引国内外资本和技术

舟山群岛新区设立以来,在中央和浙江省的支持下,积极探索经济管理体制改革和海洋综合管理体制创新,形成了有效的海洋经济发展制度环境。同时,在新区发展规划的基础上,应通过创新金融、财税、土地、人才及招商引资等政策框架,加快形成适合新区发展和新兴产业特点的政策体系。特别是对海洋新兴产业发展起关键性作用的投融资政策和开放政策,可以利用新区优势得到国家支持,加快政策创新和突破。新区政策所构成的整体优势,会对国内外资本产生较大的吸引力,促使资本、技术、人才向舟山集聚,推动海洋新兴产业发展。

二、舟山发展海洋新兴产业的劣势

1.缺乏充足的资本支持

2012 年年末,舟山市金融机构本外币存款余额 1389.97 亿元,在浙江 11 个地级市中仅高于衢州。这表明地区资本总量仍然偏小,内生性资本积累不足,难以为发展海洋新兴产业提供充分的支持。从利用外部资本的情况来看,1978 年至 2012 年,舟山实际利用外资累计约 10.22 亿美元,远远低于浦东、滨海、两江等国家级新区。这一定程度上表明舟山没有获得国际资本的广泛关注,需要进一步加大外商直接投资(Foreign Direct Investment,FDI)的力度。而且从民间投资方向来看,缺乏对高技术产业的认识,投资意向不强。

2.技术创新对海洋新兴产业的支持力度不足

从舟山现有的几大新兴产业来看,除了海工装备、海洋生物医药产业方面拥有创新能力和部分产品的关键技术外,其他几类行业大都处于萌芽或发育状态,没有技术储备,仅能利用外部资本和技术直接布局生产制造环节。此外,舟山市海洋科技创新的载体和平台还处于启动阶段,海洋高等教育、海洋科学研究与海洋技术产业化之间尚未形成紧密的联系,海洋科技成果的推广与应用未受到市场的广泛认可。

3. 缺乏高端人才,现有人才分布不均衡

截至 2013 年 2 月,舟山市共有博士 224 人,硕士 2300 人,高端人才总量明显不足,难以满足海洋新兴产业技术创新的需要。此外,从舟山现有人才的分布来看,也存在较多问题。2011 年,舟山市城镇单位大学本科及以上从业人员共计 34140 人,事业单位和党政机关合计占 66％,企业仅占 34％。按经济类型分,又主要集中在国有经济部门,占 73％,私营及外资企业仅占 26％。这样的人才格局使现有人才存量难以直接发挥创新作用,人力资源利用效率低下。

第四节　舟山群岛新区发展海洋新兴产业的目标和原则

一、舟山发展海洋新兴产业的目标

1. 实现海洋新兴产业在新区的集聚

利用舟山群岛新区的区位优势、资源优势和政策优势,以高端装备制造、海洋生物医药、海洋电子信息、海洋新能源、海水综合利用等产业为核心,面向国内企业,积极招商引资,推进海洋新兴产业项目的落地,加快海洋新兴产业在新区的集聚,确立海洋新兴产业在地区经济中的主导地位。

2. 培育以海洋新兴产业为核心的产业综合体

在海洋新兴产业集聚的基础上,大力推动产业分工,延伸产业链,进一步形成以大企业为核心的配套生产服务体系,推进协同生产。逐步实现研发设计、制造生产、系统服务、配套产业协同发展,从而实现产业发展与城市发展的高度融合,在此基础上形成涵盖加工制造、商贸流通、生产服务与生活服务相互带动的城市产业综合体。

3. 形成以规模、技术、管理为主要内容的核心竞争优势

在产业发展的基础上,进一步加大海洋科教投入,增强海洋教育的能力,强化海洋科技创新能力,培育一批具有引领作用的创新平台或载体。鼓励企业间的兼并重组和资本整合,在不同领域内培育大型企业,实现生产的规模化和管理流程的现代化;以市场化为导向,鼓励企业加大技术创新投入的力度,深化产学研一体化。在此基础上,构筑以规模、技术、管理为主要内容的核心竞争优势,在国际分工中占据更高的位置。

二、舟山发展海洋新兴产业的原则

1. 坚持创新驱动

在推动海洋新兴产业发展的过程中,要注重比较优势的发挥,更要着眼于长远,将技术创新作为产业核心竞争力的落脚点。舟山海洋新兴产业的发展必须依赖于地区科技创新体系,嫁接国内外前沿技术,通过研发与技术创新,不断提升产业竞争力,将资源优势与技术优势相结合,构建起更具有市场竞争力的产业发展基础。

2. 坚持重点突破

坚持整体推进与重大项目突破相结合,由点到面,由局部到整体,循序渐进。首先,应重点加强加工制造环节项目的招商引资、投资力度,优先发展一些技术相对成熟、产业化程度相对较高、有显性市场需求、有参照模式的细化产业。在此基础上,逐步围绕核心环节形成配套产业体系,延伸产业链。

3. 坚持市场主导

遵循市场规律,发挥企业的主体作用。政府在引导产业发展的同时,必须注意遵循市场规律,由市场来实现经济资源的有效配置。在微观市场活动中不随意干预企业的投资决策、生产决策。同时,必须维护市场竞争的公平性,从而达到激励企业家创业创新的目的。

4. 坚持政府引导。

海洋新兴产业仍处于起步阶段,必须通过政府的引导作用,集中社

会资源,为其提供必要的支持。制定针对性的产业政策,积极鼓励社会资本投资;通过完善经济管理体制,利用金融与财政手段进行适度的引导,为产业发展提供土地、人才、技术、资金等要素保障。

5.坚持可持续发展

以保护海洋生态为基本要求,确保经济发展与环境保护相协调。海洋新兴产业是以加工制造业为主的产业形态,在产业选择与布局上必须与保护海洋生态相结合,以此作为产业发展的基本要求。在技术不到位、不成熟,负外部效应较大时可以暂缓发展。优先考虑环境污染小的产业,确保经济发展与环境保护相协调。

第五节　舟山群岛新区发展海洋新兴产业的产业选择与发展思路

根据舟山群岛新区的发展条件及国家关于新兴产业的有关政策,本节主要从两个方面提出舟山海洋新兴产业的选择范围。一是对海洋资源具有较高依赖度,而在这方面舟山具有明显优势,发展条件较为成熟,应重点关注海洋新兴产业;二是对海洋资源依赖度不高,或发展条件不够成熟,可根据现实情况进行先期培育、择机发展的新兴产业。

一、重点发展类海洋新兴产业

根据《浙江舟山群岛新区发展规划》,结合当前国际上新兴产业发展趋势,舟山应重点发展以下海洋新兴产业,并尽量从战略高度出发,培育相对完整、关联性强的产业链。

1.临港高端装备制造产业

临港高端装备制造产业涉及三类产业。第一类是以开发各类海洋资源为目标,由海洋工程建设及相关装备制造、服务所构成的产业链,主要包括用于海洋油气资源开发的各类平台和配套设备,用于海洋多金属结核、天然气水合物开采的装备,用于海水提取海洋化学资源开发的装备等。第二类是极大极端型临港大型装备制造,包括清洁高效发电设备、大型输变电设备、石化成套装置、轨道交通设备、大型煤化工成套设备、大型港机、锅炉、集装箱设备制造。第三类是临港交通设备制造,主要包括出口型汽车组装、航空器制造等。其中,出口型汽车组装产业主要包括以保税组装为主的汽车工业,突出发展以主要零部件进口和整车出口为形式的保税组装汽车工业,可培育发展新能源汽车产业,包括插电式混合动力汽车、纯电动汽车、燃料电池汽车等。航空器制造产业可优先发展社会效益好、市场需求大和经济价值高的通用飞机,大力发展航空机载、任务、空管和地面设备及系统。重点支持特种飞机、中/重型直升机的发展,鼓励发展轻小型通用飞机、水上飞机、无人机、特种飞行器和 2 吨(含)以下直升机,重点加快发展航电、通信导航、液压、燃油、环控、电源、起落架、二次动力、生活设施、防火、照明、健康监控等系统供应商。

临港高端装备制造产业的特点是,大型装备制造需要依托岸线资源,对产品运输要求高,前期投入大,产品造价高,产值贡献度高,技术资本密集;市场主要以沿海地区和出口为主。对于相关企业的要求是:企业必须具有较大的生产规模、较强的资金投入能力和一定的技术开发能力,除了进行设备生产,还应具备大型装备安装调试服务、维修保障服务能力。

目前,临港高端装备制造产业中,海洋油气开发装备的关键技术相对成熟,具有较大市场需求,也具有可借鉴的成功经验。同时也应该注意到,已经有国内外一批大型海工装备制造企业从事生产,掌握着关键技术,占有了较高的市场份额,市场竞争压力相对较大。

舟山在发展临港高端装备制造产业方面具有一定的优势,首先是具有优越的岸线资源条件,便于海洋高端装备制造企业的生产布局以及产品的运输;其次是具有船舶产业的良好基础,可以通过逐步推动船舶产业向临港高端装备制造产业转型;三是当前内陆地区的大型装备产业开始向沿海地区布局,新区应把握机遇,择机发展相关产业;四是有国家产业政策的支持,便于产业项目的引进与落地。

根据舟山的经济发展条件及临港高端装备制造产业的特点,舟山临港装备制造产业的发展应以引进国内外大型企业为重点,采取"产业链招商"的方式,围绕核心企业形成相对健全的配套服务。为此,市政府经济主管部门应组织力量,搜集整理从事高端装备制造产业的大型企业信息,掌握具体情况,并通过各种途径建立起与企业之间的联系渠道,了解企业的投资需求,并为其提供本地区经济政策方面的信息。在此基础上,争取企业产业项目的落地。

2.海洋生物医药产业

海洋生物医药产业是基于现代生物技术,从海洋生物中提取有效成分,生产生物化学药品,获取海洋功能食品和生物制品的产业。所涉及的相关技术包括海洋生物提取、纯化和合成技术,大型藻类生物酿造,生物能源技术开发,海洋药用生物资源及活性产物的发掘与利用技术,农业生物药物创制高新技术等。海洋生物医药产业的特点是对生物技术具有较高要求,产品研发周期较长,技术创新投入较大,对高端人才具有显著依赖,技术密集,市场风险较大,对生态环境有较大影响,尚未形成成熟的上下游产业链。

就舟山的实际情况而言,其在海洋生物医药领域具有一定的发展基础,海力生、神州、兴业等企业已经在鱼肝油、深海鱼油、深海鱼胶原蛋白肽等海洋生物产品方面有所发展,但整体实力仍然有待提升。

舟山海洋生物医药产业的发展思路:首先,将生物医药技术创新作为产业发展的基础进行重点突破。依托舟山海洋科学城,大力引进该领域高端人才,组建一批海洋生物技术创新的团队,或者采用聘用、委托的形式,与国内专业领域的专家、院士及研究团队进行深度合作,沟通企业与科研机构间的联系,形成"产学研"之间的有效协调。其次,根据生物医药产业研发周期长、风险度高的特点,政府可考虑设立专项基金并引入社会资金与企业资金,在前期研究阶段给予资金支持,在后期临床阶段,通过风险投资等市场化机制给予支持,从而形成海洋生物医药技术创新的资本支持体系。第三,在产业化方面,依托现有产业基础,在企业规模化、技术创新能力、产品与品牌营销等方面逐步取得发展,并面向国内外海洋生物企业进行广泛的招商活动,争取引进一批具有技术实力、市场影响力较大的生物制药企业,拓展产业规模。

3. 海洋电子信息产业

电子信息产业是研制和生产电子设备及各种电子元件、器件、仪器、仪表的工业,由广播电视设备、通信导航设备、雷达设备、电子计算机、电子元器件、电子仪器仪表和其他电子专用设备等生产行业组成。根据国家新兴产业目录,该产业分为三个层次:第一层次是电子核心基础产业,包括集成电路制造、新型显示器件、新型元器件、数字视听与数字家庭产品、广播电视制播设备、关键电子材料、电子专用设备仪器;第二层次是下一代信息网络产业,包括网络设备、信息网络设施、新一代信息终端设备、下一代信息网络安全防护产品;第三层次是高端软件和新型信息技术服务。

舟山海洋电子信息产业的发展思路可概括如下:首先,这些信息技术产业中,由于信息服务、新一代的行业信息网络产业需要雄厚的高等教育基础和大量的高端人才、集中的产业研发机构与完善的配套协作,舟山并不具有较好的发展条件,可暂时不予考虑。因此,在推动海洋电子新兴产业发展的起步阶段,首先要选择与海洋装备制造、海洋运输服务、海洋科学考察、海洋资源勘探开发密切相关的电子信息产业,使之与本地区海洋经济发展的大趋势相吻合,并能形成相互间的关联。其次,可关注电子元器件制造、电子零部件制造、终端产品组装等加工制造环节,力求重点突破。目前可关注电子核心基础产业中集成电路材料生产、设备生产、新型元器件制造、电子材料加工、电子专用设备制造中的几个类别,针对特定生产企业进行招商引资,使其将加工制造环节转移至舟山,奠定舟山海洋电子信息产业的基础。第三,电子信息产业是创业创新的热土,大多由中小型企业推动。要实现该产业的发展目标,必须关注中小型创业创新型企业的培育。舟山应以科创园的产业孵化器为平台,大量引进具有创新活力的团队和小型企业,并在资金扶持、财税扶持、政府采购等方面出台相应的政策,给予其实质性的支持,争取获得海洋电子信息产业的核心技术,形成较为完整的产业体系。

以上三类产业对于岸线、海洋生物、海水资源有着直接的依赖,或者能够与现有海洋产业形成直接的产业关联,带动传统临港产业转型升级,在沿海地区具有广阔的发展前景。同时,这些产业都被国家列为新兴产业,能获得产业政策的支持,必然会受到国内外企业和资本的关注。舟山应把握机遇,根据不同海洋新兴产业的特点、发展趋势、发展规律及产业化路径,由点到面,由局部环节到整体产业链,梯次推进,最终实现这些海洋产业在舟山的集聚。

二、培育类海洋新兴产业

海洋新兴产业具有广阔的发展前景,但是它的成长需要长期的过程,其发展的快慢取决于技术条件与市场需求。其中,海洋新能源、海水综合利用等产业在目前受制于市场规模,还难以实现大规模产业化,海洋新材料和海洋环保产业又有项目外部因素主导和产业发展偶发性,但这四大产业均是当前国内外重点关注的海洋新兴产业,就舟山而言可以作为培育类海洋新兴产业,待条件成熟时再择机发展。

1.海洋新能源产业

海洋新能源产业包括海洋新能源设备制造产业和海洋新能源利用产业。海洋新能源设备制造产业包括海上风电相关系统与装备、海洋能发电机组或装置、海洋能相关系统与设备、海洋能装置研发公共支撑平台相关系统与设备。该类产业也属于海洋工程装备产业的范畴,是海洋新能源产业的上游产业链。海洋新能源利用产业则是直接利用海洋新能源设备,将风能、海流能、潮汐能、波浪能等海洋动能转化为电力的产业。该产业的关键技术已取得突破,已研发成功的发电装置种类较多,但是除风能外整体产业化程度不高,仍处于实验及探索应用阶段。

舟山拥有丰富的潮汐能、海流能资源,非常便于发展海洋新能源产业。新区可从海洋能装备制造和海洋能利用两个方面着手。一是吸引国内外相关的设备制造企业,如针对新疆金风、大连华锐、东汽、浙江运达、上海电气等国内风力发电制造企业,丹麦维斯塔斯(Vestas)、美国GE能源集团、德国埃纳康公司(Enercon)、德国西门子公司(Siemens)、德国恩德能源公司(Nordex)等国际风电装备制造企业或海洋能装备制造企业寻求前期合作。二是加快新能源开发应用。通过前期的新能源实验与利用,选择合适的海域,建设一到两个潮汐能、潮流能发电站,为产业发展奠定基础,从而推进海洋能利用的产业化。在项目引进时应考虑海洋能综合利用和设备制造的协同发展。

舟山海洋新能源产业发展,首先在较为成熟的风能发电领域推动产业化,并争取引入风能装备制造企业,延伸产业链;加快推动 LNG 发电项目。其次,尽早开展潮汐能、潮流能发电的前期试验,在装备制造方面进行技术创新,积累技术力量,在科学选址、科学论证的基础上逐步开展产业化。第三,推动风能、海洋能发电项目与本地区电网的融合,支持海洋新能源产业化。

2.海洋资源综合利用产业

海洋资源综合利用产业理论上也包括海洋新能源产业,这里主要指海水综合利用和海底资源利用。海水综合利用涵盖海水淡化设备制造、海水淡化处理及利用、海水直接利用、海水化学资源提取等门类。目前,舟山在海水淡化处理方面已经取得突破性进展,但是没有海水淡化装置制造能力,海水综合利用水平不高。未来可进一步考虑完善产业链,引进海水淡化装置生产企业,同时,探索发展海水化学资源提取技术,深化海水利用程度。

为了推动海水综合利用产业发展,舟山应加大淡化海水的工业利用规模,并尽快推动城区自来水管网的改造,将淡化海水纳入市政供水,培育用水市场。

海底资源利用即海洋勘探开发,是对石油、天然气、金属矿产和其他地质矿产资源的勘探开采活动。从完整产业链来看,还应该包含相关产品及服务业,例如钻井服务、油田技术服务、船舶服务、物探勘察服务等。

通过积极利用东海油气和深海矿产资源,建设东海油气登陆、中转、储运、加工基地及作业补给、装备供应等后方服务基地,增强东海油气开发后方支持能力。加强大洋深海资源及相关科学研究,设立大洋勘探基地,海洋资源勘探与利用、深海作业等领域的技术研发和装备制造基地,扶持发展大洋勘探开发业。推动建设远洋矿产资源接收储运与研发加工基地,提高深远海矿产资源开发和资源接收储运加工能力。

3.新材料产业

新材料产业所含种类非常繁多,舟山可相机发展表面功能材料、新型膜材料、电子功能材料等产业。该类产业对海洋资源的依赖程度并不高,但是其中的防腐蚀材料(用于防腐蚀、耐高温抗酸抗碱、防火阻燃等功能多样、用途广泛的新型功能涂层材料),可以作为新型功能海洋装备用涂料、新型功能船舶用涂料、新型防腐涂料、新型功能卷材涂料、新型绝缘涂料,能够直接与舟山现有的船舶产业及将要重点发展的海工装备制造形成关联,构成上下游产业链。因而,从市场需求以及产业链发展的角度分析,在本地区具有较好的发展前景。

4.海洋环保产业

海洋环保产业是基于海洋环境保护所形成的环保装备制造与服务行业。对舟山而言,发展该产业具有一定的现实意义与发展基础,并能与现有产业形成配套。海洋环保产业主要包括以下内容:

(1)海洋水质与生态环境监测仪器设备制造。主要生产适用于多种平台的海洋水质集成在线监测系统、各种便携式水质监测仪器及实验室和原位测量设备。根据产业目录,该行业产品门类包括:营养盐自动分析仪、总磷总氮监测仪、化学需氧量监测仪、生物耗氧量监测仪、总有机碳监测仪、各种有机物测量仪、黄色有机物测量仪、重金属监测设备、油浓度仪、油膜厚度测量仪、藻类监测设备、海洋水质传感器。

(2)海洋环境保护与生态修复技术及装备制造。该产业产品门类包括:海洋环境污染防治与处理技术及装备,海洋环境污染处理材料与制剂,海洋生态系统功能修复与恢复技术,海洋污染沉积物综合治理技术、装备与船舶,化学品污染应急处置技术。

(3)船用环保配套设备制造,如船用海水淡化装置、船用垃圾焚烧炉、生化法污水处理装置、船用油污水分离装置及其他船用环保设备。

(4)海洋环保产业服务业,如海洋环境探测与监测、海洋环境污染治理效果评估与预测服务、环境保护与治理咨询服务、海洋污染治理服务、环境评估服务、废料监测和治理服务等。

第六节　舟山群岛新区发展海洋新兴产业的对策建议

一、出台针对性产业发展政策

1.形成部门合力,集中推进阶段性重点

明确主管部门,集中人力财力。要由主管部门负责,联合相关专业研究机构,制定符合舟山发展实际的重点海洋新兴产业的发展规划及每个产业的扶持政策。理清每个重点产业发展的阶段和步骤,海洋新兴产业的发展不可能一蹴而就,要采取恰当的发展方式来推进。在制定规划的过程中,需要认真考虑符合舟山发展的路径,对相关产业做市场分析,从时间节点上安排不同时期应该重点发展的内容。同时,从产业分工的角度,细分产业门类,找出便于舟山把握的重点发展环节,确定舟山发展海洋新兴产业的步骤。根据新区地理环境与资源特点,对各类海洋新兴产业在空间上进行合理的布局,形成相对集聚发展。

2.出台相对优惠且明确的招商政策

出台舟山海洋新兴产业鼓励投资产业项目,出台普惠性的招商政策和不同项目类型的优惠政策,不应在具体政策文件中出现"一企一策",当然针对重大项目招商时还可弹性处理。招商政策一方面要有较大的优惠力度,如地价优惠、标准厂房优惠、税收返还等,可以综合比较周边地区的政策,拟定符合舟山实际的招商政策。另一方面是要加大政策突破,充分利用新区优势,加大政策创新力度,如土地弹性出让、带方案出让、项目审批创新等,使舟山新兴产业的招商优惠政策与周边地区相比有一定的优势。市县区两级政府要根据布局定位,实行统分结合的产业招商。

3.加大对产业培育发展的扶持力度

首先把目前分散在诸多部门与新兴产业相关的资金进行集中管理,并根据财力许可扩大资金规模,设立专门的新兴产业专项扶持资金,为海洋新

兴产业发展提供政策保障。专项资金要突出重点领域、重点环节,以解决重
点问题,突出在企业设备投入、产品研发、孵化器建设等方面的扶持力度。
在制定产业发展政策时,既可以考虑形成一个相对统一的海洋新兴产业的
扶持政策,也可以根据每个产业发展的不同情况,制定单一产业扶持政策。
海洋新兴产业发展所需要的要素和发展条件不同于传统产业,扶持政策必
须针对新兴产业发展特征,从土地、人才、金融、财税、技术创新、信息、环境
保护、法律等方面统筹考虑,并结合舟山发展环境中存在的不足,特别是结
合新兴产业发展的人才团队引进、技术支撑平台建设等方面,给出一些优惠
政策;要充分发挥新区的优势,突破一些政策限制,加强制度创新。

　　上海市委出台了《关于在临港地区建立特别机制和实行特殊政策的意
见》(沪委发〔2012〕16 号),上海临港地区开发建设管委会据此制定了 30 条
实施政策,见表 10.1,在产业扶持、加强人才集聚、保障土地供应、综合服务
配套等方面有非常强的针对性和可操作性。许多特殊政策具有探索性和先
创性,有较强的针对意义和创新意识,对舟山具有很强的借鉴作用。

表 10.1　上海市临港地区建立特别机制和实行特殊政策 30 条(摘要)

政策方向	具体政策举措
扶持高端制造业发展	(1)建立每年 10 亿元的产业专项发展资金。重点对临港地区符合市级新兴产业专项、重点技术改造专项、节能减排专项、企业自主创新专项、服务业发展引导、科技小巨人工程和科技创业孵化器专项的项目进行扶持。对上述领域的项目另给予项目设备投资最高 10% 的额外奖励 (2)设立以国资为主的 10 亿元临港种子基金和各类社会资本参与的 100 亿元临港产业基金 (3)加大地方财力对重点产业的发展扶持力度。重点发展新能源装备、汽车整车及零部件、船舶关键件、海洋工程、工程机械等装备产业集群,以及民用航空、光电子与新一代信息技术、节能环保、海洋产业等新兴产业集群。上述产业形成的区级新增贡献的最高 60% 用于扶持其发展 (4)加大对新兴产业的扶持力度。对符合国家、上海市新兴产业专项的项目,除给予第一条扶持外,另给予项目设备投资最高 10% 的额外奖励 (5)加大对企业重点技术改造和节能减排扶持力度。对经认定的国家和市级重点技术改造项目,除给予第一条扶持外,另外给予项目所获得产业专项发展资金 10% 的额外奖励,最高 100 万元。对经认定的上海市节能减排项目,除给予第一条扶持外,另外给予项目所获得产业专项发展资金 10% 的额外奖励,最高 50 万元

续　表

政策方向	具体政策举措
鼓励创新	(1)加大对企业创新、科技小巨人和孵化器的扶持力度。规划建设留学生创业园和大学生创业园。对符合临港地区产业导向、拥有自主知识产权的市级科技小巨人,以及经认定的上海市企业自主创新项目、国家和市级科技创业孵化器,临港管委会除给予第一条扶持外,另外给予项目所获得产业专项发展资金10%的额外奖励,最高50万元 (2)扶持高新技术企业与项目发展。落户张江高新区临港科技园、临港综合区先行启动区块的企业,可享受上海大张江高新区的相关政策。对经认定的上海市高新技术企业、国家和市级企业技术开发机构和独立核算的研发机构、国家和市级自主创新产品或重点新产品、上海市高新技术成果转化项目,给予最高50万元的一次性奖励 (3)鼓励创新要素集聚。对经认定的市级以上研发公共服务平台、科研机构、产业技术创新联盟、检验认证机构和企业等要素载体给予最高100万元的一次性奖励
加强人才集聚	(1)引进高端人才。对符合国家、上海"千人计划"、浦东"百人计划"的高端人才和领军型人才,临港地区再给予区级等额的奖励 (2)人才落户。引进的紧缺急需人才可直接落户;引进的紧缺急需专业人才和高技能人才,可以申办人才居住证 (3)人才奖励。对经认定的高端人才,以及总部企业的中高级管理人员,将其个人对区级的直接新增贡献用于奖励该类人员 (4)住房保障。规划建设100万平方米"双定双限房"和200万平方米的"先租后售"公共租赁房。企事业单位可以购买公共租赁房,三年内均价为每平方米6500元。符合条件的人购买"双定双限房",三年内均价为每平方米7500元 (5)试点多层次的养老保障体系,提供出入境便利
土地供应保障	(1)降低土地开发成本。通过制度改革创新和完善相关政策,降低土地开发成本,确保将临港地区打造成上海土地成本洼地。对符合临港地区发展导向的重大产业项目和城市功能性项目,临港管委会予以重点支持 (2)实行工业用地弹性出让。临港地区工业用地实行弹性出让,可分别设定10年、20年、30年、40年、50年的出让年限,出让价格按照相应年限通过评估确定 (3)项目用地带方案出让。临港地区对工业项目用地可采用带方案出让模式;对大型城市综合配套、旅游会展、高端养老、文化体育休闲产业和总部经济、行业组织楼宇等重大功能性项目用地,在功能明确、基础设施明确和方案明确的前提下,可采用带方案出让 (4)实行用地绿化综合平衡。临港产业区推广绿化优化政策试点,实行园区总体平衡,调整工业地块附属绿化指标,提高土地节约集约水平

续　表

政策方向	具体政策举措
综合配套	（1）鼓励企业在临港地区设立总部。对注册经营在临港地区的跨国公司地区总部、国内大企业总部、区域性企业总部（含营运中心、研发中心、销售中心、采购中心等）租用办公用房，临港管委会在三年内给予最高 1000 万元的租金和最高 200 万元的物业管理费扶持 （2）加大对新模式、新业态、新技术企业（简称"三新"企业）的扶持。对入驻临港地区的"三新"企业租用办公用房，临港管委会按核定价格每年给予 30％至 50％的租金和 20％至 30％的物业管理费扶持。对软件企业、文化创意企业，按不低于"三新"企业标准予以扶持

资料来源：上海市委.关于在临港地区建立特别机制和实行特殊政策的意见,2012.

二、采取针对性招商策略

1.优化招商方式,提高招商引资效率

根据国内各地区的招商引资方式,建议舟山招商引资可根据不同的招商对象采取有针对性的招商方式。方式一:突出高规格招商。高规格招商强调由地方政府主要领导牵头,负责对重点产业重点招商企业和招商区域开展招商工作。高端装备制造、海洋生物医药等领域的大型企业,对土地、财税、配套服务等各方面的政策有着比较高的要求,一般招商人员难以根据具体政策进行决策。方式二:鼓励多样化招商。全民多样化招商重点在于动员社会力量,采取多样性的手段开展招商活动。这类招商目前广泛采用的有小分队招商、代办机构招商、代理招商（委托招商或中介招商）、以商招商（以侨引商或以外招外）、媒介招商。

2.实行多向联动招商,优化资源配置效率

一方面,推进部门与区块联动招商。从目前来看,部门和地方招商容易形成"两张皮",必须建立联动机制,明确各自的职责权限,发挥双方的积极性;另一方面,推进项目、资本和人才"三位一体"联动招商。新兴产业对资本和人才的需求,不同于一般制造业项目,除作为一般投资项目产生的资金与人才需求外,还需要以风投和创投为主的外来资本不断

注入,而人才不仅仅起到一般的要素保障作用,在某些产业某些领域可能起到关键性的决定作用,领军人才可能要放到招商引资引智的首要位置。因此要根据不同新兴产业的特征,在推进项目招商过程中,注重相关投资资金的引入和科技领军人才的引进,使新兴产业项目的资源配置达到效率最优。

3. 根据不同发展水平,采取不同招商策略

初创发展时期,地方政府必须借助外来资本,包括境外资本,实施外资驱动,完成新兴产业的原始积累。以土地开发、批租为主的"滚动空转开发"模式,为新开发的新兴产业园区筹集开发资金。高速发展阶段,地方政府必须举全市之力,甚至借全省之力来引进大批国内外知名企业和海内外高层次人才,通过产业链招商,加快推进现有产业的发展,通过"产业链招商"的思路,强势引进关联产业"龙头企业",从而再引进一批配套关联企业,整合提升原来规模相对较小的企业,形成相关企业的高度聚集,形成强的产业群体。成熟运行发展阶段,通过企业孵化器培育新兴产业。对明确重点发展的新兴产业,以企业孵化器的形式加强引资引智,创新发展模式,推进新兴产业的发展,同时政府成立孵化器管理服务中心,充分整合园区孵化服务资源,全面提升孵化服务水平,形成专业孵化、自由孵化、高端孵化等多层次孵化体系。

三、构建多层次创新体系

1. 设立海洋技术专项基金,支持海洋基础研究

海洋基础研究是认识海洋、探索海洋资源利用方式的根基。我国海洋技术落后最根本的原因就在于海洋基础研究薄弱。从长远来看,支持海洋基础研究有利于海洋技术的创新及海洋产业的发展,因此,新区应设立海洋技术专项基金,根据新区发展的需要,选择相应的研究课题,面向国内海洋类高等院校、科研机构进行课题招标。

2. 构建多主体参与的应用研究平台

一是政府成立类似于浙江省海洋开发研究院的常规性科技创新载体,着重为海洋经济提供公共技术服务,致力于海洋共性技术、新区重点

产业基础技术的研究,为新区企业提供基本的技术支持。二是政府部门直接与国内研发机构、研究团队和著名专家进行合作,有针对性地开展海洋新兴产业技术创新。三是鼓励新区大型企业自行设立研发机构或组织研发团队,有针对性进行海洋新兴产业应用技术研究,形成企业的核心竞争力。新区政府可根据企业年度创新投入额度,适度进行财政补贴或税收返还。

3.建立海洋技术交易、科技成果转化平台

技术是推动经济发展的内生性因素,但是,在现实中,科研机构难以寻找到合适的投资者来实现成果转化,企业也往往不能准确把握技术发展的动态,从技术创新到产业化的链条不能高效对接。推动技术市场资源优化配置的交易体系,可以通过信息较为充分的市场来沟通技术与资本之间的联系。目前国内很多地区都成立了技术交易平台。舟山作为以海洋经济为主题的新区,应该以海洋类技术为核心,构建面向国内外的技术交易载体,打造技术与资本高效对接、促进科技成果产业化的服务平台。各地扶持新兴产业发展的科技创新政策见表10.2。

表 10.2　各地扶持新兴产业发展的科技创新政策

区域	政策文件	具体政策举措
宁波市	关于强化创新驱动加快经济转型发展的决定	(1)增强企业技术研发能力。引导企业建设高水平的研究院、工程(技术)研究中心和重点(工程)实验室等研发载体。鼓励和扶持有条件的企业到海外设立研发中心,通过技术转让、合作入股、共同开发等形式,加强对产业重大关键技术的引进和合作 (2)鼓励高等学校和科研院所的科技人员到企业兼职或自主创业,促进科研成果转化、推广
深圳市	关于深化科技体制改革提升科技创新能力的若干措施	(1)支持在深圳创办新兴产业领域企业,设立有限责任公司的,允许其注册资本实行认缴制;以知识产权等无形资产入股的,其出资额或者出资比例由当事人协商确定 (2)支持境外机构在深圳设立具有独立法人资格、符合新兴产业发展方向的研发机构或者技术转移机构,由市科技研发资金予以最高1000万元研发资助

续　表

区域	政策文件	具体政策举措
杭州市	关于实施创新强市,完善区域创新体系,发展创新型经济的若干意见	(1)大力扶持重点产业技术联盟。以十大产业和十大科技专项为重点,采取贷款贴息等多种方式,扶持以龙头企业为核心的产业技术联盟 (2)支持企业总集成、总承包推动产业创新
嘉兴市	关于加强科技创新的若干政策意见	(1)加快高新技术产业园区建设。对省级以上高新区内经认定的市级及以上各类科技型企业,其主营业务年销售收入首次实现1亿元、5亿元、10亿元以上的,由高新区分别按其当年对高新区财政贡献较上年增长部分的50%给予扶持 (2)加快高新技术特色产业基地建设。被认定为国家、省级高新技术特色产业基地的,分别给予创建管理单位100万元、50万元的一次性财政专项补助 (3)支持科技企业孵化器建设。被认定为市级以上科技企业孵化器的,孵化器及区内在孵企业对地方的财政贡献部分由财政全额补助。被新认定为国家、省、市级科技企业孵化器的,分别给予100万元、50万元、20万元的财政补助奖励 (4)支持重大科技创新平台建设。被认定的国家级、省级公共技术服务平台、重大科技创新平台,分别给予200万元、100万元的经费资助 (5)支持重点实验室建设。被认定的国家级、省级、市级重点实验室,分别给予200万元、50万元、30万元的一次性专项补助 (6)支持产业技术创新联盟建设。对新认定的国家级、省级产业技术创新联盟,分别给予100万元、50万元的一次性补助 (7)支持区域科技创新服务中心建设。对新认定的国家、省、市级区域科技创新服务中心(行业技术中心),分别给予100万元、40万元、15万元的一次性专项补助 (8)建立科技创业种子资金,"十二五"期间,全市设立5000万元的科技创业种子资金,用于支持尚处在种子期的项目特别是科技孵化器内处于初创期企业的项目风险投资。推进科技创业风险投资,推进科技保险业发展,全市设立科技创业投资引导基金规模3亿元。设立每年100万元的科技保险引导资金

区域	政策文件	具体政策举措
北京市中关村	自主创新示范区	(1)对有限合伙制创业投资企业的法人合伙人,享受创业投资企业税收优惠政策 (2)包括 5 年以上非独占许可使用权转让等符合条件的技术转让所得,享受企业所得税减免优惠政策 (3)对中小高新技术企业以未分配利润、盈余公积、资本公积向个人股东转增股本的,递延缴纳个人所得税 (4)对从事文化产业支撑技术等领域的企业,经认定可减按15%的低税率征收企业所得税
成都市	关于实施创新驱动发展加快创新型城市建设的意见"1+10"配套政策	(1)设立产业集群创新发展研究专项。开展的产业集群发展、区域创新体系等规划研究,一旦立项,获得 30 万元以内的专项支持 (2)设立创新创业载体资助专项。达到资助条件的创新创业载体可获得一次性 30 万元到 500 万元不等的资金支持,其中新建的科技产业化基地最高能获得 500 万元的经费资助 (3)设立全国中小企业股份转让系统挂牌补贴。对计划申请挂牌上市的企业给予 50 万元经费补贴 (4)设立创新创业载体资助专项资金。对于新建载体资助:科技创业苗圃、科技企业孵化器、科技企业加速器、科技专业楼宇、科技产业化基地达到资助条件的,经审核可相应获得一次性 30 万元、50 万元、100 万元、50 万元、500 万元经费资助。对运行创新载体将给予其运营最高 20 万元的资金补贴。对新认定的国家级孵化器、国家级大学科技园、国家高新技术产业化基地、国家创新型产业集群等国家级创新创业载体,经审核后将给予一次性 100 万元的经费资助 (5)加大对新兴产品和重点新产品的支持。新兴产品补贴经费100 万元,重点新产品补贴经费 20 万元 (6)加大对技术标准研制的支持力度。鼓励更多单位创制技术标准和参与技术标准的研制,国际标准资助 60 万元,国家标准资助 40 万元,行业标准资助 20 万元 (7)加大对国际科技合作项目的资助力度。对符合条件的外资独立研发机构一次性资助 200 万元,非独立外资研发机构、经评审立项的国际科技合作项目和新获批国家级国际科技合作基地则一次性奖励 20 万元

四、探索投融资体系

1.以政府为主导,加强投融资体系建设和金融创新

一是积极向中央争取设立专门支持海洋经济,尤其是面向新兴海洋

产业发展的地区专业银行,或者引入国家开发银行,在舟山设立以开发海洋为主的地区性海洋银行。二是政府出资设立海洋产业投资引导基金作为母基金,与创业投资企业和社会资本共同设立若干股权投资基金,重点支持海洋装备制造业、海洋生物技术产业、海洋电子信息产业、海洋新能源等领域。三是建立独立、公平、客观的信用评级体系,为民营企业和中小企业利用债券市场融资提供便利。四是着力扩大债券市场规模。创新企业债券品种,推动示范区上市公司通过发行公司债、中期票据、短期融资券等各类债券筹集资金。规范企业债券市场的管理,督促企业履行债务,有效保护债权人的合法利益。

2.以市场为导向,加强对民间资本的引导

一方面,可以大力引进民间和外资直接进入新兴产业领域。按照"政府倡导、协会集合、共同出资"模式,推进组建民间资本投资中心,构建民间资本进入退出机制,强化对民间风险投资的政策支持;引导民间金融进入正规银行金融体系,探索将部分条件成熟的民间金融机构转化为正规金融机构中的本地中小型金融机构;加强与新兴产业优势国家和地区的合作,引导外资投向海洋新兴产业,加快新产品的研发、应用和产业化。另一方面,要大力引进一批国内外风险投资资本。充分发挥政府投资杠杆放大作用,借助政策性引导基金引导民间风险投资和私募股权投资资本参与海洋新兴产业发展,提高民间金融资本利用效率;要积极引进一批国内相关风投基金机构设立分支机构,以项目的形式,或与地方政府风投基金合作的方式,引入风投资本进入舟山海洋新兴产业领域;积极申请自由贸易区政策优惠,根据自贸区相关投资便利政策,鼓励外资设立创业风险投资企业、融资租赁公司和股权投资基金等。

3.根据不同发展阶段,配套海洋产业融资政策

对种子期、初创期企业,注重发挥政府财政资金的引导作用,利用风险投资解决股权融资问题。对处于成长期的高新技术企业,搭建间接融资服务平台,着重解决信贷融资问题。对处于成熟期的企业,搭建上市融资服务平台,着重解决利用国内外资本市场进行直接融资问题。同时要建立重大海洋新兴产业项目前期研究中心,加强融资保障措施的研

究,政府与企业共同提出融资解决方案,加强项目的投资进度,提高新兴产业项目的可行性。各地扶持新兴产业发展投融资政策见表 10.3。

表 10.3　各地扶持新兴产业发展投融资政策

区域	政策文件	具体政策举措
浙江省	关于金融支持浙江省新兴产业发展的指导意见	(1)积极开展绿色金融创新。不断创新节能环保融资模式,积极开展排污权抵押贷款、数据副本管理(copy data management,CDM)项目融资、合同能源融资、绿色消费信贷等绿色金融产品,支持节能环保、新能源、新能源汽车等新兴产业发展 (2)积极开办海域使用权抵押贷款,综合运用买方信贷、信用证、预付款保函等融资工具,支持船舶、海洋工程等海洋新兴产业发展
绍兴市	关于加快新兴产业发展的政策意见	鼓励金融机构提高新兴产业的信贷比例,确保金融机构新增贷款 25% 以上用于支持新兴产业
河北省	关于加快培育和发展新兴产业的意见	(1)推进金融产品创新,积极开展科技企业信用互动、科技保险、股权质押、知识产权质押、应收账款质押、仓单质押、供应链融资、票据融资等融资服务。鼓励企业到天津股权交易所、中关村代办股份转让系统等场外市场挂牌融资 (2)积极申报国家科技保险试点,逐步建立高新技术企业创新产品研发、科技成果转让的保险保障机制 (3)大力发展创业投资和股权投资基金。设立省级创业投资引导基金,引导社会资金加快发展创业投资基金,争取与国家联合开展参股设立创业投资基金试点。鼓励设立各类股权投资基金
湖南省	关于促进科技和金融结合加快创新型湖南建设的实施意见	(1)支持金融机构产品创新。鼓励金融机构开发适合多个科技创新型中小企业参与的集合信贷产品,对产学研联盟、技术联盟、销售联盟以及紧凑的上下游企业自律组织联盟进行集合授信支持 (2)支持国家高新区开展全国"代办股份转让系统"试点。加大科技计划项目对进入"代办股份转让系统"的科技型中小企业的扶持力度 (3)推进股权、技术产权交易所建设。支持各科技型中小企业联合发行中小企业集合票据、集合债券、集合信托计划等直接融资产品

续 表

区域	政策文件	具体政策举措
北京市海淀区	金融支持企业发展政策	(1)设立信用贷款引导资金、融资性担保扶持资金、履约保险保证贷款扶持资金、知识产权质押贷款权处置引导资金,引导金融机构创新适合中小微企业的金融产品 (2)设立财政贴息资金,对信用贷款、履约保险保证贷款、知识产权质押贷款、投贷联动贷款、高层次人才贷款、债务工具等方式取得融资的中小微企业给予一定比例贴息 (3)设立海淀区创业投资引导基金,引导社会资本重点支持初创期(含天使期)和成长期企业 (4)设立初创期参股基金(含天使基金)、成长期参股基金。由政府向社会公开征集管理机构,通过参股设立子基金的方式,引导社会资本重点支持初创期、成长期企业发展 (5)设立初创期投资基金。由政府全额出资设立,全部用于支持海淀区初创期企业发展
武汉市东湖高新区	加快发展光电子信息产业实施方案	(1)设立20亿元光电子信息产业发展专项资金 (2)发挥东湖高新区创业投资引导基金作用,通过参股的方式设立一批面向光电子信息细分领域的子基金 (3)发挥光谷天使投资俱乐部的平台作用,充分吸纳海内外天使投资,面向初创企业和项目提供服务
陕西省	新材料产业发展专项规划	组建新材料产业创业投资基金,首期募集资金3亿元,未来5年规模达到30亿元,吸引社会资本参与新材料产业发展
上海市闸北区	关于加快科技创新和推进新兴产业发展的实施办法	支持科技与金融融合发展。符合条件的企业可享受:贷款贴息:对按期还本付息的科技企业,按超出银行基准利率10%给予贴息;费用补贴:贷款发放后,企业在知识产权质押融资过程中发生的担保费,给予50%补贴;所发生的评估费,给予30%补贴
上海市	关于推动科技金融服务创新促进科技企业发展的实施意见	(1)完善科技企业信贷服务体系。引导上海银行业建立符合科技企业成长特点的融资服务机制,制定专门科技企业信贷政策。建立科学合理的尽职免责机制,提高对科技型中小企业不良贷款风险容忍度 (2)建立健全科技型中小企业信贷风险分担机制 (3)推进上海股权托管交易中心的建设,为本市非上市科技企业的改制、股权登记、托管及非公开转让交易等提供服务 (4)积极发展"天使投资"和风险投资 (5)加大科技金融服务创新力度。探索发展创业人员人身险、创业企业财产险、创业职业保险、产品责任险等科技保险产品;实施科技金融创新奖励。建立科技金融专家库 (6)实施政府购买服务,免费为开办初期、首次向银行申请贷款的小微企业提供审计服务

五、完善人才政策

1.参照长三角地区城市标准,适度调整舟山人才政策

在长三角地区各城市的人才引进计划中,宁波、杭州、绍兴、南通等城市的创业启动资金的扶持力度明显高于舟山;在人才住房补贴政策方面,镇江、宁波、丽水等略高于舟山。针对以上情况,舟山可参考其他城市的标准,在财力允许的范围内适当提高扶持、补助的力度,以增强竞争力。

2.扩大人才政策的覆盖面

舟山人才政策扶持的主要对象是高层次紧缺人才和领军人才,但对普通创业创新人才也应给予一定的重视。因此,舟山人才政策还应考虑如何支持普通人才的创业活动,扩大人才政策的覆盖面。如参照江苏省部分城市的举措,取消高校毕业生落户限制,不论是研究生、本科生还是大专生,只要在舟山就业创业,均可办理落户手续;鼓励舟山籍及舟山高校毕业生创业,实行大学生就业公共租赁住房优先等措施。

3.优化人才发展的软环境,吸引外来人才

人才发展的软环境是指文化习惯、文化包容性与开放性、外地人才成长环境等。舟山市应努力使人才能"引得来,留得住,干得好",如明确各级机关在会议上必须使用普通话以避免外来人才无法听懂的尴尬局面;鼓励团委、妇联等群团组织经常性举办引进人才联谊或座谈活动,消除其孤独感;鼓励用人单位关心外来人才的生活,营造温馨的工作环境。

4.创新人才的利用机制

长三角地区对于人才的争夺较为激烈,而高端人才更渴望在上海、杭州、南京这样的大城市发展,这一定程度上对舟山的城市形成挤压。在这种客观情况下,应探索高端人才的跨地区利用机制,不必硬性要求高端人才一定到舟山落户才能享受人才政策。可以利用网络办公平台,使外地人才能够实现异地办公。努力扩大海洋院校规模,针对海洋新兴产业做出合理的课程设置。

5.建立存量人才的培养扶持机制

目前舟山人才政策的侧重点在于引进人才,对于现有存量人才的利用,也应制定相应的规划,提高人才的利用效率。要根据人才类别制定详细的中短期培养计划,突破现有人才的管理机制,鼓励其自主创业,对于有自主创业创新意愿的公务员、事业单位人员,可保留其编制,允许停薪留职开展创业活动;对其所设立的公司,根据经营范围和性质适当提供税收减免或补贴等。

第十一章
舟山群岛新区海洋渔业与交通运输业创新发展

第一节　舟山群岛新区海洋渔业创新发展

　　狭义的渔业是指包括捕捞业和养殖业的渔业生产活动。广义的渔业还包括为渔业生产的产前、产中、产后提供服务的多种辅助产业：渔港、渔船、渔具、渔用仪器、渔用机械及其他生产资料制造和供应，水产品储存、保鲜加工、流通和贸易，水产科研、教育、推广、管理等服务体系。渔业主体产业和辅助产业共同构成一个完整的生产体系。其中捕捞业、养殖业为渔业第一产业，渔港、渔船、渔具、渔用仪器、渔用机械及其他生产资料制造和供应为渔业第二产业，水产品储存、保鲜加工、流通和贸易，以及水产科研、教育、推广、管理等为渔业第三产业。本章节采用了广义层次的渔业概念。

　　海洋渔业以产业生态圈理论为指导，依据补链与延长产业链的发展思路，以海洋捕捞、海水养殖和海产品加工为核心产业进行产业链的上下延伸以及链上节点的开放，形成产业多维网络体系，包括海洋捕捞、海水养殖、海产品加工、海洋旅游、海产品贸易、海洋科技和海洋环保等产业,在此将其称作海洋渔业的全产业链生态圈,圈内的捕捞与养殖业、水产加工业、海洋服务业和海洋环保产业通过产业链上的产品流和废物流的双向流通,圈内企业的共生、共享、共赢,衍生新的商品形态,创造新的商品价值。要实现上述生态化培育升级的路径,需要产业圈内各产业体系内的生态化改造,推动产业链上下游之间有机联系机制的建立。

一、海水养殖业:"海水养殖"模式

发展绿色生产驱动的"海水养殖"模式,克服舟山渔业资源短缺与可持续发展之间的矛盾,使之符合海洋渔业生态化的发展定位。舟山宜立足无公害水产食品、绿色水产食品和有机水产食品,以标准化技术为手段,建立海产品质量可追溯体系,大力发展智慧型海水养殖业,推动舟山水产养殖业的"高产、优质、高效、生态、安全"发展,建设绿色水产食品和有机水产食品生产基地。

1. 开放式的生态近海养殖型。改良近海生态环境,建设关于天气、洋流、水质等渔业环境的大数据库,加强对渔业环境大数据的分析,增强近海养殖业应对环境危机的能力。统筹近海海洋渔业养殖,建设与海洋渔业资源、生态环境相协调的和谐海洋渔业。

2. 封闭式的绿色海水养殖型。对海水环境变化较为敏感的海产品,可尝试采用封闭式的智慧水产养殖的先进技术,包括智能化电脑控制系统和水循环系统,系统软件、360度探头、水下感应器、养殖设备、互联网服务器等软硬件。水循环系统包括过滤设备和微生物降解设备。

二、海洋捕捞业:"远洋捕捞"一体化模式

舟山宜立足在远洋船舶及船用机械、配件、网具等制造领域的优势,把握国家鼓励海洋渔业实施"走出去"的机遇,提高远洋渔船捕捞作业系统的智能化程度,增强舟山远洋捕捞业的竞争力,提高远洋捕捞作业的效能,降低成本。

加强对远洋渔船的智能化改造,提高海产品保鲜与初加工质量,加强海水捕捞业与海产品加工业之间的有机衔接。加强远洋渔船船型设

计、生产力设计和冷冻装置设计单位间的沟通与融合,打造"安全、节能、适居、高效"的远洋渔船。建造大型远洋渔船,逐步取代落后的远洋渔船。建造具有兼用性与复式生产能力的渔船,如可捕捞金枪鱼等多鱼种的声诱型渔船、可捕捞多种趋光性鱼类的机械大偏心渔船等。增强制冷系统运行的经济性和可靠性;加紧研究以冷冻加工为核心的渔船用渔获物精细化加工技术和成套设备,最大限度提高渔获物加工产品的品质和价值,提高渔船经济效益;加强制冷设备成套化、模块化、标准化研究,提高制冷装置的质量和可靠性。

依托现代化远洋渔业基地,构建高标准的,集远洋水产品装卸、电子交易市场、金融配套服务和加工等于一体的现代化远洋渔业生态体系。

1."一港",即建设泛太平洋远洋渔业母港(保税渔港)

以西码头国家级中心渔港为依托,加大渔港基础设施建设,扩大港池面积,整合岸线资源,扩大开放区域,形成开放港池及锚地,发展渔港保税功能,建设保税渔港。提高和完善锚泊、补给、加油、装卸、仓储、物流等能力,形成基础设施完备、各类功能完善、服务机构齐全,立足舟山、面向全国、辐射太平洋的现代化远洋渔业母港。

2."一城",即建设中国远洋渔业城(国际水产城)

围绕国家远洋渔业基地打造,以建设远洋水产品国际性产地交易市场为核心,利用金融手段创新市场业态,利用开放和保税政策,允许国外渔船生产的渔货直接进场交易,建设立足太平洋面向国内外的远洋水产品产地交易市场,重点交易品种为太平洋主产的鱿鱼、金枪鱼、秋刀鱼等大宗产品,建设中国鱿鱼交易中心、国际金枪鱼集散中心,形成亚太地区远洋水产品集散交易中心。

3."一区",即建设远洋水产品加工及物冷链物流园区

围绕延伸远洋渔业产业链,大力发展远洋水产品的精深加工;围绕远洋产品的集散和国际贸易的发展,大力发展冷链物流,并结合本岛南部"退二进三"、水产加工业向岛北集聚的政策,实现远洋产业全产业链集群发展,打造产业生态链。

三、海产品加工业:"来料进料"模式

舟山宜以国际市场为导向,以现代科技为动力,充分利用大型渔港城市的优势,发挥渔业加工业的加工能力,大力开展面向全球的海产品"来料进料"加工产业,特别是以海产品精深加工为核心的智慧型"来料进料"加工产业,建设国内知名海产品加工出口基地,扩大国际市场份额。充分抓住舟山群岛新区的政策机遇,争取以海洋渔业"来料进料"加工业优惠政策的"先行先试",吸引世界各地的初级海产品到舟山来加工处理。

1.加快产业集聚区的建设

打造一个全新的集渔获物投售集散、贮存、保税、加工、流通,以及各种综合配套、服务功能于一体的海洋产业集聚区。面向全球渔货市场、国内外销售市场,完善七大体系:渔船靠泊投售码头和渔货进出运体系;渔货贮存仓库(保税库)和快速分拣、配送体系;规模较大、功能完备、品种丰富的水产品交易体系;加工水准高、质量要求严的水产品加工体系;保障范围齐全,与渔港经济一体化的渔需物资供应和保障体系;程序便捷、通关手续完善的口岸联检体系;配套健全的金融、外包等服务体系。

2.建设供应链核心企业

目前,海洋渔业的供应链体系基本上还处于一种以批发市场为界的断裂状态,尚未形成一个完整畅通的海产品供应链。为解决产业断裂问题,可利用现代智能技术进行改造升级,构建强大的供应链核心企业;加强供应链合作伙伴关系管理,加快资金流转,降低流通费用;建立健全法律体系,使整个供应链体系在法律监督和管理下进行;建立完善物流配送系统和服务体系,实现货畅其流;加大政府支持力度,确保水产品供应链有效稳定运行;大力发展渔业合作组织,确保渔户、市场和政府有效连接。

3.增强海产品精深加工的能力

补齐舟山海产品加工业在三级精深加工方面的能力短板,以保鲜保活和精深加工为方向,合理布局,集中力量,建设现代化大型综合加工企

业,带动舟山"来料进料"加工业全面发展。抓住水产精深加工集聚区的建设机遇,整合提升现有水产加工企业从事海产品精深加工的技术水平,加强海产品精深加工进入国外高端市场的能力。

四、海洋服务业:"休闲渔业"模式与"智慧服务"模式

1. 体验经济驱动的"休闲渔业"模式

体验经济驱动的休闲海洋渔业是把休闲娱乐活动与现代渔业有机结合起来,实现第一产业与第三产业的结合配置,以提高渔民收入,发展海洋经济为最终目的的一种新型海洋渔业。舟山宜充分发挥自己的区位和资源优势,大力发展以海钓业、渔港休闲业、观赏鱼产业、渔文化产业、渔业博览会等为重点的休闲观光渔业,建设集游览、观光、垂钓、住宿、餐饮、娱乐、购物于一体的渔岛、渔村、渔港风情休闲业,使之成为舟山海洋经济产业的重要组成部分。

(1)休闲垂钓。利用有一定规模的专业海水养殖网箱、围塘养殖基地及淡水养殖池塘,放养名贵海淡水鱼类,配备一定的设施,开展以垂钓为主,集娱乐、餐饮为一体的休闲渔业。

(2)生态观光。利用岛礁、港湾浅海的海洋与自然生态资源,组织游客参与集海岛海景观光旅游与岛礁矶钓、潮间带采集等为一体,以及养殖基地观赏、海鲜品尝与旅游相结合的休闲渔业。

(3)生活体验。利用渔区的渔船、渔具设备和专业渔民的技能以及渔港、渔业设施和村舍条件,让游客直接参与张网、流网、拖虾、笼捕、海钓等形式的近海传统小型捕捞作业,和渔民一起亲身体验渔民生活,享受渔捞乐趣,领略渔村风俗民情。

(4)品尝购物。充分发挥舟山海鲜的"鲜、活、优"特色,大力发展以品尝海鲜、娱乐、购物为一体的滨港休闲渔业,发展滨港夜排档、渔市一条街等具有鲜明地方特色的项目。以中国舟山国际水产城为基础,形成集活水产品专区、冰鲜水产品专区、干水产品专区、旅游纪念品专区等为一体的休闲购物中心,为游客采购海鲜和旅游纪念品提供一个理想的场所。

（5）科普教育。建设海洋博物馆,展示鱼标本、船和渔具模型、渔业发展历史,充分反映舟山渔文化、观音文化、海岛文化、军旅文化、海港文化等特色,让游客在观赏中得到教育,接受知识。

（6）综合配套。建设集海上各类型休闲渔业和岸上休闲度假观光旅游于一体、多功能化、配套设备齐全、活动种类多样、服务内容丰富、具有一定规模的休闲渔业,并向规模化、综合型方向发展。

2.创新驱动的"智慧服务"模式

建立以市场为导向、产品为单位、产业发展为主线、科技攻关和技术推广为纽带、科研院所和大专院校为平台,渔科教紧密结合的科技创新服务体系。围绕优势主导产品,构建包括种苗、良种、技术、金融、饲料、鱼药、病害防治、检验检疫,以及水产品运销、物流等产业链各环节的现代渔业综合服务体系。

（1）渔业科技推广服务。加强海洋渔业高新技术研发基础平台建设,重点加强海洋生物育种与病害防治、海产品精深加工、海洋活性物质提取、海洋药物等领域的核心技术开发,增强海洋渔业科技成果的推广力度。发展科技中介服务,加快先进适用科技在海洋渔业主要领域的应用推广。发挥海洋科研、学科优势,培育海洋人才,支撑海洋渔业知识与技术创新水平的提高。

（2）冷链物流服务。充分应用云计算、物联网、北斗导航及地理信息等现代信息技术,建设统一采购、仓储、配送的信息化、智能化的成套冷链物流服务系统,为渔民、渔企提供精准、高效的冷链物流服务。

（3）研究咨询服务。加强海洋渔业领域专业研究咨询机构的建设,提升咨询服务专业化、规模化、网络化水平,着力加强渔业规划、经济形势与市场分析、管理咨询等宏观咨询研究,积极开展船舶建造技术、工艺、标准等专业咨询研究,为渔业发展提供高水平咨询服务。

五、海洋环保产业:垃圾与污水处理系统

运用循环经济理念,在海洋环保产业发展过程中要解决两个共同难题——"垃圾过剩"和资源短缺,通过垃圾的再循环和资源化利用,最终使自然资源退居后备供应源的地位,使自然生态系统真正进入良性循环的状态,把传统的"资源—产品—废弃物"线性经济模式,改造为"资源—产品—再生资源"的闭环经济模式。在以海洋渔业为核心层的生态圈中,主要存在两类工作系统:污水处理系统(海水养殖、海产品加工排放的废弃物)和垃圾处理系统(日常运作和海洋服务业对外排放的废弃物)。

六、总结

舟山海洋渔业生态化培育升级的路径,以渔业第一、二产业为核心产业进行生态化模式构建,强调各产业内部的生态化改造,第一产业向第二产业与第二产业内初加工向深层次加工的衍生发展,第三产业对第一、二产业的服务配置与创新衍生,初步形成了以海洋渔业为核心的全产业链生态圈的主体部分,在加入相应的海洋环保产业后,可视作区域海洋企业信息门户(Enterprise Information Portal, EIP)模式。

这一模式包含四大子系统(海洋捕捞与海水养殖系统、海洋加工业系统、海洋生态服务业系统、海洋环保产业系统)。海洋 EIP 是一种非常有潜力的区域海洋经济发展模式,其构建符合循环经济的 3R 原则,即做到了减量化、再利用、再循环,便可建立起一条生态产业链;通过各个子系统之间的前后向联系,加大集聚的趋势,可构造出符合可持续发展观的海洋生态产业系统网络耦合结构,有利于地区更加合理地规划其对海洋资源的开发,从而充分、系统、可循环地整合和利用海洋资源,带动该区域的海洋经济发展,尽快形成新的增长极。

区域海洋 EIP 模式结合产业生态圈的相关思路,构成了海洋渔业生态圈,见图 11.1,体现了各产业之间的有机联系。

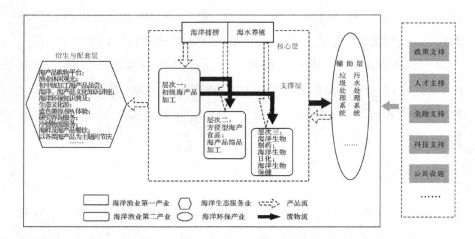

图 11.1　海洋渔业全产业链生态圈

第二节　舟山群岛新区海洋交通运输业创新发展

以海洋交通运输业为核心的港口物流产业的生态化发展,应以产业生态圈理论为指导,依据补链与延长产业链的发展思路,形成完整的港口物流生态系统,以海洋交通运输业为核心,将港口物流产业中上下游各类物流服务供应商(包括装卸、加工、运输、仓储、报关、配送,甚至金融、商业服务等企业)和客户(包括发货人和付货人等),以及相关政府监管机构(港口管理、海关、海事、检验检疫、边防公安等口岸机关)通过信息流、物流、资金流在整个链上的顺畅流动有效地结合成一体并实现整体成本的最小化,以良好的港口物流服务满足顾客日益多样化需求的功能网链结构,又被称作港口物流柔性供应链。根据各类产业和要素在生态圈中的功能和作用,本书将它们分别分为核心层、支撑层、附加层,同时由于信息平台在其中有不可或缺的重要作用,在供应链之外,将其作为该生态圈的第四个重要组成部分。

一、核心层:港口运输业

核心层由港口和实力强大的船公司构成。一个港口要成为具有国际影响力的枢纽港,必须通过拓展所提供海运服务的业态领域和区域宽度集聚要素、开拓市场,提升影响并在某些领域构筑自身的特色。港口以其强大的物流服务、信息集成实力,在整个供应链上具有绝对的集成优势,以其为核心可以实现供应链的较好运作,提高供应链的竞争力。因此,港口在集群式港口物流柔性供应链中位于核心层。

实力强大的船公司"高进入壁垒"及航线运营垄断性使其在整个供应链上具有较明显的竞争优势。随着港航动态联盟的形成,拥有强大实力的船公司通过资本运作不断加深对港口的影响力,实现自身利益最大化的同时也加快了港航一体化进程。这一类船公司在港口物流服务供应链中占有重要的地位,与港口共同带动了仓储业、配送业、陆上交通运输业、包装加工业、船舶修造业、信息服务业、商贸业、金融保险业、房地产业、旅游业、宾馆餐饮业的发展,并且呈现向上游和下游客户延伸之趋势,已成为"依托港口优势、支持港口发展"的港口物流供应链中的重要节点,在集群式港口物流柔性供应链中位于核心层。

一个港口和若干个实力强大船公司构成的动态联盟结构,有利于实现供应链核心企业间的合作和优势互补。在强调从整个供应链的角度综合考虑问题的同时,实现利益各方的"共赢",使得整个供应链应对环境不确定性的能力增强,增加了供应链的柔性。核心层中的港口和若干个实力强大的船公司之间合作和竞争的动态博弈既能够维持港口物流供应链的网络竞争力,又能够防止核心层动态协调反映滞后性的发生,并进一步促进两者的紧密合作。因为对港口物流柔性供应链整体而言,两者任何一方缺位,供应链就会出现发展"瓶颈",直接制约供应链网络的流畅运行。

二、支撑层:港口物流园区

港口物流园区汇集了货运代理、船舶代理、贸易商、批发零售商、包装企业、运输公司等配套服务机构。位于支撑层的港口物流园区在集群式港口物流柔性供应链中属于从属地位,但它对处于核心层的港口和船公司的支撑作用是不可缺少的。它能够统一集中物流业务,分类运作、规模经营服务项目,具有提供港口物流服务的综合性、规模性和一体化性质。没有园区内物流配套服务企业的集群协同运作,港口、船公司难以高效快速地满足船舶、货物的周转要求,更难以形成自身的核心竞争力。港口、船公司通过与园区内第三方物流企业的合作实现对单个物流服务功能的采购,从而构建一体化的港口物流服务供应链。

港口物流园区包括按运输、仓储、货代、流通加工、配送、包装、船代等功能划分的若干物流功能模块集群,单个物流功能模块是多个具有同一服务功能的港口物流服务商以团队形式组成的集合。不同物流功能模块之间以契约或非契约的形式结成动态联盟,可以便捷地提供"横向一体化"的港口物流服务。港口物流园区中的物流功能模块能够为客户提供港口进出口贸易—港口国内运输服务—JIT 配送—港口保税物流服务—港口仓储、堆场服务—港口物流金融、港口物流地产服务—其他港口物流服务(反向港口物流,售后零部件物流)等全程"一站式"港口物流服务。

在集群式港口物流柔性供应链中,相邻两个物流功能模块及同一物流功能模块相邻两个节点(港口物流服务商)之间存在着供需关系,随着供应链的延伸,港口物流园区中特色鲜明、实力强大的物流功能模块以及模块内节点会逐渐成长为次级乃至三级核心企业,促使原有的供应链呈放射状成长,不断分化成若干个子供应链,使供应链表现出明显的多层次性。客户与核心企业之间、核心企业与物流服务供应商之间、物流服务供应商与物流服务供应商的供应商之间组成具有动态合作和契约化特征的层层分布的网络结构。这种多层次结构增加了供应链管理的难度,但同时也降低了供应链某一节点断裂导致供应链整体断裂的风险,有利于提升供应链的柔性化程度。

三、附加层:政府监管机构与行业协会

港口管理、海关、海事、检验检疫、税收、边防公安等口岸机关和行业协会等顺应分工和协作的要求,在市场机制的主导作用下,为集群式港口物流柔性供应链提供各种帮助,与核心层、支撑层黏合和渗透形成一个具有强大生命力的有向的网络系统。

附加层能够协助供应链提升物流集散、货物存储、分拨配送、国际物流服务、市场交易、信息管理、服务咨询和增值性服务等功能,协同供应链核心层、支撑层提供"一站式"港口物流服务,把适当的物品,在适当的时间送达适当的地点,同时实现供应链成本整体最小化。

四、物流信息服务体系:两大平台与四大系统

港口物流信息服务体系作为柔性供应链运行的重要支撑,以海运、港口为切入点,以供、需双方需求为信息源头,将港口物流链上的各节点通过网络连接起来,数据一次性输入,实现信息的同步交换,担负着整个供应链信息的存储、收集与发送的任务。港口物流信息服务体系使供应链上的每个组成要素都能掌握实时需求信息,从而共同采取行动,及时调整、响应不可预测事件和顾客日益多样化的需求,增强港口物流供应链对市场、环境不确定性的适应能力,提高柔性供应链的反应速度。舟山港口物流信息服务体系的总体架构如下:重点建设一个数据交换平台、一个公共信息服务平台和政务、商务、口岸、生产四大应用板块的信息服务系统。

1.数据交换平台

以舟山港航 EDI 中心为基础,逐步建立舟山港口物流标准化体系,在标准化前提下,打通进出口数据、港口数据、物流数据的传输渠道,实现底层的数据交换,为港口信息服务体系各项应用系统建设奠定基础。这也是舟山港口物流信息服务体系的核心平台。

2.公共信息服务平台

以舟山港航网为基础,建设提供政务信息服务、商务信息服务和生产信息服务的公共信息服务平台。同时该平台也是港口企业与舟山港航局进行信息交换的一个平台。企业在该平台注册后,通过港航局的认证和授权,即可在线完成行政审批申报、行业信息提供、企业信息提供、生产服务信息提供等。

3.四大管理信息系统建设

(1)港航综合管理信息系统,已经建设完成。将港航局原有的 36 个管理信息系统整合,并实现了数据共享。

(2)港口物流电子商务系统,主要由基本业务系统、决策支持系统及客户管理系统三大功能子系统组成。基本业务系统主要维持港口物流电子商务系统的基本运作,包括信息发布与查询功能、物流交易功能、货物跟踪功能。决策支持系统为港口物流电子商务系统提供决策支持,优化物流服务的众多环节,主要包括仓储管理功能、运输管理功能、数学优化模型库等。客户管理系统为客户提供优质服务功能,主要包括会员服务功能、会员诚信评价体系、客户交流论坛及信箱服务功能。

(3)电子口岸系统,以舟山港航 EDI 为基础,加快建立统一的舟山港口口岸单位信息服务系统。电子口岸系统主要为港口物流企业提供"一站式"的港口口岸行政审批服务,将海关、边防、海事、检验检疫等部门的口岸业务整合,实现联网核查"一口对外",提高效率降低成本。同时将口岸系统与浙江电子口岸相连,实现数据交换。

(4)港口生产业务管理系统,建立了舟山散货码头运营管理系统,包括三个功能

一是港口生产管理。该信息平台主要应用于港口装卸企业,同时系统预留接口用来关联港口装卸企业的上下游企业,包括临港制造、航运、货代、船代、金融、保险机构等企业。从业务流程体系来说,该信息平台包含船舶管理、货运管理、仓储管理、作业人机管理等;从管理层级来说,包含指令计划编制、作业计划编制、作业完成、统计汇总等;从业务货类来说,包含粮食、矿石、水泥、化肥、煤炭等;从使用人员来说,上至集团公司高层领导、部室领导、管理人员、储运公司管理人员,下至码头公司各级管理人员以及各级操作人员。

二是物流全程管理。由于舟山港是典型的大宗散货港口,主要货物是煤炭、矿石、粮食等大宗商品,大宗散货的在途管理无法直接管理到货物,只能管理到货物所对应的船舶,因此大宗散货的在途管理其实是船

舶的在途管理。因此,货物的物流基本就是对船舶运行的管理、货物装卸的管理、货物的仓储管理。货物的在途管理通过船舶自动识别系统(Automatic Identification System,AIS)实现对船舶的运行管理,AIS 系统不但可以了解船舶的动态位置,还可以对船舶的轨迹进行回放。将AIS 的数据集成到港口物流业务信息平台即可实现货物的在途管理。货物的装卸管理主要通过港口生产管理系统实现货物的装卸状态查询。货物的仓储管理则指货物在港的堆存管理。

三是配套服务管理。该信息平台除了实现以上两个核心管理功能外,同时提供拖轮服务、引航服务、船舶服务等配套服务的信息化管理功能。

五、辅助层:海洋环保产业

在以海运港口业为核心的产业生态圈中,海洋环保产业围绕"绿色港口"理念,需要从源头、技术、工艺等方面做好整个港区的生态环境保护,这里的海洋环保产业,包括:对各港区码头进行水、气、声、粉尘等环境动态监测以控制港口装卸噪声;确保粉尘、废气等污染源指标达标和污水达标排放;对船舶垃圾、固废物、回收废气及化工污水、生活污水等的处理。

六、总结

港口物流综合生态圈,由集群式港口物流柔性供应链和港口物流信息服务体系构成,前者包括了核心企业、支撑企业和公共服务部门,后者是对整个港口物流柔性供应链顺利运作的信息服务的集成,两者之间的运作关系如图 11.2 所示。

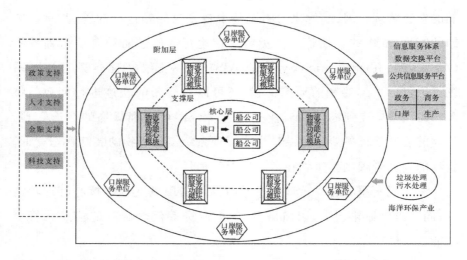

注：物流功能模块包括运输、仓储、货代、流通加工、配送、包装、船代等功能

图 11.2　港口物流综合生态圈

第三节　小结

海洋产业的生态化培育与升级，按照产业生态圈的主体结构和发展思路，需要以主导海洋产业为核心，加强产业的生态化培育与改造，加强产业相关生态链的构建、延伸和优化，完善支撑服务体系的建设，推动科技创新，并优化生态环境，使得产业生态圈内的各个环节共生、共享、共赢，协同创新与发展。

1. 培育核心层企业

企业占据了核心层的中心位置，对行业生态圈发展起到了稳定加固的作用。行业生态圈内大量主导企业的存在，会吸引生态圈外部的上下游企业共同进入生态圈内，同时圈内企业之间共用资源，合作形式多种多样，可以提高圈内企业在市场上的竞争力，使企业迅速成长。因此为了寻求更多市场机会，行业内各类企业会加速向生态圈靠拢，行业生态圈的规模会不断扩大，竞争力也会由此提升。

2.构建与优化主体供应链

核心层中企业之间的相互作用主要表现为垂直联系和水平联系两种形式。

(1)垂直联系。价值链的前端是生产商和供应商的垂直联系,双方利用行业生态圈内地理位置接近的特点,可以降低彼此的生产、运输成本。价值链的末端是生产商和客户的垂直联系,这两者之间的互动也很重要。在买方市场上,竞争已经不仅仅体现在价格上,更主要是产品质量和产品多样化的竞争,所以生产商和客户之间及时有效的沟通可以使生产商充分了解和满足客户的需求,提升企业的盈利能力,获得长期的竞争优势。水平联系指的是信息、知识等要素在水平方向的流动、传递和扩散,表现为企业之间的竞争与合作关系。竞争主要表现在市场上同类型企业对原材料、人力资源和产品的竞争。行业生态圈内企业之间的竞争是企业持续改进和不断创新的动力,可以保持企业的柔韧性,不断督促企业询证新的、潜在的市场机会,在维护企业核心竞争力的同时,构建竞争对手无法模仿的竞争优势。

(2)水平联系。企业之间应更多注重竞合的关系,在生态圈中做好单个企业的品牌固然重要,但宣传和推广行业生态圈整体品牌,提升生态圈整体地位和形象更重要。这有助于提高企业的竞争力,激励企业的发展,从而不断提升行业生态圈的竞争优势。

3.建设服务支撑体系

主要包括研究机构、中介机构、金融机构和行业信息平台等,这些生态因子在行业生态圈中的主要使命就是为核心层的生态因子提供技术、资本、人才、咨询以及培训等服务,实现信息和知识资源由支撑层、附加层向核心层的流动、传递和扩散。

(1)研究机构。主要包括高等院校和科研院所等,其功能主要体现在为生态圈不断地提供新的技术和科研成果,以及对行业生态圈中的人力资源进行教育和培训。研究机构为生态圈提供技术和知识支持主要通过两种途径实现,一种是向核心层企业输送中高端人才和专家,让他们转变为生态圈内的高级技术管理人员或是自己直接创办企业;另一种途径是与核心层企业直接合作,通过科研成果转化或者技术委托开发,针对企业的具体问题和实际需要,提供专业化服务。研究机构还可以对企业人员进行培训教育,提供人力资源管理技能和技术水平。

(2)中介机构。主要包括行业协会、创业孵化中心、各种服务中心、会计师事务所、律师事务所等具备极高的专业化程度和极强的业务能力的实体。作为中介服务机构,这些机构或组织具有灵活性和公共服务性的特点,不仅可以促进资源的合理配置,有效地协调规范企业的市场行为,还能够协助市场和政府部门激活资源,增强生态圈的创新活力。中介机构虽然不是行业生态圈创新的主体单位,但作为主要的辅助者,它在企业创新发展方面发挥着重要的作用。

(3)金融机构。主要包括国有银行、商业银行和投融资机构等。金融资本是一种较易产生流动性的生产要素,不受地理位置和空间环境限制的影响,在行业生态圈发展的过程中,一些创新基金、风险投资机构,以及本地的商业银行和证券提供的金融资本会对行业生态圈的健康发展产生重大的影响作用。

(4)行业信息平台。通常是综合性的信息服务平台,主要发挥指导、监督、协调和服务等方面的功能,为行业生态圈内部信息和知识的传递和扩散营造一个良好的环境,促成生态圈内企业和其他行为主体之间的各种关联机制,提高企业间合作的效率。

4.提升产业生态环境

产业生态圈的生态环境即围绕产业发展的经济环境、政治环境、社会环境和生态环境。任何生态系统都与生态环境息息相关,因此生态环境是产业生态圈至关重要的部分。经济环境指区域经济的发展情况,它决定了产业生态圈的宏观基础;政治环境是产业生态圈运行和发展所依托的政策和制度,包括行业相关的法律法规等;社会环境是产业生态圈运行的精神文明环境和社会文化环境;生态环境即狭义的自然环境。优化上述生态环境的措施包括:确立市场主导地位,优化市场环境;加大政策支持服务力度,优化政治环境;强化区域与行业精神文明建设,优化社会环境;强化生态保护,优化自然环境。

第十二章
舟山群岛新区水产品加工业创新发展

第一节 产业现状与面临形势

一、产业现状

水产加工业是舟山的传统产业、第二大工业,总体而言,舟山本岛水产加工业具有四方面特点。

1. 水产加工发展迅速,龙头企业日益壮大

过去十年是舟山水产加工业发展最迅速的时期,十年来总产值增长了 2.8 倍,水产品加工业规模快速壮大,加工技术和管理水平稳步提升,在本岛逐步形成了浙江兴业集团、舟山海洋渔业公司、海力生集团、舟山震洋公司等一批渔工商一体化的大型企业集团、龙头骨干企业和特色优势企业。

2. 产品升级步伐加快,特色优势逐步显现

经过近几年的快速发展,舟山本岛水产加工业已形成了门类齐全、品种多样的水产加工系列。一些初具特色的加工区域和企业已逐步显

现,一批骨干企业已从生产传统的冻、干品逐步转向即食和小包装、高附加值的精深加工产品,开发了休闲系列、模拟系列、方便系列等产品。功能食品、生物制品、海洋药物等高附加值产品生产也已初具规模。

3. 交易市场已具规模,流通体系正在完善

舟山本岛水产加工业拥有了若干在国内外有一定影响力的原料和成品交易市场,初步形成了以"中国(舟山)国际水产城"为核心,以定海区干览镇西码头加工区的远洋捕捞集散地为补充的交易市场体系。

4. 技术水平稳步提升,创新能力不断增强

舟山水产品加工业科技含量不断增加,处于从粗放型向精细型、从单一型向系列产品型、从初级加工逐步向精深加工转型发展的重要时期,产业创新能力不断增强。全国首个海洋水产加工制造产业技术创新联盟落户舟山,将进一步提升水产品加工业的技术创新能力。

二、问题与困难

1. 企业分布点多面广,产业集聚程度不高

目前舟山水产加工企业除了初步形成的几个相对集中的加工区块以外,大部分企业从各自的需求出发选址,造成点多面广的格局,如本岛南部 103 家水产加工企业分布在定海区的盐仓、环南、城东、临城街道,普陀区的沈家门、勾山街道,难以形成集聚经济,难以实现配套要素和资源更高效率的共享。

(2)原料来源渠道单一,供需矛盾日渐突出

舟山的水产加工业所依赖的原料绝大部分来自海捕,90%利用本地资源。然而,舟山近海渔业资源日益匮乏,海水养殖产量受各方面条件所限也难以大规模提高,造成舟山本岛水产品加工原料不足矛盾日益突出。远洋海钓的发展也没有从根本上解决原料不足的问题。加工原料的紧缺已成为舟山水产加工业发展的重要制约因素。

3. 产品加工以初级为主,企业同质竞争普遍

大部分企业的水产加工产品以初级、二次为主,三次加工所占比例较低;专门进行三级精深加工产品的企业较少。特色优势企业及产品虽

已初显,但与国内外先进地区相比仍有一定差距。大部分企业的产品
"千篇一律",同质竞争占据主导地位,降低了产业的整体利润。

4. 各项配套亟待完善,产业支撑体系薄弱

舟山本岛现存的几个加工区块仅仅是水产加工企业空间上的集中,
呈现规模小、分布散的特点,供电、供水、通讯、环保等基础配套设施很不
健全;从生产到市场的冷链建设不完善;缺乏科技服务企业、物流企业、
金融机构、策划营销服务单位等生产性服务业的配套;园区周边的居住、
休闲等生活功能设施明显不足。

三、机遇和挑战

1. 面临的机遇

(1)国家级舟山群岛新区建设,为舟山水产加工产业进一步发展提
供了难得的契机。国务院在给予新区的任务中提出,要把舟山打造成为
中国重要的现代海洋产业基地,引领海洋经济的发展;构建我国东部地
区重要的海上开放门户,促进浙江省的对外开放。充分利用并放大舟山
诸多独特优势,形成水产加工产业集群综合效应和核心竞争能力的条件
是充分的。

(2)国内外市场对水产品的旺盛需求,为水产加工业的发展提供了
市场机遇。从国际市场需求来看,2011—2015 年每年上涨 3.2%。随着
中国经济社会的发展,水产品消费市场开始出现分化,部分消费者从注
重经济性向注重营养、保健、休闲等方面转变,为水产加工产业发展提供
了更多的市场机会。

2. 面临的挑战

(1)全球范围内的国际竞争日趋激烈。虽然中国已成为世界上名列
前位的水产品贸易大国,但其他国家的快速发展也对中国形成了强大挑
战,特别是东南亚等一些后起的国家,其规模大幅增长,发展速度超过我
国,舟山作为我国七大水产品加工地区之一,也面临国际竞争力日渐下
降的窘境。

(2)我国沿海省份的区域竞争更加严峻。我国的海水产品加工业主

要分布在山东、浙江、福建、广东、辽宁、江苏、海南等七个沿海省份。山东以规模化、集团化经营为特征,通过产业结构调整,发展生态养殖,强化科研投入,建设龙头企业,提升企业品牌价值等方式,形成了全国范围内最大的产业集群;福建、辽宁以产业一体化发展为特征,其中福建水产企业采用后向一体化经营方式,辽宁水产企业采用前向一体化方式,经营业绩令人瞩目。这些企业以产业一体化为基础,结合连锁经营、多渠道销售、全方位质量监控体系等手段,使水产企业快速发展壮大。浙江省则主要是利用国外的设备与技术,依托当地优质鱼类资源为原料生产。因此,在经营的模式上,其他省份更多;在经营的方式上,其他省份更活;进而导致在经营的规模上,其他省份更大。

(3)浙江省内其他市的快速发展,给舟山造成了巨大的竞争压力。浙江沿海其他市都提出了加快包括水产加工产业在内的海洋产业的发展,加大了与舟山水产行业争夺资源的力度,并在产业集聚、产业吸引等方面出台了优惠政策,采取了相应的措施。同时,象山县的"中国水产城"计划扩大投资,以打造中国东部沿海集原料收购、集散、加工、销售流通于一体的渔工商一体化基地;省内的宁波市、台州市、温州瑞安、温岭松门等水产品批发市场也积极扩大水产品收购来源,进行功能提升改造,与舟山形成竞争态势,构成资源分享威胁。

四、集聚发展的必要性

1. 新区发展全新布局的必然要求

舟山本岛现有的几个水产加工集聚区块已不适应新形势下"大产业、大平台、大企业"的要求,也不符合舟山群岛新区"南生活、北生产"的空间布局要求。在新区产业发展和城市空间的新要求下,舟山本岛水产加工业亟待改变现有的广而散的空间布局,只有通过集聚发展,优化现有水产品加工产业空间布局,才能保证舟山新区城市空间规划顺利实施。

2. 产业链一体化发展的必然要求

集聚发展是整合水产品加工全产业链资源,促进整个产业链向更深领域和更高层次发展的有效方式。只有通过产业集群内企业间专业的分工和协作，不断拓展产业链的上下游，以及实现与远洋捕捞、装备制造、冷链物流、加工技术研发、金融服务、信息技术等联动产业的协同发展，才能全面提升舟山水产加工产业链的整体规模效益。

3. 产业要素集约发展的必然要求

舟山本岛水产加工业的整体发展模式，还没有脱离高投入、低产出的粗放型特征，土地、能源、淡水等资源的利用率都较低。只有通过空间集聚，培育和发展产业集聚区，加快生产要素的集聚，才能有效地避免盲目重复建设，更高效地利用舟山有限的土地和其他资源，提高单位土地产出率和能源利用率。

4. 企业竞争能力提升的必然要求

舟山水产加工业的同质性和低价无序竞争，既不利于原料资源的有效利用，也使产品的附加值难以实现突破，这对企业竞争力的提升形成障碍。只有通过集聚发展，改变产业的组织形式，才能实现企业间良性互动的竞合关系。集聚区对外可以形成规模优势，对内可以促进企业充分发挥专业化优势，在某一方面做专、做精，形成企业的核心竞争优势。

5. 品牌提升实施的必然要求

舟山现有水产加工企业 383 家，且绝大部分都是中小企业，期望每个企业都去创建名牌是不现实，也是不经济的。舟山本岛的水产加工企业只有通过集聚发展，依托产业集群的规模效应和龙头企业的品牌带动效应，才能有效实施舟山水产品区域品牌提升。在区域品牌和产品品牌的良性互动中，极大地提升舟山水产品的市场竞争力。

6. 生产加工绿色发展的必然要求

由于受原料本身和加工工艺的限制，舟山水产加工业对环境带来一定的污染，尤其是水污染问题比较严重。中小企业污染防治措施及节能减排手段都不完善，与打造绿色产业的要求还有相当大的差距。只有通过集聚发展，建设集中废水处理设施，推进清洁生产，才能推动整个产业向循环经济迈进。

第二节 指导思想与发展目标

一、指导思想

深入贯彻落实习近平新时代中国特色社会主义思想科学发展观，以建设浙江舟山群岛新区为契机，以产业集中、整合提升为主线，以推动集聚区建设和发展为重点，以提高国际竞争力为目标，着力打造布局合理、品牌响亮、配套完备、技术先进、环境友好的水产品加工产业生态系统，努力把舟山本岛建设成为国内一流、国际有影响力的水产品加工高地。

二、集聚发展原则

1. 统筹规划，集约发展

以"一城两区"为总体空间架构，按照"布局集中、用地集约、产业集聚"的原则，优化产业空间布局，提高产业集聚度；调整产业结构，发展高附加值水产品加工体系；改善产业组织结构，推进企业兼并重组，大力培育水产品加工龙头企业，壮大水产品加工特色企业。

2. 强化引导，自主发展

水产品加工业集聚化发展，应着力坚持政府强化引导、企业自主发展原则，加快推进落实相关政策措施，积极引导本岛南部水产加工企业向集聚区块转移搬迁。充分调动企业积极性，引导和激励企业自愿、自主参与兼并重组，实现优势互补，合作共赢。

3. 完善体系，创新发展

构建产业技术创新体系，大力推进水产品加工关键技术联合攻关研发平台。完善市场流通体系，打造全国一流的水产品交易中心、结算中心、定价中心、信息中心和资源配送中心。建设物流、金融、信息创新服务体系，为产业提供有力支撑，全面提升自主创新能力。

4. 面向国际，开放发展

坚持"引进来"和"走出去"，着力开拓水产品国际原料市场，大力发展远洋渔业。着力推进远洋基地建设，加快建立集捕捞、冷藏加工、渔船修造、补给等于一体的综合性远洋渔业基地。重点建设集国际物流功能、贸易功能、加工功能和展示功能为一体的国际水产品集散中心。

5. 生态优先，绿色发展

树立循环经济的理念，加快建立基于生态文明的生产全过程环境管理体系，着力推进清洁生产和绿色经营。大力开展水产品加工废弃物的综合利用和产品多层次开发，实现循环型发展。

三、主要目标

1. 产业规模进一步扩大

培育一批在国内位居前列，在国际上有一定影响力的大企业、大集团，一批"专、精、特、优"的中小型企业；重点培育若干家产值 50 亿元以上的巨人型企业，10 家产值 10 亿元至 20 亿元以上小型巨人企业。

2. 产业体系进一步完善

拥有技术先进、品质优良的水产品加工体系；形成规模庞大，功能完备，品种齐全的水产品交易体系；建立辐射范围广、响应速度快的市场流通体系；打造配套健全的信息、金融等服务体系。

3. 配套体系进一步提升

渔获装卸基础设施完备，建成万吨级远洋散货码头泊位 2 个，5 万吨集装箱专用码头 1 座。水产品加工业现代物流体系基本形成，建设若干大容量超低温公共冷库、保税仓库和出口仓库，实现进口保税、仓储、加工、出口、交通运输一条龙服务。水产品信息平台、金融服务平台、产学研合作平台等公共服务平台全国领先。

4. 创新能力进一步提高

水产品精深加工技术、低值水产品加工技术、水产品原料废弃物加工利用技术取得突破；海洋功能食品、海洋保健品和海洋药物等新产品比例明显提高；培育一批国家级、省级企业技术中心。

四、总体架构

1.空间布局原则

舟山本岛水产加工业集聚发展的空间布局必须遵循四项基本原则。一是必须符合生产力合理布局的要求,这样有利于区域生产力的最大限度发挥;二是必须符合舟山群岛新区发展规划和(城市)总体规划的要求;三是要有利于三个产业之间上下游的顺利衔接,实现产业链的统筹发展;四是要从产业的现实基础和条件出发,充分利用现有产业基础条件。

2.适宜集聚区块

(1)中国(舟山)国际水产城。位于普陀区沈家门街道,成立于1989年。中国(舟山)国际水产城已建成集活、鲜、冻、干水产品交易于一市,融购物、旅游、尝鲜于一体的大型专业水产品批发市场。水产城总占地163亩,拥有交易岸线660米,注册交易批发商660余家,各类配套服务经营商300余家,交易水产品辐射国内20多个省份及日本、韩国、欧盟等国家和地区。2009年开始,实施总投资8.5亿元的提升改造工程,新建综合商务楼、水产品经营区、国内外优质水产品交易区、旅游集散中心、海洋文化展示体验中心和大型海滨休闲广场,打造"活力普陀"的城市地标形象。2012年,实现水产品交易61万吨,交易额达82亿元,列入"中国百强商贸市场"和"全国20强水产专业批发市场"。

(2)干览镇西码头区域。干览镇西码头地处舟山本岛北部沿海中心地段,三面环山,一面临海,拥有深水渔港。干览镇的西码头港有着得天独厚的自然条件,避风条件较好,临港陆域开阔,具有建设大中型渔港的自然条件,历来是舟山渔船、渔货集散地,交易市场形成已久。2004年,被列为国家一级渔港,是东海地区优良渔港之一。2007年,获国家级中心渔港建设项目立项,建有万吨级码头1座、其他渔获装卸泊位17个。形成了拥有5个交易市场,7万余吨的冷库、1.5万吨保税仓库、38家水产品加工企业的渔港经济圈。2012年,该区域水产品接卸贮存和交易量20余万吨;水产加工产值15亿元。

　　(3)展茅街道螺门村区域。位于普陀北部的展茅街道,主要包括展茅工业园区和钓梁围垦区块,现有鱿鱼加工户 66 家、水产加工企业 27 家,2012 年实现工业产值约 15 亿元,加工新鲜鱿鱼 3 万多吨。初步规划,近期内可供置换开发土地 3000 亩(茅洋区块和晓晖区块 2580 亩,展茅鱿鱼市场地块 500 亩),作为"退二进三"水产加工企业安置地块。此外,将于 2015 年底完成的钓梁围垦普陀片几千亩土地可用作远期储备,建设水产加工产业集聚区的土地空间潜力巨大。其中岸线方面,螺门渔港迁建工程已于 2014 年 6 月完成,新渔港按国家一级渔港标准建设,可用岸线在 1245 米以上。

　　3."一城两区"布局

　　根据舟山水产加工业的发展现状和现实基础,结合《浙江舟山群岛新区发展规划》和《浙江舟山群岛新区城市建设规划》,按照布局架构四大基本原则,形成"一城两区"空间布局。"一城"指的是中国(舟山)国际水产城—沈家门水产品交易展示城,"两区"指的是中国(舟山)国际水产城—舟山海洋生物产业集聚区和中国(舟山)国际水产城—普陀水产精深加工集聚区。以打造中国(舟山)国际水产城区域品牌为总体目标,加快"一城两区"统筹规划、合理布局,实现本岛南部水产加工企业向"两区"的集聚发展,积极推进国内外知名水产加工企业和上下游产业链企业发展,以及相关配套企业的落户集聚。

第三节　主要任务

　　舟山本岛水产加工业的集聚发展,必须打破原有思维模式,高起点谋划未来产业发展格局,构建全产业生态系统,以加快推进产业空间集聚为起点,以转变产业发展方式为基点,以龙头企业培育为抓手,以科技创新为动力,以全产业链协同发展为依托,整合利用全球资源,创新产业发展模式,大力推进与关联产业的协同发展,增强产业综合竞争力,提高国内外市场占有率,做强做大,把舟山建设成国内一流、国际有影响力的水产品加工基地。

一、加快产业空间集聚

1.秉承现实科学规划合理布局

根据"一城两区"布局和功能定位,编制集聚区总体发展规划、专项规划和控制性详细规划,与《浙江舟山群岛新区发展规划》和《浙江舟山群岛新区城市建设规划》紧密衔接,实现统筹规划,协同推进。按照生产力合理布局原理进行集聚区空间布局,明确集聚区内的功能区域及相互关系,科学预估和设置集聚区内的物流、人流、信息流,最大限度利用土地、岸线等资源,尽力发挥集聚区的生产力水平。充分征求和听取各方意见,设定集聚区企业准入标准,对产业投资强度及土地和岸线等资源集约利用划定最低标准,并严格落实执行。

2.加速形成"一城两区"空间架构

全力推进集聚区发展规划的实施,加速形成"一城两区"的产业空间架构,为舟山水产加工业集聚发展奠定物理基础。舟山本岛水产加工业"一城两区"的总体定位见表12.1。

表 12.1　舟山水产加工业"一城两区"总体定位

两个面向	七大体系
面向全球渔货市场、面向国内外销售市场	(1)完善的渔船靠泊投售码头和渔货进出运体系 (2)渔货贮存仓库(保税库)和快速分拣、配送体系 (3)规模较大、功能完备、品种丰富的水产品交易体系 (4)加工水准高、质量要求严的水产品加工体系 (5)保障范围齐全与渔港经济一体化的渔需物资供应和保障体系 (6)程序便捷、通关手续完善的口岸联检体系 (7)配套健全的金融、外包等服务体系

3.加快推进集聚区块基础建设

按照集聚区空间布局要求,加快对集聚区内的现有土地进行整合扩容,对现有产业实施整合转移,对企业用地实施土地收储,保证基础建设及产业承接的土地需求;提前规划与建设集聚区交通路网、供电、给排水、排污等基础工程;加快集聚区内渔港、码头等配套设施建设;

高起点、大规模建造水产加工产业发展必需的大型公共冷库、保税仓库等设施，保证各种渔货资源的顺利流通。大型公共冷库的建设，可由政府部门提出冷库的建设标准、规模和将来的收费设定要求，采用统一招标、市场化运作的方式，并通过财政、税收或土地政策对招标企业进行补偿。

4.引推并举力促企业自主搬迁

加强对现有水产加工企业集中区块的资源整合，以"企业自愿选择、政府注重引导"为原则，通过"退二进三""腾笼换鸟"等优惠政策，引导水产加工企业加快向集聚区块转移搬迁。对积极向集聚区搬迁的企业与重点项目，制定相应奖励标准，并对搬迁企业在能源供应和运输方面给予优先保障。加大对转移搬迁企业更新设备、引进消化吸收新技术、开发新产品的支持力度；对在转移搬迁后的设备投入和产品开发项目，优先给予财税支持，优先给予融资信贷支持，优先列入省级以上专项申报。

二、创新产业发展模式

1.提升产业加工层次

抓住集聚机遇，利用好舟山区域优势和良好的水产加工产业基础，积极发展精深加工，生产营养、方便、即食、优质的水产加工品；挖掘海洋产品资源，加大水产品和加工副产物开发利用力度，提高水产品附加值，见表12.2。利用好浙江在海洋生物领域的传统优势和现代食品加工技术，精深加工水产品，加快开发包括冷冻或冷藏分割、冷冻调理、鱼糜制品、罐头等即食、小包装和各类新型水产功能食品，并实现产业化生产。完善现代海洋生物产业发展模式，加大对经济海洋生物的育种研究力度，积极研发海洋药物、海洋生物功能保健食品、海洋生化制品等，完善海洋高新技术产业发展多元化投入体系，实现舟山水产加工业从粗加工为主向精深加工为主转变，从加工海水产品为主向加工综合水产品转变。

表 12.2　海产品深加工层次及其特征

产品加工层次	加工特性	价值活动	现状及特征	增值效果	应用范围
初级加工产品	块冻、条冻的简单分割	冷冻、干制品、罐头、鱼糜等	产品保鲜能力一般,工艺简单	低	普遍
二次加工产品	切割、烘干、腌制等加工	熟制品、腌制品、休闲食品等	加工工艺国内领先,与国际先进水平比有距离	中	较小
三次加工产品	精加工、小包装、不改变物理特性	高端产品、特色产品等	市场潜力大,附加值高	高	小
	深加工、改变物理特性	医药生物制品、化妆品等	研发投入少,精深加工水平较低	高	很小

2.创新投资经营模式

一是创新经营管理机制和投资运作模式。遵循产业链发展的规律,按照专业化分工协作的基本要求,大胆构想和实施各种科学的经营管理模式。推行全新的冷链仓储模式,投资建立大型或超大型的组合式冷藏库,配之以专业的第三方企业经营管理,实现产权与经营权分离,提升专业化协作水平。二是创新营销模式。加强企业与各类超市、餐饮集团的合作对接,鼓励企业抱团经营和营销合作,联合在大型连锁超市中设立舟山水产专区,积极培育专业的网络销售平台,大力发展电子商务,不断拓展国内市场,提高舟山水产品国内市场覆盖率和占有率。三是积极发展来料加工、进料加工、保税仓储和物流等业务。大力发展远洋渔业,整合利用全球原料市场,突破舟山水产加工业发展的原料瓶颈,实现舟山水产加工业从传统的"1+2"市场模式向"2+2"市场模式的转变。

3.推动产业持续发展

把发展精深加工与资源综合利用相结合。在重视发展水产品精深加工的同时,引导企业加强对低值渔业资源和加工废弃物的综合利用,提高水生生物资源和生产性资料的利用率,减少资源的浪费,减少对环境的污染,发展低能耗、低排放、低污染的环境友好型水产加工业,使资源效益和企业效益最大化。通过发展鱼制皮革、鱼骨钙质生产混合饲料和以鱼肠生产的营养健康品等产品加大对废弃物综合利用力度。提高对水产加工企业的污水排放标准,强化监督执法力度。实施"压缩近海捕捞,大力发展养殖,拓展水产加工"的渔业政策,注重海洋生态环境保护和修复。

4.规范企业有序竞合

舟山企业要在扩大原料来源,提高新产品开发力度的基础上,按专业化协作的要求,切实提高行业内专业化协作程度,强化上、下游企业间的专业协作分工,企业间的协同配套程度,加快新产品开发力度,逐步形成企业间良性互动、有序竞合的现代产业集群模式。引导中小水产企业调整产品结构,进行差异化发展,或从事龙头企业的配套业务及贴牌生产。改变现有的同质化竞争,实现新的竞合模式,充分发挥行业协会作用,实现企业合作共赢。由行业协会牵头,建立原料、订单共享机制,提高行业整体生产效率,形成区域规模效应。行业协会应发挥号召力,规范行业风气,使不同规模的企业从行业整体利益出发,采取积极有效的价格策略,避免恶性竞争。同时行业协会要增强服务企业的功能,为企业争取政策支持方面发挥更大作用,为中小企业提供技术支持和便利的市场咨询,帮助企业拓展国内市场。

三、推进关联产业协同发展

1.加强与渔业的协同发展

加强与渔业的协同发展,打造现代远洋渔业船队,加强海外基地建设,发展远洋渔业,大力开发海外新渔场,提高获取远洋渔业资源的能力,突破舟山水产加工业原料不足的制约,为水产加工产业的发展提供坚实的原料保障。推动渔业生产和水产加工的合作,避免出现相互压价等损害共同利益的行为,通过产业协会等形式对接协商,形成利益共享机制。鼓励水产加工业和渔业的合作,通过建设水产品原料供应体系,即国内远洋捕捞水产品冷藏保鲜输送系统、海水养殖产品供应系统、国外水产品原料进口贸易系统三大系统来提高水产品加工产业的原料品质,提高加工水产品的质量。

2.加强与现代物流业的协同发展

加强与现代物流业的协同发展,拓展加工产品进入市场的渠道,提高产业的经济效益。扩大渔获物的装卸、存贮和出运能力,大力发展以大型冷链输送为特色的现代化水产品物流输送体系。加快建立以市场流通为主导的产业化经营方式,充分发挥市场产销联结的纽带作用,外连渔场,内连企业,上连基地,下连渔船,实现渔工贸一体化经营,形成加工、配送、流通集合体。积极发展第三方物流,培育专业物流配送企业,利用海陆空三位一体的立体运输网络,建设水产品供应链,实现集中组织、集中配送、集中营销。加快冷链配送中心和配送体系建设,实现原料市场、加工生产、终端市场冷链物流的高效对接。

3.加强与装备制造业的协同发展

加强与装备制造业的协同发展是舟山水产加工产业进一步发展的现实需要。远洋渔船的修造、维护,远洋渔港、码头的建设,渔获物的装卸贮运,水产品加工流水线等都需要装备制造业提供支持和保障。加强与装备研发企业的合作,有步骤地对现有水产加工装备进行自动化、机械化升级改造,并进一步联合研发符合企业需求的新型加工装备。依托舟山船舶修造工业发展的优势,引进国际先进的远洋渔船修造技术和工艺,吸引国内外远洋渔船进入舟山修造,打造一流的远洋渔船修造中心,培育舟山船舶工业新的增长点。

4.加强与信息服务业的协同发展

建设舟山水产品交易网站,将其打造成为国内知名企业对企业(Business-to-Business,B2B)行业信息门户网站,成为水产品交易市场信息化服务产业的领航者,为舟山水产加工企业提供综合信息服务。编制水产品交易价格指数,建设由国家发展改革委员会授权、舟山政府搭台创建的价格指数发布平台——舟山水产品交易价格指数平台,争夺全国甚至国际水产品的定价权。将指数发布系统与电子商务平台相结合,提高电子商务平台的公信力,扩大网络交易规模,推动市场电子商务平台发展。

四、培育龙头特色企业

1.重点培育龙头骨干企业

围绕水产加工业及关联产业,选择一批有发展前途的年产值 10 亿元以上的大型企业和年产值 5 亿元以上的小型企业,作为龙头企业苗子,专门制定规划,重点培育,扶植它们成长。把龙头企业培育作为产业发展中的重点,在土地、财政、税收、信息等各方面向龙头企业全面倾斜,通过政策导向和市场调节,采用收购、兼并、控股、联合和重组等方式,推动生产要素向龙头骨干企业集聚。通过实施银企联合、上市扩股、招商引进、科技支持、项目支持等策略和途径,支持龙头企业进一步做大做强。加大招商引资力度,重点引进一批符合舟山水产加工导向的大型跨国公司、大型央企、国内行业龙头企业等优质企业和居产业链高端的龙头带动项目。支持龙头企业实施国际化,通过境外直接投资、参股、并购等方式参与全球配置资源,加快融入国际产业体系。

2.加大扶持特色优势企业力度

提高水产加工业市场和技术信息透明度,推进专业化分工协作,为优势特色企业的培育创造条件。鼓励引导水产加工企业发挥自身优势,向"专、精、特"方向错位发展,在细分市场方面建立优势,形成特色和品牌。在政府的支持下,舟山水产流通与加工协会、舟山市出口水产行业协会等行业组织要联合大学或国内外机构,通过培训计划的实施,培育一批专业为水产产业链服务的营销公司等生产服务企业,促进舟山水产加工产业链规模效益的提高。

3.积极培育引进科技企业

科技型企业培育是舟山水产加工业提高附加值,实现层次提升的重要支撑。建立舟山水产加工产业科技公共服务平台,引进一批专业水产加工研发企业,孵化一批高科技企业。制定并落实一系列扶持科技型企业发展的财税、产业、金融、人才等政策,引导和鼓励水产加工业的科技人才在舟山创业。大力推进以企业为主导的重大科技专项和自主创新产业化项目。加大支持力度,深化产学研一体化机制,鼓励企业设立技术中心、研发中心,力争打造一批国家级、省级的企业研发中心。舟山水产加工产业链培育企业类型见表12.3。

表 12.3 舟山水产加工产业链培育企业类型

企业类型	特色优势企业	大型龙头企业
绿色加工型企业	有捕捞特色的企业	产能快速提升的大中型企业
新科技应用型企业	有采购优势的企业	规模迅速扩张的大中型企业
高科技型企业	有分销优势的企业	
	有营销优势的企业	

五、实施品牌提升

1. 着力打造舟山区域品牌

"中国(舟山)国际水产城"是普陀区沈家门水产品集聚区历时 20 余年打造的一张国内知名品牌,要利用好这一品牌,把舟山本岛水产加工业"一城两区"纳入其中,形成统一区域品牌,予以进一步打造、提升、推广。加快中国舟山国际水产城的提升改造工程建设,进一步完善"中国舟山国际水产城指数"的功能性、指导性和权威性,扩大"舟山水产"的知名度和影响力。举办舟山渔业博览会等特色会展、专题活动,加强对舟山水产品的推广宣传,组团参展国内外著名专业的水产品博览会,进一步提升舟山水产品形象。建立完善舟山水产加工企业质量信息库,打响水产品"舟山制造"品牌,进一步提升舟山在水产品加工领域的形象。

2. 加大地理品牌建设力度

要加大对地理标志商标创建的支持力度,鼓励和引导地理标志产品注册集体商标和证明商标,推动地理标志商标的广泛使用。在已获国家地理标志证明商标"舟山大黄鱼""舟山带鱼""舟山三疣梭子蟹"的基础上,继续组织力量申报"国家地理标志证明商标""国家质量奖"等地理品牌。利用好舟山渔场优质丰富的渔业资源,结合舟山的人文风貌和历史文化,实施精品策略,全面提升地理标志产品的整体品位和层次。强化地理标志商标的使用管理,立足市场需求,提高地理标志产品市场知名度。深入开展品牌宣传、信息发布等活动,大力建设产品市场对接工程,扩大品牌影响力。

3.鼓励引导创建企业品牌

创建企业品牌是舟山水产加工业走向全球市场的现实需要。要增强企业品牌意识,改善舟山水产品加工业企业品牌相对薄弱的局面,让企业认识到产品相互模仿、低水平竞争的危害,引导龙头特色企业创建品牌,向整个产业链的高附加值领域发展。加强对创牌企业的指导,引导已创牌企业充分利用现有品牌优势,进一步提升品牌的知名度和美誉度,争创国家级、世界级著名品牌;对中国水产舟山海洋渔业公司等享有较高国内外知名度的龙头企业,要鼓励其延长产业链,进一步扩大产品品类,争创更多名牌产品。鼓励企业进行品牌建设,做好规模企业名牌培育工作,加快品牌定位和品种开发,对技术水平高、成长性好的规模企业,要制定品牌培育计划,积极帮助其推进质量标准、绿色环保认证认可等基础工作,推动企业提质创牌。

4.全面推进质量标准认证

品牌建设首先要在食品安全、质量和标准认证上下功夫,加强从原料生产到加工全过程的标准化管理和质量控制。组织企业积极参与国家级和地方级产品标准、企业联盟标准和企业标准的制定,以及产品标准和企业标准的听证工作,在财政上给予一定的经费资助。加强水产加工产业国际标准跟踪平台建设,跟踪食品法规委员会(CAC)、国际标准化认证(ISO)等国际标准组织,以及美国、日本、韩国、欧盟和南美等主要贸易国的进出口标准及发展动态,为水产品加工企业采取积极的应对措施提供支持。推进水产品安全可追溯体系建设,支持水产加工企业与信息技术企业合作,开发应用可追溯信息技术,建立集信息、标识、数据共享、网络管理等功能于一体的水产品可追溯信息系统。积极引进行业认证第三方服务机构,减免第三方服务机构公司的设立手续费,按其营业面积每年给予租房补贴。

六、提升科技创新能力

1.完善公共科技服务平台

加快建设海洋科学城科创园、创新引智园,建设好舟山水产研究所、浙大舟山海洋研究中心、中国科学院海洋研究所舟山研发中心、浙江省海洋开发研究院,为舟山水产加工业发展充当智囊团。精心办好产学研展洽会,为企业和高校搭建合作平台,鼓励企业以多种方式与国内外高校和科研院所建立产学研结合的技术联盟、工程技术中心。加快构筑以企业为主体、企业技术中心为纽带,各研发机构支持的产业技术创新体系,提高工程化研究和成果转化能力。加强企业与高校、科研机构人才培养的合作,针对产业发展需求设立对口专业,定向为企业培养高层次人才和一线技术人才。密切跟踪国内外最新技术动态,有针对性地为企业提供知识更新培训。

2. 提升企业技术创新能力

鼓励和支持水产加工企业采用新技术、新工艺、新设备对现有生产设施、工艺装备进行技术改造,优化生产流程、淘汰落后工艺和装备,实现技术进步和产业结构升级。重点推进一批投资规模和产业关联度大、技术水平高、市场前景好的重点技术改造项目。鼓励企业引进国内外先进的保鲜、加工、合成、提取技术和自动化生产等关键装备,推进生产过程的信息化和生产装备的自动化,提高生产效率。鼓励企业将技术引进与技术创新相结合,加大引进技术进行消化吸收再创新的力度。鼓励支持企业建设企业技术中心,积极推进龙头企业建设国家和省级企业技术中心、研究院。

3. 实现全产业链科研合作

实现产业链上的科研合作,从整条产业链角度入手,从优质亲本育种、定向培育特定营养或组织的鱼苗、集成调控养殖技术,到成鱼的活体贮运技术、生态冰温保鲜技术;从简单加工到精深加工,包括各种海洋活性物质的提取、废弃物的综合利用、水产加工企业的污水处理,再到物流及整个系列产品的品牌包装,加上全程溯源技术,以及全程安全检测监控(对农药残留、重金属富集、包括鱼体内源的生物多胺的检测监控技术等),实现对整个产业链的全过程掌控。

第四节 保障措施

一、加强组织领导,落实部门责任

建立舟山市加快本岛水产加工产业集聚发展领导小组,由常务副市长任组长,相关分管副市长任副组长,成员为市级各相关部门负责人和定海、普陀两区政府负责人。领导小组的职责是研究制定舟山本岛水产加工集聚发展工作中的重大事项,组织、协调推进有关发展、政策法规、体制创新、产业规划、重大项目等工作。工作领导小组下设办公室,办公室设在经信委。主要负责贯彻落实领导小组决策,研究拟订相关政策和实施方案,指导北部产业承接区块的规划和建设,积极推动招商引资工作。定海、普陀两区也应成立领导小组或管委会,分别负责辖区内的企业搬迁和落实的具体操作。

二、强化搬迁保障,做好产业承接

为加快本岛南部企业的搬迁进度,应强化搬迁保障,及时制定和出台土地收储政策。加快推进产业集聚区的建设工作,做好产业承接准备。保证基础建设及产业承接的土地需求;充分保障交通、土地、岸线、海域、供水供电等产业发展的要素资源投入,根据产业集聚发展方案,制定详细的日常安排,落实集聚区管委会目标责任制,推动产业集聚承接区交通路网、供电、给排水等工程的建设;加强集聚区内污染控制工作,加快对污水处理中心的建设。强化移迁集聚区企业的安置保障,帮助迁入集聚区的企业尽快恢复生产。加快对移迁企业的各项需审批工作进行审批,简化程序,提高办事效率;做好集聚区内的人居配套,帮助企业落实各项劳动政策,妥善做好职工的安置。

三、设置集聚标准,促进转型升级

制定"两区块"转移进入的产业指导目录,选择符合条件的产业和达到一定标准要求的远洋捕捞、水产加工、冷链贮存、流通贸易等企业,进入集聚区发展;制定产业投资强度,以及土地、岸线等资源集约利用标准,最大限度地提高资源的利用效率。对重点培育的龙头骨干和特色优势企业,根据企业的实际情况,在项目建设、要素保障等方面给予倾斜。鼓励大企业大集团、行业龙头等优势企业通过兼并重组的途径,整合落后产能企业的生产要素资源,淘汰落后产能。加大对转移搬迁企业更新设备、引进消化吸收新技术、开发新产品的支持力度,对在转移搬迁后的设备和产品开发项目,优先给予工业专项支持和融资信贷支持,优先列入省级以上专项申报。

四、重视择商引资,提升产业实力

加大择商引资力度。积极组织市、区政府和企业,参加国家和省市组织的招商推介活动,进一步接洽联系国内外水产深加工大企业,重点引进大型投资集团、大型物流公司及业内经验丰富的管理公司等;利用水产品行业年会或一些地区水产品展销的机会,展示舟山本岛水产品加工集聚发展的特色,实现展览招商,吸引更多投资或客户;通过举办海鲜美食节、开渔节等活动,大规模进行旅游招商;利用各种形式的媒体广告宣传舟山水产品加工业集聚发展的定位,以"海"、"渔"为主题进行宣传和招商。将择商引资作为引进先进管理理念与高层次管理人才的重要手段,全面提升产业软实力;改革完善招商引资工作机制,建立高效的招商决策和协调机制、投资服务快速反应机制。

五、善用政策杠杆,增强集聚力度

与"退二进三"和"腾笼换鸟"政策相衔接,积极引导和鼓励位于本岛南部区块的企业,向舟山本岛"两区"集聚。加大对招商引资进入"两区块"的市外企业,特别是浙商回归企业的政策优惠。出台标准,对科技含量高、投入产出比高、税收贡献大、带动作用强的重大项目,实行"一事一议"的具体办法;鼓励支持专家、学者和技术人员带项目、资金、技术来核心区投资创业;对领军人才在科研启动经费、研发用房、住房和融资等方面给予重点支持。鼓励企业拓展直接融资渠道,特别是通过 IPO、借壳等途径上市,对获得上市的企业,给予相应的资金奖励。

六、拓展政策空间,强化政府服务

一方面积极向上争取把舟山远洋渔业基地建设列入国家规划,在基础设施投资、项目引进、资金支持方面给予政策支持,并对境外基地建设出台相应的扶持政策;争取扩大舟山渔业和水产品加工基地的开放水平,加快促进西码头国家中心渔港扩大开放范围,提高通关服务的便捷性与人性化水平;争取把东南太平洋、西南太平洋公海以及北太平洋公海生产的企业自有渔船和挂靠渔船纳入补贴范围;积极放开远洋渔业使用国外劳务的相关政策限制。另一方面及时协调解决水产品加工业在集聚发展过程中的困难和问题,合理推进产业平稳发展。进一步完善绿色通道机制,简化或整合审批(核)、查验等环节,提高办事效率,切实减轻企业负担;收集重点企业集聚转移的各项问题,制定详细的解决方案与日程,指定专员跟踪处理,加强落实,限期结办。

第十三章
舟山群岛新区船舶工业与海洋工程装备制造业创新发展

第一节　发展现状与面临形势

一、产业现状

经过百年发展,舟山船舶工业已经从早期以单一修造渔船为主发展到改革开放后以建造中小型散货船、集装箱船和工程船为主,再到今天初步形成了以五大船舶企业集聚区为主体的集船舶与海洋工程装备设计、建造、修理、拆解、配套、服务于一体的产业体系,已发展成为舟山经济第一支柱产业,海洋工程装备产业加速启动,发展基础不断夯实。舟山已成为我国重要的船舶与海洋工程装备基地。

1.船舶工业飞速发展,已成舟山经济支柱

舟山船舶工业紧紧抓住全球船市兴旺的发展机遇,积极承接世界船舶产业转移,埋头苦干,实现了跨越式发展。

2.海工船配加速发展,产业体系逐渐完善

进入21世纪以来,舟山造船业飞速发展,已具备建造符合国际标准的三大主流船型及化学品船、工程船、海洋工作船等特种船舶的能力；一批海洋工程装备项目落户开工，已具备半潜式钻井平台、自航式半潜船和平台供应船的建造能力，太平洋海洋工程舟山项目拥有可移动自升式起重平台（415WC），海工装备进一步发展的基础已经夯实。与此同时，修船业也发展迅速，年均修理各类船舶超过2500艘，占全国的20%，能修理和改装多种类型的船舶和部分海工装备。船配产品门类日益齐全，档次逐步提升，从以生产铁舾件为主逐步向生产低速柴油机、甲板机械、船用配电设备等船配产品发展。

3.注重生态环境保护，绿色发展成效凸显

舟山船舶工业发展过程中十分注重资源集约利用和环境保护。2008年率先在全国开展船舶工业规划环境影响评价工作，编制通过省、市环保部门审查的《舟山市船舶工业中长期发展规划环境影响报告书》，从宏观层面对船舶工业发展提出了环境要求，明确了污染防控措施。

4.设备设施技术领先，持续发展基础扎实

舟山已拥有万吨级以上船台50余座，船台总吨位164万载重吨；总坞容量450万载重吨，30万吨级以上船坞11座，全市造船能力达1000万载重吨；万吨级以上舾装码头百余座，30万吨级以上舾装码头15座。同时拥有一体化船体联合加工车间、二次处理涂装车间、分段装焊车间、800吨龙门吊机、平面分段生产流水线、钢板预处理流水线，以及等离子数控切割机等一大批国际先进的现代化修造船设备设施。

5.船舶产业加快集聚，龙头企业作用显现

舟山船舶企业正在向五大区块集聚。以舟山本岛北部及西北部周边岛屿、小干—马峙岛、秀山—岱西—长涂岛为范围的五大区块内已集聚年产值超100亿船舶企业1家，超50亿企业5家，超10亿企业13家，超亿企业40家，还有船用配套生产企业35家、研发设计企业20家；造船企业前十位骨干企业占集聚区全部造船产值的72.5%，造船完工量、新承接订单和手持订单分别占全部的96.5%、97.3%和97.1%，其中金海重工三大造船指标进入世界造船十强；金海重工、扬帆集团跻身全国民营企业500强，并和欧华造船一起被列入浙江省龙头骨干企业和高新技术企业;舟山中远船务、鑫亚船舶、万邦永跃修船能力进入全国前十强。目前,一批主导产业突出、配套体系完善、辐射能力强的龙头企业已经形成,整个集聚区已形成以大带小、以小保大、专业化分工的协作体系。

6.转型升级稳步推进,产品结构不断优化

船舶工业转型升级步伐加快,船舶与海洋工程装备产品类型逐步齐全,档次不断提高。海洋工程装备产业稳步推进,已具备 GM4000 半潜式钻井平台、5.2 万吨 FSO 浮式储油船、3.8 万吨自航式半潜船等海洋工程装备制造能力。产品升级加快推进,5000 车位汽车滚装船、9000 立方米耙吸挖泥船、1.65 万吨重吊船、1.5 万吨顶推驳船、海洋供应船、石油平台供应船、浮船坞、52 米钢制豪华游艇、公务艇等一批特种船相继推出。骨干企业加快研发大型化、系列化、品牌化、高科技含量的高附加值船型,欧华 5300TEU 巴拿马极限型集装箱船创多项工艺技术全国第一、金海重工 32 万吨超大型油船(VLCC)已顺利出坞,半岛船业的 2.7 万吨化学品船也已交付,这些新船型深受市场欢迎。

7.研发创新能力不断增强,市场竞争力进一步提升

示范基地内已集聚专业船舶设计研究院所 15 家,专业研发设计人员 1200 余人;规模以上船舶修造企业 80% 建立了企业技术中心(省级企业技术中心 5 家);骨干企业还积极走出去整合外部创新资源,如扬帆集团,舟山中远船务在北京、上海设立研发中心,常年聘用院士、教授、高级工程师为企业发展提供智力和技术支撑;产学研合作不断取得突破,先后与浙江大学、中国科学院、中国海洋大学、上海海事大学、大连海事大学、江苏科技大学等建立了全面合作关系;近几年全市船舶企业技术中心和研发机构共取得省级以上重大科研成果 40 余项,专利申请量和授权量分别达到 300 余件和 87 件。在科技创新的引领下,品牌优势逐步显现,"中远""欧华""扬帆"等企业在国内船舶业声誉日隆,国际口碑良好,"扬帆"被评为浙江省著名商标,"中远 COSCO"为省级著名商标;飞鲸牌船舶漆和欣亚船舶电气等被评为浙江名牌产品;2010 年舟山船舶出口额占全国份额超过 10%,在总量上位列全国前三,市场竞争力进

一步增强。

8.重视科学规划引导,政策合力逐步显现

舟山市委、市政府更是高度重视船舶工业发展,于 2003 年率先成立舟山船舶修造业基地建设办公室,2004 年出台《舟山市船舶工业发展规划(2001—2020)》指导船舶工业的发展;在国际金融危机后,制定出台了《舟山船舶工业中长期发展规划》《舟山市船舶工业发展指导意见》《舟山市船舶工业调整升级实施意见》和《舟山市船舶修造产业集群转型升级实施方案》等一系列政策加大对船舶工业的扶持,促进其转型升级;在《舟山市船舶工业调整升级实施意见》中,市委、市政府在确定了船舶工业在舟山全局中的重复地位后,主动停止新建造船项目的审批,加强对现有造船企业的生产准入进行管理,应对船舶产能过剩问题。这些政策立足舟山船舶和海洋工程装备产业的发展瓶颈和未来发展要求,具有较强的针对性和前瞻性。

二、存在问题

舟山船舶工业顺应全球船舶市场发展趋势,实现了跨越式发展,取得了辉煌的成就;但同时也必须清醒地认识到,2008 年全球金融危机后,船舶和海洋工程装备产业格局发生了很大变化,面对新的形势舟山船舶工业还存在不少矛盾和问题。

1.产业结构有待进一步优化

船舶与海洋工程装备产业是一个资本密集、劳动密集、技术密集和规模经济效益明显的产业,国际市场呈现集团化和多角度竞争的特点;舟山船舶工业中民营企业占绝大多数,央企、国资、外资背景企业较少,企业进一步发展缺乏资本和技术支持;舟山船舶工业总规模虽位居国内前列,但“低、小、散”的状况未得到根本改变,与中船集团、熔盛重工、现代造船等国内外重量级企业相比,企业规模普遍偏小,产业集中度有待进一步提升;舟山船舶企业以造船业务为主,海洋工程装备不仅所占比重较小,且以修理为主,研发、设计、制造和配套能力薄弱,迫切需要引入有竞争力的总承包商和分包商,进一步完善产业链。

2.产品档次有待进一步提升

舟山造船工业的产品以中低端三大主流船型为主,尤其以散货船居多,节能环保、高科技含量、高附加值的高端船舶及特种船产品稀少;虽然修船业务产值总规模全国第一,但外轮修理占比依然偏低,高端船舶产品的修理业务较少。目前舟山虽已具备发展海工装备的基础,但还没有承接海工装备产品的经验,迫切需要加快发展海洋钻井平台、海洋辅助工作船、浮动式生产存贮装置等海工产品,抢抓海洋油气资源开发的大好机遇。

3.国际竞争力有待进一步提高

经过过去一段时期发展,舟山船舶工业积累了一定的优势,整个产业有了长足的进步,很多龙头企业在规模、产能、管理、技术创新等方面已经能够参与国际竞争。但核心竞争力不强,尤其是新船型研发设计能力明显落后,缺乏有国际竞争力的品牌船型;钢材利用率、预舾装率、高效焊接率和下水完整率等关键工艺技术指标与国际先进水平也有一定差距;新兴产业海洋工程装备尚处于起步阶段,刚刚具备承接钻井平台修理和生产平台改装业务的能力;此外,船舶与海工装备配套产业发展滞后。上述因素严重制约着舟山船舶与海工装备产业的国际竞争力。

4.高端生产要素匮乏,服务体系亟待完善

舟山船舶企业大多是靠抓住21世纪初全球船市兴旺的机遇成长起来的,发展模式粗放,骨干企业有一定研发投入但不成体系,营销渠道尚不完善,客户关系管理经验不足,产品推广重视不够;船舶设计主要依赖外部力量,缺乏拥有自主知识产权的核心技术;企业精细化管理程度不高,造船返工率较高,与国际领先水平还有较大差距。总体上讲,高层次技术人才、国际化管理人才、高端制造技术工艺等生产要素匮乏,制造服务体系发展相对滞后,难以满足舟山船舶工业进一步发展的需求;人才、金融、研发、软件、商务等高层次服务体系建设亟待完善。

第二节　指导思想与发展目标

一、指导思想

深入贯彻落实习近平新时代中国特色社会主义思想科学发展观,按照创建"国家新型工业化产业示范基地"的总体要求,顺应世界造船竞争和船舶科技发展的新趋势,以建设浙江舟山群岛新区为契机,以转型升级为主线,以整合提升为重点,以改革开放、先行先试为动力,立足舟山产业基础,发挥特色优势,做强做优船舶工业,快速壮大海洋工程装备制造业,加快产业集群发展和转型升级,力争把舟山建成有国际影响力的船舶和海洋工程装备产业国家新型工业化示范基地。

二、基本原则

1.整合提升,集约发展

改善船舶产业组织结构,科学谋划生产能力布局,推进企业兼并重组,加快船舶企业向示范区进一步集聚,完善船舶配套和服务体系,形成现代船舶产业集群;大力发展海洋工程装备制造业,提高高端船舶和关键配套产品设计制造能力;整合国内外创新资源,加大引进技术消化吸收再创新和集成创新力度,培育原始创新力量,推进自主创新,依靠技术创新拓展产品领域,突破核心技术,提升市场竞争力,抢占未来发展先机,实现又好又快发展。

2.生态优先,和谐发展

注重保护和开发并举,妥善处理经济发展与海洋环境保护的关系,转变港口码头、土地利用方式,促进资源集约利用和优化配置;推进绿色造船和精益造船理念,鼓励采用新工艺、新装备、新材料,优化生产环节,积极推广无余量造船,大力提倡可再生资源、清洁能源的使用,减少污染、降低物耗,最大程度降低对人员和环境的危害;把海洋生态文明建设放到突出位置,走资源节约、环境友好、高附加值的新型工业化发展道路。

3. 两化融合,跨越发展

坚持把推进"两化"深度融合作为产业发展的重要手段,加快发展和完善示范区信息化服务体系,夯实示范区信息化技术基础,完善舟山船舶和海洋工程装备企业及上下游企业之间的信息化体系建设,深化信息技术在研发设计、生产制造、经营管理、市场营销和服务等关键环节的集成应用和渗透,以信息化推进船舶和海洋工程装备产业链各环节和现代制造服务业的同步协调发展;重点提高数字化造船能力,推动企业现代造船模式建设和造船信息集成系统应用;实现跨越式发展。

4. 深化改革,创新发展

注重体制机制创新,着力提高海洋综合管理水平,加大对外开放力度,充分发挥舟山群岛新区先行先试的政策优势,加强规划引导,加大扶持力度,集中优势资源,在船舶和海洋工程装备产业的重点领域和关键环节改革中率先发展,开创特色鲜明、优势突出的产业发展新格局,形成科学、开放、有序、高效的产业发展环境。

三、发展目标

1. 产业规模继续壮大

船舶工业总产值达到 1800 亿元,造船完工量达到 1800 万载重吨,三大造船指标占全国比重均超过 15%,国内修船市场占有率达到 20%,国内海洋工程装备市场占有率达到 10%。

2. 创新能力显著提升

三大主流船型研发设计实现系列化和标准化,形成 5—8 个有国际竞争力的品牌船型;示范基地内拥有国家企业技术中心 5 家以上,省级企业技术中心 10 家以上,大中型企业数字化设计工具全面普及,关键工艺流程基本实现数控化。

3. 配套服务能力明显增强

船舶与海洋工程装备产业配套服务体系基本完善,形成一批"新、精、专、特"的配套企业,大功率低速柴油机、大型甲板机械、舱室设备等关键船舶配套产品具备一定自主研发能力,船舶服务业产值超过 100 亿元。

4. 发展质量明显改善

骨干企业建立现代造船模式,基本实现造船总装化、管理精细化、信息集成化和生产安全化;典型船舶建造周期达到国际先进水平,钢材利用率大幅提升,返工率显著降低,单位土地平均投资强度 5000 万元/公顷以上,单位土地平均产值 6000 万元/公顷,单位工业增加值能耗降低 25%。

5. 海洋工程装备取得重大进展

到 2020 年,重点培育 1—2 家具有国际竞争力的总承包商,在部分优势领域形成 3～5 个国际知名品牌,关键系统和设备制造能力明显增强,海洋工程装备产业实现增加值占比提高到 50% 以上。

6. 形成若干家大型骨干企业集团

重点培育一批具有国际竞争力的龙头企业;前十大龙头企业总产值占舟山船舶与海工装备总产值达到 85%,力争百亿以上企业达到 6 家,3 家造船企业进入全球 20 强,8 家修船企业进入全国前 20 强,1 家海工装备企业进入全国 10 强。

第三节　产业布局

一、船舶工业

1. 产业结构

(1)船舶制造业。根据国际造船新标准,加快推进散货船、油船、集装箱船三大主流船型的升级换代,着力开发符合新规则、新规范和低碳环保技术发展趋势的新船型品牌。加快发展大型集装箱船、大型液化石油气(LPG)船、液化天然气(LNG)船、豪华游轮、特种船舶等高技术、高附加值船舶。加大结构调整力度,实现产业集聚发展。通过扶优扶强,鼓励大企业之间的联合以提高规模效益,推进船舶企业的重组,坚决淘汰一批落后生产能力。加快自主创新,进一步提高主流船型的建造水平和竞争优势,力争在发展高技术、高附加值船舶方面取得较大突破,将舟山船舶制造业"做大做强"。

(2)船舶修理业。以建立世界级船舶修理基地为目标,提高船舶修理业整体素质。加大关键修船(改装船)技术攻关,尽快掌握大型液化天燃气(Liquefied Natural Gas, LNG)船、浮式生产储备卸油装置(Floating Production Storage and Offloading, FPSO)等海洋工程装备及特种船舶的维修和改装技术,不断提高产品档次。加快促进维修方式多样化,从简单维修向保养、清仓和大修、改建等多种维修方式拓展。转变"重生产,轻研发"的观念,鼓励有实力的企业建立修船技术研发中心,提高修船技术含量和环保标准。依托宁波—舟山港的港口航运优势,加快发展舟山的外籍船舶修理业,以船厂为基地组建外轮航修队伍,在外轮代理公司提供船舶代理服务的同时,提供各项包括航修、坞修在内的服务。

(3)绿色拆船业。抓住国际航运运力过剩,拆船量大增的契机,加快发展拆船业,不断扩大绿色环保拆船产业规模。严格控制拆船行业准入门槛,将拆解技术、环保安全投入、设施要求和科学管理等作为评审企业的重要指标,促进拆船企业执行《拆船公约》的要求。鼓励引导拆船企业与国际知名的航运公司合作,在拆船环保设备和环境建设方面争取这些公司的投资,并与其签订长期优惠船舶拆解合同。采用符合国际环保标准的拆船工艺和流程,同时不断创新有舟山特色的绿色拆船方法和工艺。努力扩大舟山绿色拆船产业在国际上的影响力。

(4)船舶配套业。着力做大船舶配套制造业,不断提高本土化配套率,促进船用配套业与修造船业协调发展,延伸和完善船舶工业产业链。加快形成一批"专、新、特、精"的配套企业。积极发展船舶动力装置、甲板机械、舱室设备、船舶电气及自动化系统、船用通讯导航等船配产品,大力提升通用件制造规模与配套能力。逐步推进关键零部件的二轮配套。促进船舶配套业由设备加工制造向系统集成转变,培育船舶配套系统解决方案供应商,大幅提升舟山船用设备本土化装船率。

2.空间布局

按照"产业集聚、布局集中、资源集约"的原则,船舶产业集聚区总体上形成"五大区块,四大配套园区"的空间布局架构。

(1)五大区块。以舟山本岛北部为核心区块,形成舟山本岛北部及西北部周边岛屿、定海南部、小干－马峙、六横岛和秀山－岱西－长涂五大船舶产业集聚区。核心区块包括舟山经济开发区新港工业园区和定海工业园区两个省级产业园区,依托产业园区高端要素集聚优势,重点发展海洋工程装备制造、高技术高附加值船舶制造、船舶研发设计等产业。

(2)四大配套园区。包括新港工业园船舶配套产业园区、定海工业园船舶配套产业园区、六横船舶配套产业园和岱山经济开发区船舶配套产业园区。"四大配套园区"依托"五大区块"的集聚资源,引进消化吸收国外先进配套技术,加快提升船舶本地配套率,尽快形成与船舶制造发展同步、与世界造船接轨的专业化船舶配套体系。

二、海洋工程装备制造业

1.产业结构

以市场需求量大的海洋油气资源开发装备为重点,利用舟山的深水岸线和国际航道的独特优势,着力引进高端海工项目,努力打造全国重要的海工装备产业基地。重点突破海洋勘探装备、钻井平台、生产平台、海工辅助船舶的建造和改装技术。建成较为完备的海工装备产业服务与保障平台系统,最终形成集研发设计、总装建造、修理和改装、配套供应、技术服务为一体的,产业链较为完备的,集约化发展特征明显的海工产业体系。

2.空间布局

依托船舶集聚区发展资源,结合舟山海工装备产业现有发展基础,确定海工装备产业主要集中布局在舟山本岛北部和西北部、秀山－小长涂区域和六横岛区域三大区块。

（1）舟山本岛北部和西北部。主要包括新港工业园区、定海工业园区和长白岛区域，形成"一区二点"产业布局。"一区"以新港工业园区作为产业发展主要平台，利用工业园区产业集聚、生产要素齐全、资源优势突出的条件，作为引进国际知名海工企业和项目的重点区域，重点布局钻井平台、生产装备的改装与建造项目，并根据产业集约集聚发展的原则，布局海工装备配套设备项目，布局东海油气田等海洋资源开发的后勤服务保障基地。定海工业园区应以长宏国际现有的生产设施，通过合作、合资等形式，发展海工装备产品。长白岛区域以现有太平洋海洋工程一期项目为依托，实施二期工程建设，完善设施设备，建成较完整的海工装备生产体系。

（2）秀山—小长涂区域。充分发挥岱山区域船舶工业集聚发展的现实基础，重点在秀山岛和小长涂岛布局。秀山岛以惠生海洋工程项目为依托，主要发展海工装备模块等产品。小长涂岛以推进金海重工股份有限公司产品结构升级为重点，充分利用设施设备齐全的条件，补充海工装备生产专用设施设备，主要发展深水海工装备产品，并兼顾生产海工辅助船等产品。

（3）六横岛区域。依托中远船务集团在人才、技术、市场以及舟山中远船务设备设施方面的优势，加快推进舟山中远船务四期的海工项目建设，实现企业修船、造船、海工业务的统筹发展。各海工装备产业区块之间实行错位发展，注重产品项目结构的统筹协调，避免重复建设、无序竞争，最终实现协同、联动的良好发展态势。

第四节　主要任务

一、集群发展，提升产业竞争力

现代市场的竞争，已不再是单个企业之间的竞争，而是产业链之间的竞争。舟山船舶产业竞争力的整体提升，关键在于做大做强领军企业,做精做专配套产业,形成大企业引领、中小企业竞争合作的生态产业集群。

1.加快培育龙头企业

(1)引进、培育龙头企业。引进和培育发展一批规模大、效益好、创新强、带动效应明显的修造船、船舶配套、海洋工程装备龙头骨干企业和在产业链中占据高端的重点企业,不断完善其辐射功能和引领作用,以龙头企业的发展带动产业整体升级。

(2)鼓励龙头企业强强联合。鼓励技术先进、管理规范、资金雄厚的骨干船舶企业,强强联合,组建更大规模的企业集团,以增强综合竞争实力。鼓励龙头骨干企业与国内外大型修造船集团和研发机构加强合作,促进龙头骨干企业快速成长。

(3)支持龙头企业自主创新。对扬帆集团、欧华造船和中基船业三个拥有省级高新技术企业研发中心的骨干企业给予优先扶持,力争到2020年,全市建成3—5家省级以上创新型企业。依托龙头企业,在集聚区内建立若干船舶技术企业研究院,积极推进国家和省级技术研究中心、重点实验室、工程实验室和实验基地在有实力的船舶企业落户。组织骨干企业联合浙江海洋学院、浙江海洋开发院、浙江大学舟山海洋研究中心等高校或科研院所积极参与国家和省级重大科技和工业项目。鼓励金海重工、扬帆集团、欧华造船等骨干企业建立产业技术创新联盟,搭建产业技术创新平台,解决船舶和海洋工程装备制造的关键共性技术问题。

2.积极鼓励兼并重组

(1)产业横向联合。支持骨干企业通过直接并购、加盟、托管等多种形式并购中小型船舶制造厂,扩大企业规模,增强发展能力。积极引进国资央企、国内外财团和优势企业并购重组中小型船舶企业和困难企业。加快推进海航集团重组金海湾船业、欧华造船收购德兴船舶,香港亚泰增资并购隆闻船舶,升宇船舶与华电集团合作投资港机项目,荷兰DAMEN海事集团重组半岛船业、西飞集团与海天船厂合作等项目。

(2)产业纵向联合。通过合资合作或其他方式,与原材料供应企业、配套产品供应企业、航运企业、国际船舶中介、科研机构、金融机构和财团、投资基金,甚至同行间的企业开展多方位的合作,建立平等互利、相互协作、相互支持、共同发展的紧密合作关系,帮助企业带来资金、先进技术、管理经验,提升企业技术进步的核心竞争力和拓展国内外市场的能力。

3.着力推进企业转型

(1)引导中小企业开拓非船产品市场。充分发挥船厂钢结构焊接和安装优势,大力开拓房地产、铁路和桥梁等钢结构市场;积极向船配产品、港机等方向发展,形成多元产品格局,提高承接各类订单能力,维持企业生产需要。

(2)引导在建项目转型。对部分在建项目,特别是一批投入相对较少、船坞船台尚未开建的项目,可考虑向机械制造、水产加工业等方向转型;个别已建船坞项目,也可以考虑向物流业方向转型,尽快使项目重新开工,盘活土地和岸线资源,尽早产出效益。

(3)推进区域整合。对分布在部分区域和个别岛屿的企业,通过区域整合、功能调整,搬迁或关停一批产能相对落后的中小企业。重点包括本岛南部小岛个别船厂、金塘部分船厂等。

4.迅速壮大配套企业

(1)引导龙头企业剥离专业化强的零部件和生产工艺。发展专业化配套企业,同时引进和发展一批"专业化、规模化、特色化"的船舶配套企业,拉长产业链,培育产业基地,逐步形成"龙头带配套、配套促龙头"的产业集群发展格局。鼓励支持船舶配套企业与国内外著名船舶配套供应企业建立合作关系,进入世界船舶制造业配套产业链体系。

(2)支持现有优势配套企业做大做强。加强企业技术改造和自主创新,提升船用设备设计和制造水平,逐步掌握核心技术,增加品种规格,拓展国内外市场,提高产品市场占有率,形成与船用主机、辅机、关键零配件协调发展的产业体系。加快在船用中低速柴油机、甲板机械、舱室设备等船配高端产品领域,打造一批具有自主知识产权的品牌产品。

5.推动企业管理上水平

（1）发挥龙头企业引领作用。通过龙头企业引领，推动整个船舶集群企业在成本管理、技术管理、节能管理、质量管理、营销管理等方面创新，全面强化企业各项基础管理。鼓励和引导骨干企业加强与国内外先进船舶企业交流与合作，学习借鉴卓越绩效模式、精细化管理等国内外先进管理理念和方法。

（2）以龙头为核心，辐射、带动整个集群加快建立现代造船模式。积极引导扬帆集团、金海湾船业、欧华造船等龙头企业加快向集约化的总装平台发展，中小企业要合理确定总装化深度，充分利用舟山本地造船配套能力的社会资源，尽可能地通过协作外包形式，把中间产品分流出去，使企业集中精力从事总装生产，以提高生产规模和专业化水平，降低成本，缩短造船生产周期。

（3）加强标准化管理工作。建立覆盖经营决策、产品开发、生产设计、物资供应、质量控制等全过程的综合业务流程，逐步形成规范、详细的管理标准、技术标准、作业标准，促进整体业务流程的系统化和标准化。

6.打造集群发展品牌

（1）开发适应新规范、新标准的绿色环保型船型和高技术高附加值船型。重点推进6个品牌船型，超大型油船（Very Large Crude Carrier，VLCC）、汽车滚装船（Pure Car and Truck Carrier，PCTC）、5300标准箱集装箱船、17.6万吨散货船、5.8万吨散货船和5万吨多用途船的开发。

（2）在现有企业品牌的基础上，通过科学制定集群品牌发展。举办舟山国际船业博览会，提高展会层次和影响力，组团参加国际知名海事展，进一步加大舟山船舶产业的宣传规模与力度，提升舟山区域品牌。

二、高起点谋划，跨越式发展

舟山海洋工程装备产业正处发展初期，单纯依靠自主创新难以在短时间内获得较大突破，要充分利用国家大力发展海洋新兴产业的重要机遇，扩大招商引资，促进自主研发，推动重点产品和关键技术突破，实现海工装备产业高起点、跨越式发展。

1.择商引资,高起点发展

择优引进国外知名海工装备生产企业,用知名企业落户带动产业联动发展,推进产业链完善升级。加强与国内央企的沟通与合作,吸引国家级产业集团(如石油公司、工程公司、船舶两大集团等)投资建厂,将央企在政策、资金、市场、技术等方面的优势与舟山群岛新区建设的先行先试优势充分结合,实现双赢。完善交流合作机制,深入国内外知名海工装备企业调研,学习先进的经营、制造、设计理念和方法,提升企业技术和管理水平,推动现有项目高效建设并顺利投产。

2.着力重点,以点带面促发展

(1)海洋工程装备。重点发展量大面广、占市场份额80%以上的主力海洋工程装备产品。依托于新港工业园海工装备项目、太平洋海洋工程和金海重工等重点项目和企业,将生产平台和钻井平台作为主要产品,积极开拓国内外市场。同时,引导骨干造船企业主动承接海工辅助船业务,进入海工产品市场,培育形成国际一流的大型化、深海化、专业化海洋工程制造集群。

(2)海工装备修理和改装。以舟山中远船务工程有限公司和太平洋海洋工程有限公司为基础,结合金海重工和万泰钓山海工设施的改造升级,大幅提高海洋工程修理与改装技术。重点发展市场需求量大的自升式钻井平台、半潜式钻井平台、钻井船,以及浮式储油卸油装置(Floating Strage and Offloading,FSO)、浮式生产储油卸油装置(Floating Production Storage and Offloading,FPSO)等生产平台的修理与改装业务,推动后期产业链延伸和产业升级优化。

(3)海工装备配套设备。依托舟山本岛北部保税港区的优惠政策,在新港工业园区重点发展海洋平台甲板机械(大型吊机、锚绞机、拖缆机)、大型海洋平台电站、电力设备、动力定位系统、深海锚泊系统、平台控制系统等海工装备专门配套设备。实现关键配套设备领域的突破、关键设备系统自主研发和产业化,达到国内领先水平。

(4)高端海工装备产品。"十二五"以后,在技术、管理、市场逐步积累的基础上,通过产品技术引进与自主研发等方式,积极发展大型海洋科学考察船、海底资源调查船、油气生产储卸装置、平台升降系统等高端海工装备产品,不断提升舟山海工装备产业在国内外的影响力。

3.自主研发,突破关键技术

(1)海洋钻井平台与生产装备技术。重点开展钻井平台和生产装备的设计建造关键技术研究,熟悉掌握设计方法和建造工艺,积累设计研发经验。通过项目引进、深入调研等方式,学习研究海工装备生产组织管理技术、项目总承包管理技术,提高管理水平与生产效率。为具备海工装备总承包能力奠定基础。

(2)海工装备产业链上下游技术。引导领军企业加强海工装备产业链上下游技术研究,提升技术与设备的配套能力。上层模块设计建造技术方面,重点突破 FSO、FPSO 和钻井平台等上层模块。海工辅助船开发设计技术方面,重点突破深水多功能三用工作船、深水综合工程勘察船、大型起重铺管船、海洋工程物探船等船型。海工装备修理改装技术方面,重点突破钻井平台、钻井船、浮式储油船等技术。

三、协同创新,增强自主创新能力

增强自主创新能力是船舶和海洋工程装备产业转型升级、实现跨越式发展的中心环节,因此要将增强自主创新能力作为示范基地的一项重要内容加以推进。整合区域创新资源,发挥示范基地创新要素集聚优势,推进科研平台建设,不断提升研发设计和制造修理技术,并积极掌握自主知识产权,打造"舟山船业"品牌在国际领域的重要影响力。

1.加强技术创新平台建设

鼓励骨干企业与国内外知名科研机构共建研发平台。加强骨干企业与国内外知名大学、科研院所和企业技术研发中心的沟通交流,结合企业在全球价值链中的定位,共建技术研发平台,培植自身核心竞争力。重点引进国家级船舶设计院所,加强关键共性技术和先进制造技术研究,提升设计研发能力。

(1)鼓励引导有条件的企业自建研发中心。鼓励骨干企业到国内外船舶人才集聚地设立企业研发中心,柔性引进院士、教授、高级工程师等高端人才。引导集群内企业通过投资控股、参股等方式共建研发机构。到 2020 年创建国家级企业技术中心 3－5 家，新创省级企业技术中心 10－15 家。对自建技术中心的企业给予政策倾斜和支持。

（2）鼓励引导骨干企业参与国家级研发平台建设。鼓励和引导骨干企业如金海重工、扬帆集团、中远船务等积极申报和组建国家和地方布局的工程（技术）研究中心、工程实验室等产业关键共性技术创新平台。

（3）组建全球化创新联盟。鼓励有实力的企业"走出去"，加强同欧美、日韩和新加坡等国家的国际领先船舶和海洋工程装备制造企业的联系，在核心装备、关键材料、重要基础零部件等关键领域构建创新联盟，实现示范基地内企业联合技术攻关，参与全球化产业创新网络和研发平台建设。

2.不断提升研发能力

坚持自主研发与开放合作相结合原则，通过共建研发平台、引进收购知名设计公司等方式加快设计研发创新步伐。重点提升三大主流船型设计研发能力，积极掌握高附加值特种船舶设计的关键技术。增加研发经费投入，加大科技攻关力度，加快推进领军企业制造与研发设计等生产性服务业分离，充实完善研发设计部门。大力扶持本地船舶设计研发机构，积极引进国内外知名船舶设计研发机构设立分支机构，支持领军企业在上海、天津等重要城市设立船舶设计服务平台。

着力培育一批优秀船舶和海洋装备工业设计企业。引导有条件的龙头企业在本地或者上海建立设计研发机构或成立独立运营的设计公司，并积极推进设计成果产业化和技术输出。重点扶持一批服务专业、管理先进、规模较大的高科技中介服务机构向集团化、综合化方向发展，打造国际知名品牌。

3.切实改进修造技术

（1）引导中小企业向"专精特新"发展。鼓励中小型船舶企业加快转型升级，极高产品集中度，为客户提供专一化、专业化服务。引导中小企业加强"精益管理"，精简工作流程和管理制度，有效提供精良产品和精致服务。支持中小企业积极发挥自身优势，有效抓住客户需求，形成特色产品和特色服务，打造特色品牌。推动中小企业，以新设计、新产品、新功能等创新举措,不断满足并开发市场需求。

(2)升级造船模式。开展与国内外知名科研院所、先进造船企业的多方位合作,组织重大高技术项目联合攻关,全面引进先进造船技术、生产工艺和组织管理技术理念。加强对先进技术的消化、吸收、再创新,大力推动新技术、新工艺产业化、规模化,加快传统造船模式向现代造船模式转换。

(3)加快关键技术攻关。鼓励优秀企业建立独立技术中心和企业联盟技术中心,尽快掌握大型液化天然气(Liquefied Natural Gas,LNG)船、海洋工程装备及特种船舶的关键修造技术,提升修造产品附加值。重点实施造船数字化工程。推动造船总装化、管理精细化和信息集成化发展,培育一批信息化示范企业,突破产业发展瓶颈,优化产业链。

四、集聚资源,构建公共服务体系

集聚国内外知名企业、本地领军企业、科研机构、商会、协会、中介结构等创新要素,整合科技、质检、教育、商务、金融等职能部门资源,共建以企业为主体,市场为导向,"产、学、研、用"相结合的国际化开放式公共服务体系。完善船舶交易市场、船用商品交易市场、船舶人才市场、大中院校、船舶设计研究院等各类多功能服务平台,积极引进各大股份制商业银行,发展专业性担保机构,加快金融创新,为船舶产业提供更全面、专业、有效的服务。

1.技术研发公共服务平台

(1)高水平推进中国(舟山)海洋科学城海洋科技研发基地建设。发挥科研院所平台集聚效应,重点推进浙江大学舟山海洋研究中心、中国科学院舟山研究中心、中国海洋大学舟山研究院、摘箬山科技示范岛、浙江省海洋开发研究院等科技创新平台建设,推进国家技术创新工程试点工作,加快实施一批船舶和海工装备重大项目。

(2)打造船舶和海工装备科研基地。吸引一批创新能力强、设计水平高的国内外知名船舶设计企业和科研院所落户,参与研发或共建研发平台,加大海洋科技创新引智园区相关科技成果转化,扶持建设一批船舶和海工装备科研中试基地和孵化器,支持国家重大相关科研成果转化落地,构筑我国重要的船舶和海工装备科技研发转化基地。

(3)加快船舶检测服务中心建设。重点加快国家船舶舾装产品质检中心、浙江省船舶工程重点实验室建设,完善浙江省船舶质检中心服务站,加大先进检测设备投入,注重实用型船舶检测人才引进力度,形成实验室检测、现场测试和科研创新相互促进提高的格局,为船舶行业的发展提供快捷有效、优质、全面的检测服务。

(4)打造我国船舶和海工装备专业人才教育基地。吸引中国海洋大学、中科院海洋研究所等国内外优秀海洋院校落户组建相关专业分校,支持国内外优秀船舶和海工装备专业院所设立专业教学、实习和科研基地,打造我国重要的船舶和海工装备专业人才教育基地。

2.高端配套公共服务平台

大力发展船舶设计、工程咨询、船舶交易、软件开发、人才中介、金融机构等准入门槛高,专业技术要求强的知识密集型高端配套服务业,提升服务业专业化水平,促进服务产品和服务方式创新。

(1)推进金融产品多层次创新服务。政府与金融机构合作设立产业发展基金,针对船舶和海工装备优势企业和高成长性企业给予专项资金扶持。设立外向型产业开发基金,支持外向型海工装备企业扩大出口信用保险和外商融资担保,解决贸易伙伴资金短缺问题。探索发展生产设备抵押贷款,规范发展应收账款、存单等权利抵押贷款,条件成熟时,设立私募股权投资基金和风险投资。结合企业创业、成长、成熟等不同发展期,不同行业信用需求,设计相应融资服务产品。

(2)完善船舶和海工装备信息服务系统。集聚船舶和海工装备技术管理信息,构建管理信息基础数据库。加快发展电子政务和电子商务,推进企业门户网站建设、内部网络系统建设及其与政府数据采集系统的接轨工程,建设船舶和海工装备产业管理信息实时采集与传输网络、统计信息网络和行政管理信息网络。面向高附加值船舶和海工装备等重点领域,积极开展应用软件开发和集成电路芯片的设计应用,推荐一批企业生产过程管控一体化软件、嵌入式软件和行业应用解决方案软件,提升船舶和海工装备产品的数字化竞争能力,为促进两化融合和传统产业改造升级提供重要支撑作用。

(3)推进知识密集型中介组织创新服务。以新区为核心区域,积极推进国内外知名企业和知名院校与地方共建培训机构,加强职业教育和技能培训。在已有的船舶交易市场、船用商品交易市场、船舶人才市场、船舶设计研究院、船舶保税仓库的基础上,大力发展船舶设计、工程咨询、船舶交易、人才中介、船舶融资、保税仓库和现代物流中心等高端配套服务业,搭建公共信息咨询服务、人才资源引进培育服务等高端生产性服务平台。引进国际级认证机构,为船舶和海工装备产业提供全面、专业、有效的服务。

3.国际化开放公共服务平台

以提升海洋工程装备和高附加值船舶制造产业技术能力为核心,大气魄、大手笔集聚国内外研发设计、工程咨询、软件开发等领域的创新型创业领军人才,构建开放联合的创新服务体系。

(1)积极引进境外重要金融机构进驻。大力发展各种形式的船舶和海洋工程装备产业风险投资基金,有效解决船舶工业所急需的资金问题。

(2)积极推动国际著名电子商务服务商落户舟山。重点发展船舶、海洋工程装备和船配电子商务平台,帮助企业解决采购、销售、管理和融资难题。

(3)实施高端突破和开放融合策略。大力推进本土企业上市步伐,积极参与全球竞争,培育有一定国际知名度和影响力的领军企业。

(4)打造船舶产品交易中心。积极组织企业参加希腊国际海事展、亚洲(新加坡)海事展等,充分展示舟山船舶基地的优势和潜力,推介宣传舟山船舶工业。提升扩大船舶交易市场和船用商品交易市场建设水平,使舟山发展成全国重要的船舶产品交易中心。

五、深化管理,推进绿色化发展

1.全面推行清洁生产

全面落实国家关于节能减排的标准,加大力度控制产业碳排放量。

加快节能减排进度,淘汰落后产能,整顿低效率高污染企业,严格控制船舶企业水、大气、固体废物等污染物的排放。加大闲置土地处罚力度,强化建设用地批后监管,提高土地与海洋岸线等资源的利用率,提高投入产出比。加强企业内部节能减排管理,合理建立废物回收利用机制,提高企业处理污染物的能力,提倡无余量生产。

2.积极打造绿色船厂

鼓励船舶企业大力研发绿色环保技术和新船型,对绿色环保技术的应用给予政策支持。增加对绿色技术创新研发的投入,建立产业绿色创新联盟,重点支持发展产业中与环保相关的关键技术。将船舶和海洋工程产品的节约减排与环保性能发展成为舟山船舶产业的特色,提高未来的产业竞争力。推动引导企业从设计开始,就充分考虑船舶制造、营运乃至拆解回收等各个环节的环保问题,严格按照国际海事组织新规范、新标准的要求,采用利于环境保护和节约能源的设计方案。推进企业采用先进的适用技术和工艺,精细化和数字化制造,在制造生产管理中不断改善作业环境、不断提升现场管理水平,同时采用先进设备,以减少或消除环境污染,提高资源和材料的利用率。鼓励企业在对船舶安全和营运效率不构成影响的前提下,在船舶设计、建造和维护中尽可能使用安全环保、易分解清除、可回收的材料,同时须考虑船舶最终处置对环境的影响和安全风险等问题。

3.大力发展绿色拆船业

依托舟山优势资源,抓住拆船业发展的有利时机,发展绿色拆船业。依托浙江福森船舶有限公司国家拆船定点和资质的平台,利用现有船坞、码头及设施设备,加快实施浙江大舫船舶修造船公司、舟山龙山船厂有限公司、浙江宏鹰拆船有限公司等企业的绿色拆船项目改造建设,形成年拆船 30 万轻吨能力。

4.加快构建循环经济体系

优化产业布局,整合供应链,确定船舶企业上下游物流供给与需求关系,合理配置资源,规划物资流动的方向、数量和质量,运用过程集成技术对物流流程进行集成组合,构建船舶业生态网链。积极开发和引进基于循环经济的技术,并以此改造制造系统的工艺流程,提高物质转换和能量多层分级利用的效率。同时,通过物质流、能量流和信息流的系统优化,构建和完善生态产业链。

六、示范引领,推进两化融合

1.两化融合共性技术研究

开展"舟山群岛新区信息化和工业化融合研究""舟山群岛新区两化融合之船舶制造技术及设计创新服务模式探索""舟山群岛新区信息化和船舶制造融合工业控制应用现状及发展研究"等两化融合软课题研究。支持高附加值船舶和海洋装备制造信息化技术平台和共性技术研发,实现关键领域技术和产品突破,逐步提高自主知识产权比重,提高成套设备研发、设计和制造能力。

2.船舶制造信息化示范推广

通过扶持船舶制造信息化示范企业,引导企业建设包含关键技术、设计建造、工艺改造、供应链等信息的信息化共享系统,实现船舶设计数字化、船舶制造精益化、管理流程精细化、制造装备智能化、制造企业虚拟化,大幅度提高生产效率,降低成本。应用现代集成制造理念和自动化装备,集成船舶研究、设计、制造、管理一体化数字造船系统,全面提升船舶企业技术管理水平。打造船舶制造信息化示范优秀企业的标杆效应,提取其设计能力、生产流程、管理模式等方面的成功经验,进行推广应用。

3.海洋工程装备制造信息化示范推广

引进具有国际领先技术的海洋工程企业,在自升式钻井平台、深水半潜式平台、浮式生产储油装置,以及海洋工程装备主动力及传动等关键系统和配套设备领域,形成一批具有自主品牌和知识产权的机电一体化产品。通过扶持海洋工程装备制造信息化示范企业,推动生产过程控制智能化和精益化,培育一批具有国际领先水平的海洋工程装备制造企业。打造海洋工程装备制造信息化示范优秀企业的标杆,将其技术创新和产品创新等方面的成功经验推广应用。

4. 节能减排信息化示范推广

重点针对高耗能高污染企业,培育"节能降耗信息化示范企业"和"清洁生产信息化示范企业",并打造标杆效应,推进设备智能控制系统应用,降低能耗和污染。通过税费减免和财政补贴等优惠政策引导,重点扶持节能降耗和清洁生产的企业信息技术服务平台,推广相关设计、生产制造、认证、测试、专业维护、保养、回收再利用、咨询和培训等方面的信息技术应用。以企业能源管理及调度系统、资源优化和循环利用、能耗与污染物排放监测控制、行业性制造执行系统(Manufacturing Execution System,MES)、新一代集散控制系统(Distributed Control System,DCS)、高效节能变频调速技术等技术和产品为重点,实现拥有自主知识产权的节能减排关键信息技术与产品的开发利用,培育舟山群岛新区节能减排电子信息产业集群。

5. 信息化公共服务平台建设

面向示范基地产业集群建立网络协同制造技术服务平台,推广公共服务模式,为区域内企业提供产品协同设计制造、生产任务异地监控、技术交流和应用培训等共性信息技术资源服务。支持中小企业参与网络协同设计制造技术应用,提高企业供应链协作管理水平和产品生命周期管理能力,降低运作成本。以政府引导、企业主体、市场化运作的模式,每年重点扶持面向行业和产业集群的公共技术信息服务平台。

第五节　保障措施

一、实施一体化管理服务

1. 成立示范基地创建机构

切实加强对国家新型工业化产业示范基地创建工作的组织领导,筹建由市政府主要领导牵头,市经信委、发展改革委、科技局、人力资源与社会保障局等相关部门,以及属地县(区)政府主要负责人参加的示范基地创建工作领导小组,下设办公室。示范基地创建工作领导小组,贯彻落实国家和浙江省有关产业创新发展的政策,研究决策示范基地建设的重大事项,组织、协调推进示范基地有关发展、政策法规、体制创新、产业规划、重大项目等实施工作。办公室负责示范基地建设的具体推进工作,贯彻落实领导小组决策,研究拟订相关政策举措,对示范基地的空间规划、产业布局、项目准入标准、专项建设基金等重要业务实行统一管理。建立示范基地建设动态管理机制,及时发现和解决创建工作中出现的新情况、新问题。

2.建立专家决策支持体系

组建多层次的专家决策咨询团队,引导示范基地健康发展。聘请一批企业、院校和科研机构知名专家学者,以及国内行业协会领导成立专家咨询委员会,建立市场分析、科技创新、金融与资本运作、生产管理等方面的专家决策支持体系。由示范基地创建领导小组牵头,不定期举办示范基地发展专家咨询会,提供专业决策咨询,研究示范基地阶段性发展重点,策划建设实施方案。

3.推行服务一体化

构建高效、及时的政府一体化服务体系。切实优化示范基地企业办理工商登记、银行贷款等手续流程,落实各项优惠政策,争取为企业提供便利。设立示范基地管理服务窗口,建立有效的政策咨询、落实绿色通道,及时收集、整理、解决示范基地企业反映的各项问题,建立有效的政企互动机制,大力推进示范基地的创建。

二、强化金融创新

1.加快建立船舶产业投资基金

积极学习国际船舶市场的主流投融资模式,将船舶产业投资基金发展成提高船舶业直接融资比重的重要渠道。通过税收优惠,以政府或者投资公司、银行作为主要发起人,以有限合伙制的模式,采用封闭式设立方式成立船舶产业私募基金。积极引导私募基金对船舶制造业、船舶配套业、船舶修理业、船舶拆解业、船舶租赁业、海洋工程、船舶研发与设计及服务中的未上市企业进行投资。充分利用基金发起人中的国有股权，建立严格的基金管理制度和项目审核体系，完善内部监控和管理体系。集中力量搭建起产业金融资本平台，连接造船工业、航运业、金融业，为造船企业提供稳定优质的订单，加快产业升级。

2.完善多元化的社会投入渠道

积极向上争取差别化信贷政策，将舟山船舶工业列为信贷支持行业，向省人民银行争取出台支持重点船舶企业发展的信贷政策。鼓励银行向船舶工业企业提供多种形式的金融服务，扩大保函及信用证业务，特别是出口船舶企业保函业务，积极帮助企业稳定现有出口船舶订单。加快开展在建船舶抵押、海域使用权抵押等业务，开发多种质押贷款，切实帮助企业解决抵押难问题。加大对市政府确定的重点企业的金融支持力度，在重点企业贷款倾斜、利率浮动优惠、延长贷款时间和转贷等方面给予政策支持，保证企业正常生产。确保重点企业在建船舶和有效合同所需流动资金贷款能够按期到位。

3.促进融资信息发布与交流

建立加强金融联系机制，政府搭建融资平台，不定期召集银行、证券投资公司、企业及相关部门参加金融联席会议，加强沟通，促成共识，协调互动。

三、加大财税支持

1.积极争取国家财税支持

积极向上争取先行先试的财税政策支持，加强示范基地与国家有关财税政策的衔接力度。积极争取民企享受"国轮国造"的退税政策、扩大船舶出口"先退税后核销"范围等国家对示范基地的财税支持。积极开展对研发加计抵扣、进口设备免税等国家财税政策的宣传解释，切实简化落实程序。鼓励支持企业申报国家、省重点项目，努力争取国家和省专项资金的支持，促进产业发展。

2.合理规划使用财政资金

加强财政支持资金的统一管理，发挥资金的最大效益。整合市级现有的工业、科技类等财政性资金,成立示范基地创建专项基金,加快形成统一有效的财政资金使用管理机制。研究出台上市、并购、技术标准化企业、协会商会组织发展、技术产业化、技术创新、专利促进、贷款贴息等各类支持资金管理办法,促进产业转型升级,努力实现产业可持续发展。

3.贯彻落实税费减免政策

帮助符合条件的船舶企业落实减免、缓交城镇土地使用税、房产税、海域使用费等政策,缓解企业经营性资金压力。贯彻落实船舶企业的技术开发费用抵扣所得税政策,职工教育经费所得税减免政策等,提升企业科研开发和人才培育的投入力度。充分利用重大技术装备支持政策、技术改造支持政策,以及地方政府在企业兼并重组过程中的相关税费减免政策等,鼓励企业积极开展技术创新。切实加强落实企业合作招商和项目重组招商税费优惠,促进企业积极引进合作方,努力整合、淘汰落后生产能力,优化岸线资源配置,推进集约化发展。

四、建设高端人才特区

1.加快高端人才引进,打造人才高地

以政府搭台、企业主导的形式,加大船舶和海洋工程人才引进力度,将示范基地打造成人才集聚特区。加快引进一批能够突破海洋工程关键技术、带动整个产业发展的创业创新领军人才队伍,促进一批具有自主知识产权的重大科技成果产业化,提升现有产业发展水平。积极鼓励和支持船舶企业以"项目合作""智力入股""人才借用""学术交流"等柔性方式引进国内外船舶专家。加快海洋科技人才创业园区和船舶人才市场等各类人才载体建设。

2.加强人才培养,打造企校联动培养基地

积极与国内有造船专业优势的各类大学、学院和技校开展人才培养方面的合作,实施专业技术人才委托培养。充分利用浙江海洋学院、国际海运学院和各类培训基地的阵地作用,组织船舶企业进行经营管理人才和专业技工的中、短期学习培训。评出一批市级船舶企业人才工作示范点,优先享受人才引进培养各项优惠政策。加快完善以企业为主体、职业院校为基础,学校教育与企业培养紧密联系、政府推动与社会支持相结合的高技能人才培养培训体系。

3.优化人才成长环境,促进人才本地化

贯彻落实市政府关于人才引进的相关政策。根据引进人才的不同层次,提供周转住房或者住房补贴,多形式、多渠道解决引进人才的住房问题。通过对个税减免、专项科研基金资助、解决子女就学、妥善安排家属就业、简化落户手续等政策,切实鼓励和方便各类人才的引进。大力宣传和表彰船舶行业各个岗位、各个领域涌现出来的各类人才,在全社会形成重视人才、爱惜人才、鼓励创新的良好氛围。

五、培育创新文化

1.加大宣传力度,培育创新文化

不定期在报纸、网络等媒体上开设专栏,重点介绍示范基地创建工作情况、重大项目进展情况、重大技术创新、企业访谈等,积极营造推动示范基地建设的良好社会氛围。政府要引导积极创新的理念,努力培育勇于进取、积极向上的创新创业文化。加强对创新案例以及转型升级案例进行典型性塑造,加大对创新技术和创新企业的宣传。切实加大对创新者的奖励,促使科技成果奖励政策向企业科技人员倾斜,努力提高科技人才的荣誉感,激发其创新动力。

2.加强创新政策与产业政策的协调

切实根据规划制定出台针对示范基地创建的相关政策。努力完善现有政策体系,对现有政策重新进行研究、修订和取舍。加强在实施过程中对政策效果的评估,及时反馈并组织各单位部门定期展开研讨,真正形成良性循环的政策修订机制。

第十四章
舟山群岛新区滨海旅游业创新发展

第一节 舟山群岛新区滨海旅游业现状

一、产业现状

舟山海洋和群岛元素的丰富性全国少有,是浙江海洋休闲旅游资源的主体和核心,拥有佛教文化景观、山海自然景观和海岛渔俗景观1000余处,境内有中国佛教名山"海天佛国普陀山"以及"南方北戴河嵊泗列岛"两个国家级风景名胜区,有岱山、桃花岛两个省级风景名胜区,其中普陀山被评为全国首批5A级景区,朱家尖、桃花岛为国家4A级景区,秀山岛为国家3A级景区,沈家门渔港为"全国工农业旅游示范点",桃花岛为省级生态旅游示范区。全市累计发展休闲旅游村(点)93处,其中市级以上渔农家乐特色村(点)33处(含省级渔农家乐特色村点19处)。作为华东地区重要的旅游目的地之一,舟山被列入国家首批旅游改革综合试点城市。

滨海旅游业日益成为舟山的支柱产业,第三产业生产总值主要来源于舟山旅游业的收入,其总量相当于全市 GDP 的 1/5。滨海旅游业同时也直接拉动了舟山的交通运输业、通讯业、批发零售业、酒店和餐饮业的发展。2017 年,舟山共接待境内外游客 5507.2 万人次,比上一年增长 19.4%,实现旅游总收入 806.7 亿元,比上年增长 21.9%;其中接待境外游客 32.23 万人次,增长 3.64%。滨海旅游业逐渐成为舟山的支柱产业,也是舟山海洋经济的重要组成部分。

二、面临的问题

1. 客源市场小,客源地近

从国内旅游者地区分布看,旅游业客源市场以长三角地区为主,除浙江省游客数量占到总量的 44% 外,上海市和江苏省旅游者比重分别占 16.4% 和 13%。从国外旅游者数量看,主要以亚洲地区游客为主。

2. 旅游产品结构单一,开发层次不高

从旅游目的看,观光游览、休闲度假、佛教文化旅游所占比重较大。按旅游动机分类,目前来舟山的游客多属于观光旅游者,占游客总量的 61%,由于普陀山具有宗教吸引力,宗教朝拜也占一定的比重,达到 27%,休闲度假占 24%,而商务、会议等专门层次的旅游正在兴起,但还未占主要比例。舟山还存在不适应旅游市场需求日益多样化要求的弊端,缺少市场竞争力,无法延长游客在舟山的旅游停留时间,这些原因导致旅游消费上不去,旅游的整体效益不高。

3. 配套设施不足,旅游接待能力有限

舟山市的景区大部分规模较小,发展速度缓慢。由于小景区在资源保护和开发方面难以享受政策倾斜,景区宣传在部分领域受到等级限制,营销方面各自为战,没有被纳入政府主推景区之列。小景区企业发展的核心问题主要是资金短缺,由于自身经营规模小、品牌影响力小、缺乏融资投资平台,导致景区基础设施建设落后,连接景区的道路及景区内的游览环境建设滞后,而接待设施不完善限制了景区进一步发展。

4. 景区服务质量不高,竞争力不强

许多景区内为游客提供的标识不够规范、宣传品质量不高;景区商

品单一、品种少,设计制作不精致;特殊人群服务、个性化需求服务不够完善;缺乏专业的景区管理团队或景区管理公司,机构设置不科学,人员素质参差不齐,难以对景区实现科学有效管理。

三、问题剖析

旅游产品单一、客源市场小、服务质量不高、营销效果差及配套设施薄弱,成为舟山滨海旅游业的突出问题,究其根源,关键仍在于旅游企业服务创新能力不足,导致行业整体创新驱动不足,具体见表 14.1。

表 14.1　舟山滨海旅游业现实问题与创新力问题

现状	对应的问题	根源
客源市场小	旅游产品吸引力不足	服务概念创新不足
	营销效果不好	服务传递系统创新不足 顾客界面创新不足
游客动机单一	传统旅游为主,新型旅游模式缺乏	服务概念创新不足
旅游产品层次低,附加值不高	资源开发为主,不了解游客新需求	服务概念创新不足 顾客界面创新不足
配套设施不足	旅游基础设施建设薄弱	外部创新平台驱动力不足 信息技术应用创新不足
景区服务质量低	服务不规范、缺乏个性化服务、从业人员素质不高、企业运营不科学	顾客界面创新不足 传递系统创新不足 外部创新平台驱动力不足

第二节　舟山群岛新区滨海旅游业服务创新的对策

一、微观政策建议

1.基于创新企业服务概念的对策建议

(1)开发新业态、新产品。改变一流资源、二流开发、三流服务的粗放式发展方式,结合现代服务业的整体发展趋势,将生产性消费服务纳入旅游服务范畴,开辟旅游企业全新发展领域,即商务旅游服务。包括人力资源管理(奖励旅游、疗养旅游、员工培训)、差旅管理(差旅服务、公务旅游)、营销(商务会议、展览展会、谈判策划、咨询服务、节事庆典、活动策划)和研发(产业旅游、考察旅游)。生产性旅游消费服务的出现显示了现代服务业的特征,它也是旅游企业转型升级的重要途径。

(2)增加新的服务附加值。传统旅游服务的目标市场是大众市场,极易受到外界变化的影响,客户关系具有不稳定性;传统旅游产品以旅游吸引物为核心,同质化程度高、附加值较低;传统旅游产品经营的盈利模式为企业自行定价,低价竞争是主要手段。完全依靠天然禀赋而不加以创新和提升,旅游业将难以获得高效的可持续的发展。应不断推出新的旅游消费热点,包括生态旅游、森林旅游、商务旅游、体育旅游、工业旅游、医疗健康旅游、邮轮游艇旅游、会议旅游等。在向游客提供观光、游览、休闲、娱乐、度假、科普、健身等传统旅游产品的基础上,增加服务附加值是一个重要的服务创新方向。

2.基于创新顾客界面的对策建议

(1)基于游客体验的友好网络系统。创新的顾客界面应能及时响应顾客的需求、能够减少顾客的误解、能够让顾客方便地找到所需的信息、能够让顾客觉得美观与整洁,不仅可以推进创新服务产品的开发和传递,还可方便顾客使用进而提高服务创新的效率。

(2)营销创新,实时互动的人性化服务。具有人性化服务功能的微信,适合在旅游行业和企业服务流程的改造中使用,在与游客的实时互动中,提供更贴近客户、更人性化的服务,包括旅游项目、航班、天气、优惠活动等各类服务信息。

3.基于创新企业传递系统的对策建议

(1)加大知识资本投入。旅游业与其他产业的高度关联性决定了旅游产业创新的知识来源更加多元化,因此现代旅游服务业要求更具专业化的高端服务,比起传统的旅游服务更呈现出集约化特征,要求旅游企业必须具有足够的专业知识、经验、能力、周到的服务和一定的知识资本的投入。

（2）加强知识型员工培养。知识型企业的主体是知识型员工，新服务传递系统在服务创新中发挥作用，依赖员工的素质和能力，现代旅游服务业的集约型增长方式要求企业具备高水平的专业人才。

（3）构建知识平台与创新网络。旅游业是集吃、住、行、游、购、娱为一体的服务业，要加强与供应链企业的合作关系，建立服务价值链内的服务创新网络和公共知识库，共享服务创新的技术、方法、原则，企业服务创新才能真正实现。

4.基于创新企业信息技术的对策建议

（1）以人为本的线上旅游服务创新。旅游业是体验经济，智慧旅游应该从游客出发，通过信息技术提升旅游体验和旅游品质。游客在旅游信息获取、旅游计划决策、旅游产品预订支付、享受旅游和回顾评价旅游的整个过程中都应能感受到智慧旅游带来的全新服务体验。在线旅游的商业价值正在从过去的以在线旅游代理带来销售效率和便捷性的方向，向未来的为旅游供需双方节约成本的方向发展。

（2）智慧手机实现个性化旅游服务。随着智能手机越来越广泛的应用，未来整个旅游价值链包括旅游管理和旅游交易，已从原来的 PC 时代迈入"智能手机"时代。智慧旅游管理者和服务供应商们应不失时机，通过客户端向旅游者提供旅游资源信息、旅游交通信息、旅游住宿信息、旅游餐饮信息、旅游服务机构信息、旅游管理机构信息、娱乐休闲信息、自然社会信息、图形信息等信息及相关服务，帮助旅游者制定旅游计划，顺利进行旅游消费，提高旅游者的体验质量，以及保障旅游者的权益等，使服务更实时化，更具便捷性、可搜索性、可分享性。通过手机为旅行者提供个性化服务，旅游服务商、产品提供商和消费者之间可以建立起双向的持续的互动关系。

二、宏观政策建议

根据旅游创新的产业异质性，促进旅游产业创新的有效政策有别于传统创新理论中所提及的如研发补贴、加强科研院所与产业的合作、规范专利审批制度等政策建议，因为只有为数不多的大型旅游企业有可能从这些创新政策中受益。此外,旅游创新政策应给予旅游创新知识传输渠道足够的关注和侧重。旅游创新政策不仅应将技术创新体系纳入其中,旅游交易体系、基础设施体系和政府规制等都应成为旅游创新政策引导的关键要素。

1. 理论支撑

首先应在地方创新中把服务创新涵盖进来。党的十九大报告明确指出创新是引领发展的第一动力,是建设现代化经济体系的战略支撑。要加强应用基础研究,拓展实施国家重大科技项目,突出关键共性技术、前沿引领技术、现代工程技术、颠覆性技术创新。而随着信息技术的不断发展,社会的服务体系正在被技术创新的成果所重构,从这个意义上讲,服务创新也将成为国家所关注的重要问题。旅游行业制定创新发展规划,指导行业创新活动,提高整体创新能力,充分响应国家战略需求。

2. 体制机制创新

(1)管理体制创新。旅游涉及交通、园林、文化、公安、城建、工商、港务、海关、环保等多个部门,必须理清各部门和单位之间的管理范围与权责,防止出现政出多门、无所适从或者互相推诿的情况。改变旅游景区开发政企不分、事企不分的状况,明确主管部门的管理监督职权与企业的经营开发权。政府实行管理创新,加强宏观管理能力:明晰旅游主管部门的职权,权责利要相对应,避免部门之间扯皮、推诿;搞好地区接待设施建设与交通建设,增强旅游接待能力,加强地区旅游形象宣传。旅游企业应深化改革,引入国有、私营和外资等多种所有制形式,放宽准入条件,鼓励企业依法投资旅游业,运用市场手段开发风景名胜,利用景区资源建设基础设施,进行投资融资等活动。

(2)经营机制创新。加强旅游经营机制创新,在经营方面引入竞争机制,以实现旅游资源配置的最优化。只有景区资源的开发利用权具有可转让性,才能够通过市场竞争找到最佳的开发者。旅游景区经营体制的创新主要在于所有权与经营权的适当分离。所有权与经营权分离,景区经营者与管理者的直接经济利益分割,使政府的监督权得到了有效落实,变"封闭式"管理为"透明式"管理。

（3）融资制度创新。创新旅游融资制度，扩充旅游资源的融资形式。政府可以通过增发旅游企业债券，增加旅游企业上市公司，制订财政、工商等优惠政策，吸收国外及国内私人资本，拓展旅游融资途径。金融部门也可以允许旅游项目优先贷款，延长对于旅游投入的信贷期限，实行旅游产业基金、开放式旅游基金和股权置换等方式，进行市场融资，构建以银行、风投集团、旅游投资公司和融资担保公司为基本架构的产业投融资平台。完善资源开发政府担保机制。选择一批优质旅游资源，吸引有实力的旅游开发企业落户资源地，开展资源开发、担保、审批试点。探索开展旅游产权交易机制。针对文化旅游项目，将设计专利权、著作权及经过评估的文化资源等，作为银行信贷抵押物的金融产品与服务，拓展融资新渠道。

3. 基础设施支撑

（1）交通网络建设。交通线路的便利、交通成本的降低对地区旅游业竞争力有直接影响。应构建畅通高效的群岛海陆空联运网络，设计与建设专门化的旅游交通线路，增设旅游集散中心，加强不同交通方式的衔接，重点加强旅游区内交通专项配套设施建设。布局本岛旅游交通换乘驿站，通过在新城、定海、普陀城北、朱家尖等合理布局建设若干旅游交通换乘驿站，重新规划旅游通行线路，利用市场手段与信息导向，再辅以相应管理措施，使游客在舟山旅游更加便捷。换乘驿站为游客提供旅游信息查询、旅游换乘、旅游线路规划、导游服务、预订服务、旅游投诉、旅游救援、餐饮住宿、购物休闲等全方位、一站式服务。配套旅游景区间循环公交网络，依托旅游集散中心，开辟景区和景区之间的旅游公交体系，确保各区内交通主要游览路线能够便利通达各景点，增强各景区之间客源的相互带动效应。

（2）信息技术体系建设。通过智能传感网构成智慧网络，将整个旅游目的地景区、酒店、交通灯设施的物联网与互联网系统完全连接和融合，对景区地理事物、自然灾害、游客行为、社区居民、旅游工作人员行迹和相关基础设施、服务设施进行全面、透彻、及时的感知，将旅游数据中心建成为旅游资源公共服务云平台，通过数据整合、数据分析和数据挖掘为旅游决策提供支持,为智慧旅游服务提供必要的基础设施。通过智慧化路径推动传统旅游业向现代服务业转型的一个重要环节就是帮助旅游企业实现业务系统的信息化。当前舟山旅游企业,包括景区、酒店、旅行社等,信息化程度普遍较低,而智慧旅游的主要任务就是构建可运营的旅游公共服务平台,促进中小旅游企业的服务信息化。

4.人才发展支撑

要把旅游方面丰富的人力资源转化为人力资本,必须培养创新型国际旅游综合人才。地方政府应构建多层次相配套的旅游人才体系,优化用人机制,建立旅游人才流通市场,扩大高级人才引进机制,建设旅游职业经理人和旅游专业技术人才信息库,加强与国内外知名院校在旅游人才培养方面的合作。发挥行业协会作用,与国家旅游局等相关部门合作,对旅游专业技术人才、技能人才进行分类界定,完善专业技术职务任职评价方法,建立旅游从业人员职业资格认证制度。依托国家支持,升级旅游人才培训资源,将高等院校旅游院系和旅游职业教育建设相结合,完善建立市、县、企业三级培训体系,形成多层次的旅游专业教育培训网络,探索建立相关院校、对口专业、培训基地相结合的旅游人才培养新机制,实现旅游从业人员在岗培训常态化。

5.知识产权保护

必须加强服务行业人员对知识产权保护政策的正确认识,建立起服务业人员知识产权保护的意识,重视和加强服务业创新能力的提高和对创新成果的保护。服务业的知识产权保护有别于制造业,应综合采用发明专利、外观设计专利、商标、版权、商业秘密、设计复杂化等保护形式对服务业知识产权进行保护,进而促进服务业人员进行创新。争取将旅游房车、邮轮游艇、景区索道、游乐设施和数字导览设施等旅游装备制造业纳入国家鼓励类产业目录,大力培育发展具有自主知识产权的休闲、登山、滑雪、潜水、露营、探险等各类户外活动用品及宾馆饭店专用产品产业。

6.生态发展理念

政府要树立并宣传"生态""绿色"理念,以生态旅游市场为导向,以旅游资源为基础,以保护生态环境为中心,兼顾海岛旅游的可持续发展潜力。一方面,要注意对岛上原有生态环境的保护。在建设过程中要注意因地制宜,不轻易破坏原有地形、地貌与植被,建筑风格也应与周围环境相协调,尽可能保留岛上的自然风格,创造和谐的海岛生态旅游环境。另一方面,要注意防止过度开发。在海岛开发过程中首先要把好审批关,针对海岛的不同区位特色和环境容量,采取相应的保护措施,控制海岛开发强度,避免资源过度开发。

第三节　舟山群岛新区滨海旅游业服务创新模式

作为全国首批四个旅游综合改革试点城市,舟山海洋旅游业已成为全市经济发展的支柱产业之一,旅游精品项目建设顺利推进,旅游营销手段不断创新,服务体系标准化建设继续完善,管理体制机制积极创新,海洋旅游业整体处于转型升级的创新发展阶段。本节以服务创新为研究视角,在分析细分行业服务创新特性的基础上,对各行业进行案例研究,总结服务创新的成功模式,进一步提出企业服务创新发展模式的建议。

一、海洋餐饮业

1.舟山海洋餐饮业总体现状

舟山餐饮业特色逐步形成,旅游接待能力日益增强。就海洋特色餐饮来说,目前的主要问题有四个。

(1)特色海鲜美食品牌影响力不强。市场规模和影响力不足,海鲜餐饮系列产品开发设计有待创新,餐饮企业硬件设施、服务水平有待提高。

(2)行业整体实力不强。多数企业"小、散、弱",抗风险能力差,在激烈的市场竞争中,转让、倒闭现象时有发生。

(3)行业发展环境不容乐观。高价水、高价电及刷卡手续费偏高,加大了经营成本。从业人员以初中、高中文化的居多,文化素质偏低,且由于劳动强度较大,薪酬相对较低,因此出现很多企业服务员招工难和服务员跳槽频繁的现象。

(4)产品创新能力不足。所推菜式克隆现象严重,什么菜式热销,大家就一哄而上,很多饭店 80% 左右的菜品雷同。质量标准、卫生标准和营养标准方面的工作做得还不够,餐饮产品生产有待标准化。

2.海鲜餐饮业服务创新特性分析

(1)新服务概念维度。餐饮业服务概念创新主要涉及产品创新及辅助餐饮服务创新,前者指菜品、菜名、菜单等方面的创新,后者包括新的服务理念的提倡,如绿色食品、餐饮保险及衍生服务(叫车、代驾、婴儿托管等)。海鲜餐饮的食材特殊性决定了其产品创新难以通过菜式变化和加工方式等实现差异化的服务创新,因此确保食材品质与开拓衍生服务是探索服务创新的可能方向。

(2)新服务传递系统。海鲜餐饮总体组织规模小,业务经营灵活,面向顾客服务的机动应变要求较高,因此海鲜餐饮业在传递系统上的创新主要与组织经营管理方式和员工服务技能相关。

一是创建科学的员工培训体系。员工培训体系与服务技能和质量密切相关。餐饮企业员工培训包括常规培训(岗前培训、餐前培训)、礼仪培训(餐前、餐中、餐后礼仪)、特殊培训(对残疾人员就餐服务、幼儿就餐服务、老人就餐服务、外籍人员就餐服务)、信息技术运用培训(用电脑点餐)等,造就一个覆盖全员上下的科学的、立体的、全方位的员工培训系统工程是餐饮企业进行服务创新的一个重要维度。

二是创建客户关系管理系统。它主要指对前来就餐的大客户(大型企业的固定客户、旅行团队、包间客户)、老客户的就餐情况进行记载,包含用餐时间、用餐数量、用餐周期、常用菜单、顾客职业、顾客经历、顾客文化程度、兴趣爱好等,便于服务人员提前进行个性化、周到的餐前、餐中服务准备,目前舟山餐饮业在这方面很薄弱,因此该维度上的创新有利于带来差异化服务,提高服务质量。

三是实行全程服务监控管理,即企业监控服务的全过程。企业一方面通过常规巡视、定期检查、听取顾客意见等方式来收集服务信息,有效监控餐饮服务质量;另一方面,通过预先控制(开餐前所做的一切管理服务)、现场控制(现场监督正在进行的餐饮服务是否按规范化操作,对意外事件处理是否及时、适当)和反馈控制(通过质量信息的反馈,找出服务工作的缺陷,进一步加强预先和现场控制)及时解决服务中的问题,及时处理服务紧急事件和意外事件。全程服务监控管理也是服务管理中的一项重要内容,对于提升服务质量和顾客满意度具有重要作用。

　　总体而言,服务传递系统是海鲜餐饮业可以重点利用的一个创新维度,但对各类海鲜餐馆而言,针对规模小、同质竞争严重等实际情况,在服务的监控管理上可以借助公共管理平台的监督和扶持减少投入,提升成效。

　　(3)新的顾客界面。软硬件服务设施直接影响了顾客对服务质量的感知,也是餐饮业能否形成友好顾客界面的关键,是餐饮服务创新中灵活度较高的一个维度,主要呈如下特点:

　　一是实物界面是形成差异化服务的重要方面。实物界面主要包括用餐场所与服务人员的行为和服务流程,创新主要在于用餐环境的文化融入、主题点缀和服务人员语言、态度、接待程序及食物从加工到呈现给顾客的方式创新等方面。因此,不同餐饮企业对于用餐环境及从业人员的不同要求和标准是进行顾客界面上的服务创新的关键。

　　二是虚拟界面创新虽然不能确保竞争优势的持久,但依托虚拟界面加强服务技能,改善服务态度能显著地提升服务质量。虚拟界面主要是指餐饮企业应用网络信息技术建立与顾客沟通交流的功能平台,包括电子订桌订餐系统、网上投诉处理系统、官方微信、团购及点评网络等。通过虚拟界面提升服务质量和顾客满意度,关键在于网上信息的及时处理、投诉的满意答复和微信等互动沟通渠道的充分利用。因此,通过顾客界面创新实现服务质量和竞争优势的提升,重点在于利用虚拟界面提高服务技能,改善服务态度。

　　(4)外部创新平台。基于餐饮行业市场规范和服务质量的监督与投诉处理等会受公共管理部门的影响,故而公共管理部门是餐饮服务创新活动中的一个重要维度,其对行业服务创新的影响主要体现为产品定价规范与市场竞争环境的维护、食品卫生和安全监督保障、地区餐饮特色的形象宣传、运营许可证的颁发等。公共管理部门推进服务创新可以视作行业整体创新的推动因素,因而可以作为分析餐饮服务创新中的一个重要驱动力。

3. 案例:海洋特色餐饮服务创新模式探讨

(1)简介。沈家门夜排档享有"中华美食街""长三角城市群心醉夜色体验之旅示范点"等荣誉称号。夜排档管理服务中心作为管委会下属的事业单位机构,负责监督、考核夜排档日常经营与 24 小时处理顾客投诉。

(2)服务创新模式分析。沈家门海鲜夜排档服务创新模式有六个方面的内容:

第一,品质为上,明码标价。夜排档海鲜注重原汁原味,依托地理位置的优势,海鲜原材料采购实现了直接从海港到餐桌"绿色通道"的快速便捷,保证了原材料的新鲜优质。大排档厨房透明,卫生公开,让食客对海鲜加工制作过程一目了然,实时接受顾客监督。同时各摊位统一价格,明码标价在各摊位的电子显示屏上。菜价由夜排档自律委员会成员根据市场采集、讨论进行定制,每周更新一次。

第二,管理与服务并重,严把质量关。夜排档管理服务中心制定了夜排档考核实施办法,通过亮牌警告与停业整顿相结合的办法,采用积分制,年度考核得分前列的经营户拥有次年摊位竞拍优先权,排名末位且全年亮牌累计数达 10 张的经营户取消次年度摊位招标的竞租资格,违规情节特别严重的直接解除租赁合同,收回摊位经营权。同时,应对旅游旺季投诉高峰,健全"就近"维权网络,最快速度进行处置。夜排档服务中心与普陀市场监管分局建立消费维权互动机制,开辟海鲜排档维权快通道。

第三,自我约束,树立行业服务新风尚。夜排档推选出的业主代表组成了沈家门海鲜夜排档自律委员会,自律委员会有权参与摊位考核等各种与经营者利益相关的制度的制定,负责监督排档经营行为和与管理服务中心之间的联络事宜,并组织团体采购海鲜等原材料。自律委员会成立以来针对海鲜定价从限定食物最高价到明码定价,遏制了"宰客"和恶意低价竞争的现象,实现了年度消费者零投诉。

第四,餐饮保险,业界创新。夜排档管理服务中心与中国人寿保险公司签署了游客人身意外伤害保险合作协议,以保障游客人身安全。凡进入夜排档就餐的游客,就餐期间如发生摔跤、物体碰伤、食物反应等意外伤害事故,保险公司给予最高每人2万元的意外伤害医疗费补偿;发生类似伤亡、致残事故,给予每人20万元的补偿。合作协议的签署是舟山餐饮行业投保人身意外伤害保险的先例,为就餐游客系上了"保险带"。

第五,微信营销,互动宣传。夜排档建有官方微信,包括沈家门大排档的整体介绍、微信订桌订餐服务、海鲜饮食文化、舟山旅游景点推介、游客有奖活动及信息监控等,开通了与消费者之间的即时互动沟通渠道。

第六,挖掘海洋文化,展示海岛特色。一是打造渔港景观文化。在夜排档南面的鲁家峙山上建设景观灯塔,营造动态灯柱,与山坡上彩色的灯光辉映,与夜排档的篷房、穿幕、鱼屋等建筑群遥相呼应,构成相映成趣的渔港风情。二是策划排档一台戏。安排艺术团体每逢周末或节假日在夜排档中心广场进行渔港秀演出,以文化船、广场秀、老图片展览、渔歌号子等载体,向游客奉献一台富有浓郁海洋文化特色的精彩文艺节目。三是组织一批排档艺人。以挂牌上岗形式,组织排档艺人,以吹拉弹唱等形式为游客提供一个互动平台,演艺排档特色表演。四是推出《沈家门夜排档》期刊。利用海鲜夜排档的品牌按季出版反映普陀海洋文化的《沈家门夜排档》杂志,提升沈家门夜排档的文化品位,展示普陀海岛特色、海洋文化、海鲜美食。

(3)沈家门海鲜夜排档服务创新模式小结。对于沈家门海鲜夜排档服务创新模式的总结可以见表14.2。

表 14.2　沈家门海鲜夜排档服务创新模式

创新维度	服务创新内容
服务概念创新	区别于其他海鲜餐馆,最强调海鲜原材料的高品质、新鲜;餐饮保险,加强用餐保障
传递系统创新	经营者代表成立自律委员会,参与明码标价海鲜的定价过程,加强与管理服务中心的沟通联络
顾客界面创新	LED 明码标价系统,防止"宰客"和"低价恶意竞争" 透明厨房,食物加工过程全公开 微信营销,实时互动,培养"回头客",加强品牌宣传 海洋文化展示宣传:演出、艺人、期刊及景观文化打造
外部创新平台	改变了以往公司经营管理模式,由区管委会所属机构管理,负责考核、监督、处理投诉、统一发布宣传信息等,显著提高了服务质量并降低了顾客投诉率

　　沈家门海鲜夜排档以服务产品创新为核心,重点突出夜排档海鲜品质高、味道鲜美的特色,并在地方公共管理机构——海鲜夜排档管理服务中心的考核、监督和服务下,通过成立自律委员会和顾客界面上的一系列创新,成功打造了舟山品海鲜的金名片,外部创新平台驱动下的服务概念主导的创新模式成为沿海地区海鲜夜排档服务创新的典型代表,如图 14.1。

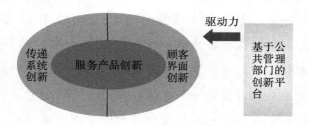

图 14.1　沈家门海鲜夜排档服务创新模式

二、旅游景区开发业

1.舟山旅游景区开发业总体现状

　　旅游景区基本上可分两种类型,一类是经济开发型旅游景区,主要包括以主题公园为代表的现代人造景区;另一类是资源保护型旅游景区,包括森林公园、自然保护区、风景名胜区、博物馆。国内 80% 的旅游景区属于公有制,舟山的景区开发以资源保护型为主,以国有性质为主,有部分社会投资开发的景点景区。行业总体存在四方面问题。

(1)旅游景区体制复杂、管理政出多门。旅游景区的体制已经成为束缚旅游景区发展的最大障碍,而其中最令人关注的是旅游景区的所有权和经营权问题。由于旅游资源分属不同部门,包括林业、建设、宗教、文化等部门,有的旅游景区分属几个部门管理,各部门承载的社会责任及行业功能和考虑问题出发点不同,为了自身利益,在景区开发时各自为政,缺乏全局观念,难以产生协同整体效应。我国大多数旅游景区的管理政企不分,事企不分。

(2)无序开发、建设重点不突出造成了资金的浪费。一些职能部门受利益驱动,在景区内乱开发建设,造成浪费。另一方面,开发资金并没有投入到重点项目当中,而是盲目建设了大量低层次的景区设施,浪费了有限的资金。

(3)滥用旅游景区资源对环境的破坏。受短期利益驱动,旅游景区在开发的过程中往往只注重开发利用资源,而忽视旅游资源的保护,结果致使很多现有的旅游资源价值降低,并导致生态环境的恶化。一些投资开发者,忽视科学规划,在开发过程中,大量建造游乐设施和不必要的建筑物,运营时过度接待旅游者,不控制旅游景区的环境容量,导致旅游资源、旅游环境过度利用而使旅游资源遭到破坏。

(4)旅游产品质量和服务质量的滞后。旅游景区中普遍存在着产品老化、内容单一、主题重复、缺乏变化的现象。而且,景区内的各项配套服务设施、服务内容不完善,景区接待服务能力差。这些都导致了旅游景区"新、奇、特"特色的丧失,使景区失去了吸引力和竞争力,市场适应性差,可持续发展后劲不足,难以适应旅游业的发展。

2.旅游景区开发业服务创新特性分析

(1)新服务概念维度。舟山景区开发总体仍处于资源依赖型的传统业务发展阶段,景区开发建设受公共管理部门影响大,开发涉及的土地资源征用问题复杂,整体运营以门票收入为主,附加效益很少,产品创新度低。一是资源雷同导致的产品同质、无序竞争。以沙滩、海水、阳光组合起来的旅游产品存在于舟山多个景区中,仅依靠资源进行产品创新难度大,可行性低,这一点显见于东沙景区免费开放后对南沙景区门票收入的影响。二是产品开发层次低。旅游景区收入基本为门票收入,其他经营活动难以开展或效益一直很低。三是产品开发被动。景区开发目前或受制于行业部门多重管理因素影响,或受制于土地资源历史遗留问题,投资开发公司自主权小。因此,舟山旅游景区开发在新服务概念维度上的创新取决于管理体制的突破和新的服务理念的推出,即在初次开发建设的基础上,如何更好地整合已有资源,突出景区亮点和特色,打造景区品牌,从而在行业中形成重要的竞争优势。

(2)新传递系统。旅游景区开发在传递系统上的创新主要包括景区管理经营模式的创新和员工服务技能的培训创新。就目前舟山旅游景区开发行业来说,服务传递系统上的创新是企业提升服务质量,获取竞争优势的一个重要维度。

一是管理体制创新。旅游景区开发经营管理模式的创新,关键在于管理体制机制的突破:明晰旅游主管部门的职权,权责利要相对应,避免部门之间的扯皮、推诿;旅游管理部门与经营部门分开,政企分开、政事分离,开发与保护并举;主管部门负责地区接待设施建设,增强对旅游者的接待能力。

二是经营体制创新。旅游景区经营体制的创新主要在于谋求所有权与经营权的适当分离。景区经营权的出让,可以激活旅游资源效应,同时还可以引入不同性质的资本参与旅游景区的开发经营,引进资金、吸收先进的管理方式和经营理念,解决景区开发的资金问题。

三是员工技能创新。景区开发公司管理人员与服务人员的服务技能直接影响到服务质量和水平,技能创新重点通过企业常规培训、行业管理部门年训、新旅游项目培训,以及针对现场投诉处理人员、安全员、讲解员等专项技能等培训进行。

(3)新的游客界面。软硬件服务设施直接影响了游客对服务质量的感知,也是企业形成友好顾客界面的关键,是企业服务创新中灵活度较

高的一个维度,主要呈如下特点:

一是实物界面易形成差异化服务。旅游景区的实物界面主要指景区的硬件配套服务,如景区交通、饭店、旅馆等以及景区服务人员的行为和服务流程。服务设施的完善与高质量的服务给游客营造的舒适、方便、安全、卫生、放心的旅游环境有助于提高顾客满意度。

二是虚拟界面竞争优势不明显。目前能应用在旅游景区的网络技术和旅游专业技术主要有电子订票系统、旅游管理信息系统、旅游电子商务等,这一类系统基本会在行业内推广普及,因此,虚拟界面创新并不能为某家旅游景区带来持久或明显的竞争优势。

(4)外部创新平台。基于旅游行业基础设施建设和市场规范易受公共管理部门的影响,加上旅游景区开发目前的运行体制,公共管理部门是景区开发业服务创新活动中的一个重要维度,对行业服务的创新一方面体现在支持和保障行业运行的平台作用,包括交通等旅游基础设施的建设,规范旅游市场,保障企业公平竞争环境,加快推进行业信息网络设施建设等;另一方面体现在管理体制的突破,真正实现所有权与经营权的分开。因此,公共管理部门对服务进行创新可以视作是景区开发业整体创新的推动因素,可以作为企业服务创新中的重要驱动力分析。

3.案例:旅游景区开发服务创新模式

(1)简介。朱家尖旅游开发投资有限公司成立于1996年4月,为朱家尖旅游管理委员会下属国有独资企业,公司主要负责加强景区设施配套、加强旅游宣传促销和加强景点内部管理等事宜,所辖景区包括朱家尖南沙、乌石塘、白山三大景点,以及阿德哥休闲渔庄、乌石塘海钓俱乐部等。2008年,朱家尖景区被世界旅游资源博览会评为最佳生态目的地;2009年,被中国十大影响力品牌推选组织委员会推选为"中国最具影响力十大旅游景区",同年,乌石塘景点被环杭州湾生态行系列活动组委会评为"长三角南翼环杭州湾20个生态旅游景区";阿德哥休闲渔庄被授予"舟山市三星级渔(农)家乐经营点",被浙江省旅游局授予"浙江省农家乐特色点"等荣誉称号。

(2)企业面临的问题和困难。企业面临的问题和困难见表14.3。

表 14.3　企业面临的问题和困难

问题	具体困难
体制机制问题	管委会下属的国有独资公司,实际运营中,开发投资完全取决于管理部门,景区开发涉及土地、文化、旅游、规划等多个部门,因此旅游产品开发创新难度高,属于典型的政企不分。受历史拆迁问题影响,景区内餐饮和纪念品零售经营场所为本地村民所有,一方面景区难以通过其他经营活动增加收入,另一方面难以统一管理提高景区整体服务水平
旅游产品问题	区内存在同质产品,东沙和南沙同属沙滩海域组合,但前者在政府确定为免费开放景点后,对后者的门票收入造成很大影响,相较往年收入损失 40% 左右 旅游产品开发层次低,景区收入基本依靠门票,如沙雕园区每年仅举办沙雕作品展示,但景区运营维持成本大,实际利润为亏损状态
组织结构问题	自公司成立以来一直保持国有性质,人员与组织结构基本没变化,层级制明显,公司在一定程度上相当于管委会的一个部门,职业经理人自主权有限
从业人员问题	人员流失率很低,90% 以上为老员工,已具有在本企业十几二十年的工作经验,员工整体专业素质不高,创新意识和创新意愿都不够
业务经营问题	业务单一,以收取门票和景区内部管理为主,配套的业务活动如娱乐、餐饮、交通等开发明显不足
资金问题	国有独资,因免费开放的东沙景区的安全管理成本支出及其对南沙景区收入的影响,入不敷出
企业理念问题	负责人及部分核心员工团队创新理念较为落后,创新主动性不够,求稳心态重;外聘的职业经理人有创新意愿,但因资金问题,产品开发困难重重
公共管理平台问题	旅游景区开发涉及多个管理部门,平行部门及上下部门之间难以统一决策;景区开发涉及的土地、遗产等涉及地方村民利益的历史问题遗留,造成开发公司主动权严重受限

　　③朱家尖旅游投资开发公司创新模式选择。企业创新模式选择见表 14.4。

表 14.4　企业创新模式选择

创新维度	服务创新内容
新的服务产品	避免严重的同质化竞争,东沙景区可在淡季或面向特定人群有选择性地免费开放 现有景区资源的整合与挖掘,确定各景区核心竞争优势,突出各自特色,注重与各区内风景、文化、动物、植物、气候、历史遗迹等多种资源相融合 突破业务经营单一性,发挥公司产品开发的主动性,邀请当地居民共同参与景区内纪念品销售、餐饮、景区内部交通等旅游产品的设计开发,建立良性运营体系
新的传递系统	突破管理体制,实现政企真正分开 突破经营体制,引入社会资本和先进的管理方式与理念 老员工业务素质提升培训与新员工的适当引进
新的顾客界面	景区内基础设施的改善,包括交通、购物、餐饮、住宿、信息咨询等 网上订票与服务信息系统功能的个性化设计
公共管理平台	加强基础交通设施建设 加强景区开发涉及的与当地居民利益相关的问题的协调解决 明确主管部门职权,协调和相关部门之间的沟通问题

　　鉴于对本地旅游景区开发行业服务创新特性的分析,新的传递系统即新的管理和运营体制从根本上决定了景区开发公司产品开发、服务创新和人员与组织的提升等一系列问题,以朱家尖旅游投资开发公司为代表的舟山这一类景区开发企业,重点可选择以组织管理和运营体制创新为核心,加强景区旅游产品的整合开发,并依托公共管理部门共同完善景区配套基础设施。这一由外部平台驱动下的传递系统创新主导的创新模式如图 14.2 所示。

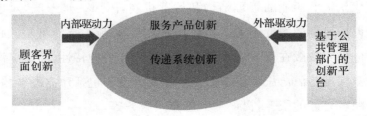

图 14.2　朱家尖旅游投资开发公司服务创新模式选择

三、星级酒店业

1. 舟山星级酒店业整体现状

(1)管理机制不灵活,调整创新难度高。相较经济型连锁酒店,星级酒店部门更多,要求集齐全的餐饮、住宿、娱乐、休闲等功能于一体,因此管理体制机制的转变不如小型酒店灵活,面对行业形势剧变和政策突发因素等情况时,经营调整的难度更高。

(2)同质化竞争,差异不明显。突出表现在餐饮经营上,星级酒店的特色不如小型餐馆,酒店开设的中餐厅、西餐厅等提供的菜肴多数雷同,难以吸引回头客。

(3)服务人员流动频繁。星级酒店中同样存在着餐饮与住宿行业内服务人员流失率高的普遍现象。服务人员流动频繁,造成服务标准体系难以构建,服务水平难以保证。

2. 星级酒店业服务创新特性分析

(1)新服务概念维度。酒店服务业提供的服务产品既包括了住宿、餐饮,也包括了期间服务人员的一系列服务行为。相较于其他旅游行业,酒店业服务产品容易通过创新形成特色,包括特色菜肴、别致的客房布局、特推的休闲娱乐活动,以及服务人员注重细节化的个性服务。但就舟山星级酒店业的发展来说,酒店之间差异不大,同质化竞争现象明显,因此新服务概念是酒店服务业创新的一个重要维度。

(2)新传递系统维度。一是组织结构与经营管理方式稳定,可调整创新的力度不大。星级酒店服务业部门庞杂,功能齐全,基本沿袭了国内外现代星级酒店业的管理结构和运营机制,因而一旦形成,对于服务创新来说可调整的力度不大。二是服务标准高,员工技能可塑性强。相对于硬件设施一般在行业内难以形成差异化优势的特性,高星级酒店业的高服务标准是酒店服务创新的一个重要维度。包括建立顾客档案,提供匹配顾客喜好的服务,提供贴身管家式服务等。

(3)新顾客界面维度。一是设施设备标准化程度高,行业水平差异不大,细节化设计是突破点。星级酒店业内统一的高标准的硬件设施,往往难以形成差异化的优势,因此设施设备等在细节设计上体现的人性化服务是一个创新突破点,如保证 24 小时恒压的供水设备,为有特殊香薰需求的顾客提供香薰设施及可供挑选的软硬枕头等。二是服务行为综合性高,对顾客满意度影响大。酒店服务人员的内在素质影响酒店各种制度、服务标准和操作规程作用的发挥,同时也影响着服务质量的提高。一线服务人员的服务行为直接影响着顾客的满意度,服务行为包括服务人员的仪容仪表、行为举止的职业化、服务人员的文化水平、文明程度、道德修养及专业知识、服务意识等。

3.案例:星级酒店业服务创新模式探讨

(1)简介。普陀山雷迪森庄园是普陀山的豪华精品酒店,是国内第一家禅文化主题酒店、"中国十佳主题酒店"。秉承雷迪森优质服务理念,潜心融入当地文化特色,推崇独特的禅修体验及充满惊喜的贴心服务。酒店拥有海景套房、豪华套房、家庭休闲房、豪华房、高级房、标准房等多种房型 108 间;拥有 250 个餐位,提供舟山特色海鲜与养生素宴;设有禅房、抄经台、室外游泳池、足浴、棋牌、乒乓球等多种养生休闲设施。

(2)普陀山雷迪森庄园服务创新模式探讨。以禅文化服务特色为核心竞争力,全力打造普陀山最好的佛家起居室。

一是美食创新,素食传递舌尖味道。在酒店餐饮上,雷迪森庄园特推佛家素食系列,包括研发蔬菜养生汤,在户外休闲平台推出"清凉月"亭宴,准备大堂迎宾禅茶等。尤其是结合佛教礼仪提出的无尘禅房精品素斋,遵循沐手—清尘—静心—进香—用餐之礼仪,为普陀山开创之举,深受游客好评。

二是心到意到,细节感悟禅文化。在个性化服务上,酒店注重提供细节体验式服务,包括设置开机电视讲经台,由高僧法师讲经说法开示人生;设置抄经台和阅经台,供客人抄阅经册;在客人停留之处如餐桌、洗手间等设置禅机故事卡,供客人随时随地感悟人生智慧;制作《礼佛》手册,供客人学习进香礼佛,以随时悟道;推出禅修之旅组合包价服务项目,丰富禅修内涵。

三是禅意与美学结合,打造佛家起居室。在酒店装饰方面,包括了佛家偈语,酒店大堂的历代观音宝像,走廊陈列的高僧大德禅悟的书法墨宝,酒店各处悬挂的"禅画",陈列的佛教艺术品,以及室外的佛像小品、台阶上的水莲花等,让游客随时随地体验禅修美学;在酒店用品上,提倡禅修的服务理念,用佛家用语命名各类用品并布置相应客房装饰品。

四是佛音养耳,香味触法。酒店在各个不同场合布置不同的背景音乐,既展示禅修主题又符合起居室功能;推出香薰管家服务,涵盖客房内的多款熏香和公共区域的香薰灯。

五是体贴管家式服务,关心身意。雷迪森庄园在行业五星级标准的基础上,不断强化细节服务,包括实时的恒温监控,利用变频技术改善二次供水设施,调整客房服务管理程序等。

(3)普陀山雷迪森庄园服务创新模式小结。普陀山雷迪森庄园服务创新模式见表14.5。

表 14.5　普陀山雷迪森庄园服务创新模式

创新维度	服务创新内容
服务产品创新	突出禅修的主题特色,重点围绕禅修游客的需求,提供富有特色的客房、餐饮及休闲设施:禅文化主题客房,佛家素宴,抄经、普佛、经行、禅茶、禅定等活动及相关设施
传递系统创新	营销推广重点面向宗教信仰人群,客源地以长三角、福建和东南亚等地为主;集团化的服务质量管理体系,以及在此服务质量标准体系之下追求个性化和细节化服务
顾客界面创新	从业人员服务素质的提高与企业服务标准体系的构建;服务人员着装、酒店装修、店外环境塑造等均体现禅文化主题

普陀山雷迪森庄园以服务产品创新为核心,通过将服务传递系统和顾客界面上的创新相匹配,为特定目标顾客群提供主题特色服务,服务概念主导的创新模式成为地区星级酒店业内服务创新成功模式的典型代表,见图14.3。

图 14.3　普陀山雷迪森庄园服务创新模式

四、旅行社业

1.舟山旅行社业总体现状

随着旅行社竞争逐渐加剧,国内旅行社的经营特色和旅游产品越来越丰富,但旅行社服务质量问题仍很突出。从行业调研数据来看,舟山旅行社经营总体上仍然处于粗放、规模不经济的发展水平,市场经济发育不完善,体制、机制、法制不健全,市场秩序混乱的状况没有得到根本治理,服务质量问题突出。

(1)旅行社规模小,从业人员素质偏低。旅行社普遍存在"小、弱、散、差"状况,不少旅行社实行作坊式的小门面经营,从业人员中大专以上文化程度者占 24% 左右,经理层中大学本科以上学历者只占 14%,持初级证书的导游数量较多。从业人员整体素质偏低,使其服务水准难以达到标准化、规范化要求。

(2)经营水准不高。各家旅行社的经营业务差异性不大,往往出现"一家开发、大家搭车"现象,在组接旅游团队业务方面大都以常规线路为主。旅行社对外促销基本上各自为政,对外没有形成具有较强竞争力舟山品牌形象。

(3)不规范经营现象较为普遍。压价竞争、超范围经营和虚假广告招揽游客的现象仍然存在。

2.旅行社业服务创新特性分析

(1)新服务概念维度。舟山本地旅行社总体仍处于传统业务阶段,客户以团体游客为主,受行业共性制约加上本地所处发展阶段的影响,

旅行社产品开发创新度很低,主要呈如下特点:

一是产品同质化。旅行社安排的旅游景点和线路受到本地旅游资源的制约,使得旅游服务产品在产品形式、路线安排和项目设计上都具有同质化倾向。

二是产品创新的先行优势短暂。旅行社产品无法进行专利注册和知识产权保护,先行开发旅游线路的旅行社容易被同行模仿与超越。

三是产品开发被动。旅行社本质上是服务中介机构,自身难以开发新的旅游景点,因此新的项目开发受制于景点投资开发公司。

总体而言,舟山旅行社产品开发基本出于对已有旅游线路的重新组合与改进,受地区资源依赖和观光旅游的发展阶段限制,旅游产品以较低层次的观光型产品为主,休闲度假型、高附加值的旅游产品较少,因此游客目标市场小,以国内长三角区域为主,外加部分东南亚宗教信仰群体。因此,对旅行社来说,新服务概念维度不是目前进行服务创新,从而获取明显竞争优势的重要维度。

(2)新传递系统。旅行社组织规模小,业务经营灵活,面向游客服务的机动应变要求较高,因此旅行社业在传递系统方面的创新度较高,主要呈如下特点:

一是组织经营管理方式的创新。规范化的承包制是旅行社经营中的代表模式,由旅行社提供业务运作平台,具体业务承包给个人,在一定程度上降低了旅行社的经营风险,但同时可能会影响旅行社的整体服务标准和形象。

二是兼并与重组创新。兼并重组的集团化创新有利于提升企业运营规模,形成批发商与零售商共存的先进模式,降低运作成本,获取竞争优势。较小企业之间的兼并重组将是整个旅行社市场走向成熟转型阶段的一个重要趋势。

三是员工技能创新。旅行社内部管理人员与导游的服务技能直接影响到服务质量和水平,新型旅游模式的创新和行业服务质量的提升,需要依托旅行社员工技能的提升。技能创新的重点通过企业常规培训、行业管理部门年训、新旅游项目培训,以及针对导游的量化考核与奖惩等进行。

总体而言,服务传递系统是旅行社业可以重点利用的一个创新维度,舟山旅行社总体仍然处于传统经营阶段,行业部门试图在某一地区开展的小企业兼并重组也并未成功,从业人员整体素质偏低,企业后期培训与提升投入很小。

(3)外部创新平台。基于旅游行业基础设施建设和市场规范受公共管理部门的影响,公共管理部门是旅行社业服务创新活动中的一个重要维度,其对行业服务进行的创新主要体现为支持和保障行业运行的平台作用,包括对交通等旅游基础设施进行建设,规范旅游市场,保障企业公平竞争的环境,加快推进行业信息网络设施建设等。公共管理部门对服务进行创新可以视作行业整体创新的推动因素,因而可以作为企业服务创新中的一个重要驱动力进行分析。

3. 案例:A 旅行社服务创新模式选择

(1)简介。A 旅行社创办于 1999 年,设有沈家门门市部、定海营业部、六横门市部、东港门市部、岱山门市部等分支机构,是普陀区最早一家具有操作出入境业务资格的国际旅行社。受政策影响,过去以团队游客为主的旅行社近年经营业绩明显受挫,直接导致员工奖励性收入急剧削减,内部还存在老员工排斥改革创新、电子商务绩效不佳、团队游客锐减、新型旅游产品开发困难等问题。

(2)主要困难和问题。A 旅行社面临的困难见表 14.6。

表 14.6　A 旅行社面临的困难

面临问题	具体困难
组织结构问题	维持稳定业绩之后,旅行社业务经营组织结构基本维持不变。适应传统业务阶段的组织结构,已不能有效应对行业新挑战。同时,组织功能过于精细化的分工使得员工在业务量下滑的阶段,效率低下,积极性不高,创新改革难度加大
从业人员问题	人员新进率非常低,95%以上为老员工,已具有在本企业十多年的工龄。一方面员工整体专业素质不高,另一方面员工非常排斥改革创新

续　表

面临问题	具体困难
业务经营问题	传统的、具有多年合作经验的团队游数量受政策因素影响急剧下滑;尝试开展网上业务因负责人和老员工缺乏基本电子商务专业知识而进展不顺利
体制机制问题	绩效奖励以团队为单位,在团队内部按职级分配奖励,激励作用不明显
资金问题	面临经营业绩差的困境,有尝试开发新型旅游产品,但限于前期开发营销成本,企业的资金压力过大,不敢冒险
企业理念问题	负责人及核心员工团队创新理念较为落后,创新主动性不够,求稳心态重
公共管理部门问题	地区旅游业基础设施薄弱,旅游交通不畅,整体旅游接待能力不足;旅游整体宣传不够,地区内景区间客源联动带动效应差;旅游信息系统建设有待加强和推广,企业电子商务开展有待推动与人员培训指导

（3）A 旅行社服务创新模式。A 旅行社服务创新的维度与内容见表 14.7。

表 14.7　A 旅行社服务创新的维度与内容

服务创新维度	服务创新内容
新的服务产品	开发组织散客旅游模式:亲子游、自驾游、相亲游 与地方电视台人文类、美食类节目合作,重点组织地方人文历史体验、美食特产品尝等旅游活动 海岛特色旅游:积极开发体验旅游、军事旅游、海洋生态旅游、康体旅游、主题岛度假、岛屿拓展旅游、探险旅游等特色产品
新的传递系统	电子商务承包经营:依托于旅行社本身的业务运作,将线上营销、交易等业务承包给具有专业电子商务背景的运营团队;对员工进行新业务技能的培训
新的顾客界面及新的技术	从业人员服务素质的提高与企业服务标准体系的构建 网上交易服务信息系统功能的个性化设计

鉴于旅行社行业服务创新特性中,新的传递系统和新的顾客界面对于企业竞争优势的明显作用,以海中洲旅行社为代表的舟山这一类旅行社,重点应选择以组织运营和服务标准维度为核心,尝试开拓新型旅游产品,如图 14.4 所示。

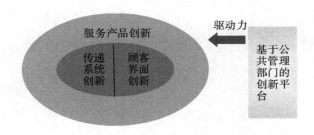

图 14.4　A 旅行社服务创新模式选择

五、总结

从总体来看,舟山滨海旅游业服务创新模式如表 14.8 所示。

表 14.8　舟山滨海旅游业服务创新模式

行业	典型服务创新模式	创新模式特点	代表企业	可推广亮点
海洋餐饮业	外部创新平台驱动下的以服务概念创新为主导的创新模式	产品(食物)为服务创新的核心概念,同时需要顾客界面和传递系统上的一系列创新共同推进,并且外部创新平台是驱动创新的一个不可或缺的重要因素	沈家门海鲜夜排档	"新鲜健康"
景区开发业	外部创新平台驱动下的以传递系统创新为主导的创新模式	管理体制和机制上的创新成为服务创新必须实现的一个突破因素,这是其他服务创新得以后续开展的前提	××旅游投资开发有限公司	体制机制突破
星级酒店业	以服务概念为主导的创新模式	服务概念创新是整个创新模式中的核心因素,其他创新围绕服务概念的创新支持开展,形成企业的差异化竞争优势	普陀山雷迪森庄园	服务标准化与差异化的平衡
旅行社	以企业为主导型的创新模式	企业层面的顾客界面创新和传递系统创新是当前获取行业竞争优势的主要维度	××旅行社	规范化经营

第十五章
舟山群岛新区海洋产业创新发展的对策

第一节　优化产业

一、优化海洋产业结构

1.加快发展海洋第三产业

（1）滨海旅游业。要充分利用资源优势，加大开发力度，打造特色项目，完善配套设施。舟山岛屿众多，资源禀赋各异，并且具有一定的历史文化底蕴。一方面要进一步整合各类资源，重点打造一批重量级的滨海旅游项目和特色精品项目，如近年来宁波象山县的开渔节和影视城等项目已形成了较大的影响力。在重点项目的带动下，积极发展海洋观光、休闲海钓、生态农业等特色旅游，形成以重大项目为支撑、休闲观光为特色的滨海旅游产业体系。另一方面，要加大旅游配套设施建设，完善交通、商业设施和水电通讯，加强保障，为游客创造更好的休闲旅游体验。海洋运输业要与海洋工程建筑业相配合，进一步加大基础设施建设和提高科技信息化应用水平。

（2）港口物流业。首先，围绕舟山国际物流岛和"江海联运"一号工程的建设目标，优化港口布局，调整港口泊位，完善沿海散货运输系统和大型集装箱运输系统，提高港口的吞吐能力，形成港口业务、物流与贸易、建筑与制造和综合服务业务的综合港口发展模式；其次，对老码头进行建设改造，加速港口科技创新与成果应用，改造散货装载系统，采用集装箱无人桥板头、人木分离装卸工艺等提高港口作业的安全性，使用矿石智能平车机、袋装货物自动码包机降低作业强度，提高作业效率；最后，完善海洋交通运输支持系统建设，提高海洋科技创新能力与科技成果转化率，切实保障海洋交通运输业的稳步发展。

（3）交易平台，以大宗散货储备和中转集散为基础，以港区储运基地、物流园区和电子商务平台为载体，建设石油、化工、矿石、煤炭、粮食等大宗商品现货交易市场，逐步发展中远期合约交易，最终争取发展期货交易并形成与国际接轨的大宗商品交易价格指数。

（4）海洋科技服务业、海洋金融服务业。加快"数字海洋"工程建设，积极推进海洋信息技术的发展，建立海洋经济监测与评估系统、海洋空间地理信息系统，开展海洋生物、矿产资源勘探定位，进行深海环境调查与测绘，进行海洋科普，传播海洋文化，发展新兴海洋服务业。

2. 优化调整海洋第二产业

（1）临港型能源工业。发挥石油化工产业优势，培育新能源、新材料等新兴海洋化工产业的发展，构建以化工产业为主导的产业链条，加强与宁波化工行业的产业融合，提高化工产业发展水平。积极探索海洋化工发展的新思路，在原有化工产业基础上，建立起海水养殖、制盐、化工生产等资源综合循环利用的产业链条，合理开发、综合利用海洋资源。打造高科技化工园区，引进表面活性剂、脂肪酸酯等高附加值化工产品的生产。

（2）海洋船舶修造业。船舶修造业要构建产业链集群效应，打造精品主流船型，加快研发高科技船型和特种船型，建设配套设备重点品牌和研究关键制造技术，打造新型高科技的船舶装备基地，保持船舶业的稳定发展。

（3）海洋生物制药业。海洋生物制药业要进一步加大研发力度和生产推广，充分发挥污染小、前景好的优势，尽快形成产业规模，成为舟山海洋经济的新兴增长点。另外，海水综合利用、海滨砂矿业等具备一定特色的海洋第二产业要积极调整结构，实现转型升级发展。

3.稳步提升海洋第一产业

（1）海洋捕捞业。重点促进远洋捕捞发展，实现捕捞作业现代化、智能化，对近海捕捞加大管控力度，制止过度掠夺式捕捞，保护海洋渔业资源循环再生。

（2）海水养殖业。加快改造传统作业方式，优先发展高效生态海水养殖，建设生态友好型海水养殖基地，加强对海水养殖的技术指导和市场推广，搭建养殖技术经验交流合作平台，提高海水养殖经济效益。

二、加强产业中龙头企业的培育建设

产业龙头具备较强的"市场营销，拓展空间"能力、"组织生产，延伸链条"能力、"科技开发，发展工业"能力、"创造财富，培养人才"能力，通过重点培育产业龙头，完善产业链条，成熟后形成产业集群优势，以此逐步带动产业生态圈的形成。

产业集群发展初期，资金、技术、原料或配件、人才会相对比较欠缺，可以通过产业园区的建设，为龙头企业的发展提供载体，同时加大基础设施及生活设施的建设，形成吸引科技、资金、人才的良好机制。在集群化发展的进程中培育产业龙头要严格避免同质性重复建设，在区域、产业层面实现企业间，以及企业与政府之间有序的分工、协作、配套，大力提高生产经营的效率和区域产业核心竞争力；着力推进优势产业集群发展，充分利用海洋资源优势，围绕重点产业进一步拉长产业链，提升产业核心竞争力；要加快推进"十三五"重点项目建设，争取尽快建成投产，形成示范带动作用；加大政策扶持力度，通过特色园区的建设为产业集群发展提供载体。

通过规范高效的管理运行机制，明确政府在资源占用、税费优惠、招商引资、人才引进、项目建设、融资投资、技术创新、品牌创建、市场拓展等各个方面的相关扶持政策和措施并贯彻执行到位,为产业体系的形成打下良好的基础。

三、推进海陆联动发展

海洋产业是陆域产业的延伸,其关联密切,证实了海陆联动的科学性。海陆联动是海洋经济发展范畴的扩展,多个沿海国家的发展实践都借助海陆产业关联性,相互延伸产业链,实现陆域与海洋产业的有机组合及生产、交换、分配环节上的有效衔接;调整产业结构,延长并完善产业链条,稳定市场,有效提高海陆产业整体抵御风险能力;充分利用陆域完善基础设施,鼓励以陆域经济为主营范畴、经济实力雄厚的大型企业拓展海洋产业领域,可促使投资资金与生产要素的重新组合,扩大产业间的引致需求,降低单纯发展陆域产业或海洋产业的技术、资本、信息、研发及管理方面的外部成本,有效实现陆域与海洋产业的关联发展。

海陆经济的联动,一是空间布局的联动,二是产业发展的联动,三是生态环保的联动。对海洋资源的充分利用,包括对岸线资源、海水资源、海洋生物、油气资源等的利用,可以带动海洋工程装备、海洋油气、海洋生物、临港工业、造船石化等产业,以及配套产业和服务业的发展。海洋产业涵盖了一、二、三产业,从海洋中延伸到了陆地上,成为一个全面的产业体系,形成临海主体发展区和内陆联动区之间的同步协调和对接融合。完善港口与腹地联动发展机制、海陆产业关联机制、海陆环境一体化调动机制、海岸带综合管理机制及海陆互动的社会支撑条件,从构建交通网络一体化、港口码头一体化、产业集群一体化出发,构建海陆联动的市场体系。通过海岸带、近海海域及深海海域的三带开发与保护,充分利用海洋资源,优化配置海洋资源,从而延伸海洋经济腹地,实现海陆联动发展,提升集群产业的整体竞争力。

四、走产业绿色化发展道路

1.发展资源节约、环境友好的绿色渔业

(1)发展高效节能的渔业。在政策上控制捕捞渔船数量,规范渔具与网目尺寸,执行各项法规,管理渔场渔期,加强渔船节能降耗改造等;要按照高产值、低能耗、低排放的要求,推广节能减排、清洁生产技术和模式,如渔船节能改造、生态立体养殖、循环水净化养殖、温室绿色能源供热等;通过结构调整、要素集聚等方面的措施,加快推进现代渔业示范园区建设。

(2)发展以科技创新为基础的海洋捕捞。主要是更新渔业生产的基础设施,提高渔业生产的现代化水平;提高海洋捕捞的机械化程度,以适应远程化和大型船只的要求;发展水产品储藏和加工技术,提高附加价值等。

(3)发展生态、休闲型的"海洋牧场"式渔业。"海洋牧场"指在特定海域内有计划地培育和管理资源而设置人工渔场,从资源的放流到捕捞,对生态系统加以人工控制和管理,以达到在保护生态系统的同时,渔业资源实现可持续发展的目的。

2. 发展绿色管理、清洁生产的海洋工业

(1)在重点行业组建大型集团公司,整合力量形成一定资产和经营规模。以优势企业、名牌产品为核心,以资产为纽带,组建和发展一批规模大、效益好、科技含量高并拥有自主知识产权的海洋企业集团。

(2)通过现代化的管理运作模式,促进海洋工业产业的良好发展。拉动本行业及相关产业发展。建立绿色海洋工业园区,即建设一批高效益、具特色、可持续发展的工业园区。

(3)应当打破行政区域的局限,建立政府、研究开发机构、企业三位一体的联合生产体制。走一条利益共享的工业园区发展道路,主要利用公共基础设施,利用高校及科研机构的人才、技术和设备优势,联合具有生产条件的企业,在重点领域有计划地建设几个高水平的开发中心和试验基地,亦可推行行业式企业—科研机构生产合作体制,以高新技术加快清洁产品、绿色工业的发展。

3. 发展绿色科技、低碳物流的绿色航运

(1)完善船舶污染防治法,为绿色航运提供法治保障。依照舟山行业现状制订配套的控制船源污染的管理条例,通过完善船舶污染防治的法制体系,为实现绿色航运提供良好的法治环境。

(2)实施科学的监管体系,促进保障政策的有效落实。对航运污染防治问题的处理不是某个职能部门可以独立完成的,必须联合多个分支学科、科学团体及部门联合共同攻关才能实现。

(3)要加快政府职能的转变,建立适应海洋航运可持续发展的监管体制和发展机制。以船公司、船只、船员管理为主线,完善船舶污染立体监视监测手段,规范船舶污染物接收处理。通过完善船舶污染物的源头消除、过程控制、规范处置等环节的管理,确保有效控制和减少船舶对环境的污染,保障航运的绿色发展。

(4)坚持科技为本的原则,以绿色能源支持低碳航运。支持航运低碳化的绿色能源主要包括非对称多处理(Asymmetric Multi-Processing, AMP)系统和燃料电池。

4.发展休闲环保、弘扬文化的滨海旅游

(1)建立海洋生态旅游资源开发系统。对海洋生态资源进行详细准确的调查,进行环境承载力研究和技术评价,联合高校和研究机构,对滨海旅游资源开发做出科学具体的规划,如资源的种类特性及市场价值、生态使用阀值、补偿机制和修复措施等,应列出生态敏感区,进行严格保护;同时将当地居民传统的文化遗产作为重要的非物质文化资源加以保护,在资源开发过程中为原居民提供就业机会,吸引他们积极参与。

(2)建立政府主导、多方参与的滨海旅游业发展格局。旅游管理部门的职能应由管理向服务和引导逐步转变,在区域统筹和市场规范等宏观层面进行调控,以建立规范有序、公平竞争的市场秩序。

(3)通过政策调节旅游产业结构。推动旅游产品由游览观光主导的基础层次向休闲度假主导的高层次转型,引导旅游消费由食、住等低效益消费向游、娱、购等高效益消费转变,以实现旅游产业效益、产业形象和产业地位的全面升级。要通过政策支持、资金补贴等多种手段来扶持一批具有核心竞争力的企业,明确其在旅游开发中的主体地位,进而形成高效的机制。

(4)开发具有人文底蕴、舟山特色的旅游产品。要充分挖掘本土文化内涵,确定文化主题,并且在开发过程中要注意对传统文化的保护与升华,在继承传统文化的基础上对其进行提炼与丰富。旅游管理部门要统一管理,实施品牌,开发出兼具观赏性与保存性的旅游纪念品。

第二节　发展科技

当前舟山海洋产业的发展仍主要依靠资本和劳动力投入来进行拉动,海洋科学技术对海洋产业发展的贡献率很小,严重阻碍了舟山海洋产业的协同创新和生态体系的构建。

一、加大海洋科技研发资金支持

建立有效的海洋产业金融支持评估体系和预警系统,及时有效地对海洋产业转型升级过程中的金融风险进行预警和化解,在加强突破关键性、集成性、基础性和共性技术等核心技术的同时,注重海洋产业链整体技术的突破和联动发展,加强技术和市场应用的互动以提升海洋科学技术成果的转换率,为海洋产业的进一步转型升级提供更多的资金支持。积极引入银行信贷和风险资本,根据地区条件集中社会闲散资金,设立海洋产业投资基金,为海洋科学技术的研究创新提供必要的资金支持,并且让海洋科技成果迅速地应用于海洋产品的研发中,快速转化为现实的生产力,提高资金的流转速度,以有效地提高海洋产品的科技含量,加快海洋产业转型升级。

二、推动海洋科技产业化发展

1.推动海洋高技术项目的发展

推动以海洋监测技术、海洋生物技术、海洋矿产资源勘探开发和海水利用技术等为代表的海洋高技术项目发展。

2.取得海洋核心技术重大突破

需围绕国家海洋经济发展方式转变和地方海洋经济结构调整的重

大需求,以海洋生物资源、海水资源、可再生能源、油气资源、资源为重点,在海洋工程及装备技术、海洋油气资源勘探开发技术、海洋可再生能源开发与利用技术、海水资源综合开发利用技术、海洋生物资源开发与高效综合利用技术等与海洋新兴产业相关的科技项目的核心技术上取得重大突破,推进海洋开发技术由浅海向深远海域的拓展,提升工程装备制造技术水平和产业化能力。

3.进行体制机制建设

需组织跨领域、跨学科、跨国别的海洋技术联合工作机制,大力完善建设技术开发、试验生产、技术扩散、技术商品化生产四大程序的相应体制机制。

三、建设科技人才资源支撑平台

1.建立高效的科技人才资源支撑平台

对于海洋重点学科的人才建设,可通过自我培养与外部引进两种方式进行。一方面,可重点依托大学科技园、海洋高技术产业基地、科技兴海基地等机构,加大资金投入力度,努力培养具有科技献身精神、德才兼备、素质优良的科技创新人才;另一方面,需进一步完善包括外来人才引进机制在内的有利于创新人才涌现的政策环境,并逐步优化海洋科技人才队伍布局,从而加强海洋新兴产业领域创新团队建设。依托现有的各类海洋企业,完善渔业、涉海工业、海运等传统海洋产业的科技体系,积极借鉴新兴海洋产业的科技创新机制。通过现有项目的带动作用和市场引导,激励海洋产业中的各级科技人员向港口物流、海洋生物技术、海洋化工等产业转移,为舟山海洋产业的可持续发展提供可靠的技术支撑。

2.建立长效的技术和人力资源储备激励机制

整合资源进行产学研联合,建立起一批海洋产业国家研发中心、重点实验室和新兴产业技术检测和评估平台,如当地企业和政府机构积极与浙江大学、中国海洋大学、中国石油大学等科研院所加强合作研究,建设国家海洋科学中心和一批国家重点实验室、高技术示范基地,把舟山建设成集基础研究、技术推广、应用开发于一体的海洋科技城,建立现代化海上石油勘探及研发中心、产业化科技示范中心等科研基地,实现由政府、企业、社会三个层面组成的新兴海洋产业科技研发体系。

第三节　金融支持

一、建设海洋金融保险平台

建立完善的金融服务平台,支持地方金融机构发展壮大,规范各类非银行金融机构的发展,积极吸引国内外金融保险机构支持海洋产业的发展。在海洋产业保险中,应该拓宽保险业务渠道,创新险种,建立多元化、全面性的金融保险产品,提升海洋产业涉及的企业和个人的保险水平。支持有实力的海洋企业上市,推出创业板市场,扶持有条件的中小企业登陆资本市场加速海洋产业的发展。发展海洋产业保险,将之与资本密集型海洋产业发展结合起来,促进海洋产业转型升级。

二、建立海洋产业资金支持系统

随着市场经济的发展及海洋经济的资金要求的不断提高,单独依靠政府的投资已不能满足海洋产业转型升级的需求。改革海洋投融资体制,建立多元化的海洋金融支持体制,放宽海洋投资领域,积极引入外资和信贷资金,面向国内外企业开展广泛的招商引资,积极引导,鼓励企业通过股票上市、发行债券、转让经营权和资产、联合兼并等方式,增加资金融入,优化资产结构,将更多的闲散资金投入到舟山海洋产业的转型升级过程中。在积极吸取资金支持的同时,调整优化资金投向,找准当前转型升级过程中的关键领域,集约投入,加大对重点工程、骨干项目、高新技术项目的贷款支持,以促进海洋产业的转型升级。

三、实施金融管理机制体制创新

一是加快海域使用权制度的改革步伐,积极支持一批有实力的金融机构试点海域权抵押贷款业务,通过调动海域资源为经济发展融资;二是通过做精海洋金融市场,利用舟山海洋经济的特色,通过海洋产业的发展,吸引投资者的进驻,推动海洋类金融交易,从而打造海洋金融聚集高地;三是利用建设大宗商品交易平台的契机,拓宽各类结算中心,实现金融创新;四是通过改组商业保险公司,积极发展各项保险业务,为海洋业务及国际贸易的发展提供保险渠道,从而实现资本流动的良性发展。

第四节　保障人才

一、培养海洋专业人才

1. 积极培养本土化人才

通过海洋科研教育机构,如浙江省海洋开发研究院、浙江大学舟山海洋研究中心、中科院海洋所(舟山)海洋研发中心、浙江省海洋水产研究所、舟山市海洋高新技术创业园、舟山市创意软件园创业中心等六大科技创新服务平台,利用对外交流机会积极搭建浙江海洋产业高层次的人才沟通渠道。

2. 积极打造人才培养基地

积极支持浙江大学海洋学院、浙江海洋大学的发展,支持涉海类专业的特色发展,不断加强对涉海类专业的培养投入,努力打造全国重要的海洋类人才培养基地。

二、引进海洋专业人才

1. 重点引进重点领域人才

围绕新兴产业的培育和发展目标,以先进装备制造业、海洋生物产业、新能源产业、海水综合利用业为重点,引育一批掌握关键技术、拥有自主知识产权、能够引领新兴产业发展的高层次创新创业人才,储备一批创新能力强的优秀人才。

2. 重点引进区域性人才

围绕浙江海洋科技创业园的建设,引进培养创新人才,围绕这一目标将浙江海洋科技创业园打造成为海洋高新技术研发与产业化基地、科技成果交流与转化基地、创业孵化基地和高层次人才集聚基地,实现成为全国一流的海洋科技创新中心、海洋经济转型升级服务平台、国际知名的海洋科技交流基地和引领"绿色智慧"城市建设示范区的总体目标。

第五节　公共管理

一、宏观层面

1. 加强政府规制,规范涉海产业活动

首先,政府应建立健全海洋资源保护法律法规,以规定涉海活动的边界,完善法律法规,提高海洋资源管理效率,有效避免政府的行政干预;再者,政府及相关部门应着手建立各种排放标准、涉海产品能耗标准、技术使用标准以及涉海行业准入制度,通过政策规制为海洋产业生产效率提高、产业结构优化创造条件,避免资源过度开发和低效利用。

2. 加快政府职能的转变,真正发挥政府的服务功能

一是基于生态循环和产业肌体健康的角度制定海洋经济发展规划和海洋产业政策,对新兴海洋产业的扶持和传统产业的改造少些主观意志,坚持以提升产业结构转换能力和促进海洋经济可持续发展为宗旨;二是鼓励涉海企业自主创新,推动海洋关键技术的研发和推广应用,支持海洋产业生态园区建设和海洋高科技产业的发展,以形成海洋经济发展的主导产业群,提升海洋产业的集聚效应和辐射效应。

二、中观层面

中观层面,包括行业协会、涉海信息中介机构、地方政府、金融机构等,应为海洋产业生态网络提供联系渠道和润滑剂,提高各节点、各层面、各系统间的耦合效率,强化海洋产业生态化发展的动力机制,并通过联动效应推动整个社会、经济、生态系统的可持续发展。因此,中观层面的各类主体应保证信息渠道和融资渠道的通畅,使海洋产业发展的生态网络四通八达,为海洋产业共生网络的建立奠定基础。

1.协调主要海洋产业部门的发展

一是要继续加强海洋渔业、海洋船舶工业、海洋生物医药业、海洋交通运输业、滨海旅游业等优势和主导产业的发展,保持其竞争优势和对经济发展的贡献。二是要加速传统产业尤其是海洋渔业和滨海旅游业的升级,发展滨海特色渔业、特色农业等新兴的、技术含量相对较高的海洋第一产业,着力建设近海生态渔业区、优势水产品养殖基地、优质水产品加工出口基地、现代渔港经济区、水产品交易中心等现代渔业聚集区,提升渔业发展的规模化、集约化水平;优化配置、合理开发海岸、海滩、海湾、海岛旅游资源,形成多元化产品有机组合、布局合理、形象鲜明、特色突出、功能完善的滨海旅游体系,推动旅游产品由观光型向度假观光型转变,旅游增长方式由游客数量增长型向质量效益增长型转变。

2.搭建两大公共服务创新平台

搭建创新驱动平台,通过这个重要载体聚集各类创新要素,充分激活创新资源,有效促进创新成果转化,为海洋产业生态系统建设和可持续发展提供有力保障。因此要集中搭建两大平台:一是公共服务创新平台。公共服务创新平台是以政府为主导,企业、高校、科研院所、行业协会等共同参与,依托网络等科技中介建立起来的服务平台。以此平台为依托积极建设高效能政府,简化政务流程,为企业和其他科技创新机构提供一站式服务。二是科技创新投融资平台。通过政府宣传,以金融企业为主体,逐步形成利益共享、风险共担的科技投融资体系,可以解决创新活动中的资金短缺问题,进而推动科技创新与金融资源进一步整合。

三、微观层面

海洋产业活动主体是海洋产业生态框架中的基本生命单元,其活性决定了海洋产业发展的生命力。目前舟山主要海洋企业的类型仍以劳动密集型和资源依赖型为主,海洋产品科技含量和附加值低,缺乏竞争力。因此,培育产业生命线,提高产业、企业的综合竞争力是海洋产业生态化发展的重中之重。

1.转变海洋企业的发展理念

企业文化的积淀会潜移默化地影响企业成员的理念、行为,为企业的健康成长埋下生命的种子,并随着企业的壮大,成为企业核心竞争力的给养和构成部分。

2.制定企业发展规划

对于大多数企业来说,其生命周期较短,但是所处产业的生命周期却较长。因此,各类涉海企业要把自己置身于海洋产业生态框架之下,正确定位、科学规划,根据海洋产业结构的转换掌舵自身的成长。

3.培育自主品牌,加大产品研发投入

有了正确的方向和发展的愿望,生命的种子要靠科技来催化,一旦种子开花结果,会让企业拥有重塑自我的动力,其产品和产业活动生命力会得以延长。

4.培育企业家精神

企业作为促进经济发展的微观主体,其动力来源于敢于冒险、敢于突破的企业家精神,企业家善于先人一步发现市场中未被认识的、无法预料的机会,以及未被开发或被误用的资源。企业创新的动力是企业家精神,正确选择和测试那些市场上需要的科学发现或技术发明,把它们从科技成果变成产业创新成果,这是成功的企业家的最大贡献。

参考文献

一、英文部分

[1]Porter M E. Industry structure and competitive strategy：Keys to profitability. Financial Analysts Journal，2005，36(4)：30-41.

[2]Rodriguez M. Patterns of innovation in the service sector some insights from the Spanish innovation survey. Economics of Innovation and New Technology，2008，17(5)：459-471.

二、中文部分

[1]陈飞.浙江沿海及海岛综合开发研究.浙江人民出版社，2013.

[2]程丽.山东半岛蓝色经济区海洋经济发展现状及研究.中国海洋大学，2014.

[3]崔凤,宋宁而.中国海洋社会发展报告.社会科学文献出版社,2015.

[4]崔卫杰.新兴产业国际市场开拓的现状、问题与对策.国际贸易,2010(10):22-26.

[5]丁娟,葛雪倩.制度供给、市场培育与海洋新兴产业发展.华东经济管理,2013,27(11):88-93.

[6]国务院.国务院关于加快培育和发展新兴产业的决定.2010-10-10.

[7]李莉,周广颖,司徒毕然.美国、日本金融支持循环海洋经济发展的成功经验和借鉴.生态经济(中文版),2009(2):90-93.

[8]李志军.挪威的能源、政策及启示.技术经济,2008,27(3):83-87.

[9]林香红,高健,张玉洁.香港海洋经济发展的经验及启示.海洋信息,2014(4):44-50.

[10]刘佳,李双建.世界主要沿海国家海洋规划发展对我国的启示.海洋开发与管理,2011,28(3):1-5.

[11]刘堃.中国海洋新兴产业培育机制研究.中国海洋大学,2013.

[12]马吉山.区域海洋科技创新与蓝色经济互动发展研究.中国海洋大学,2012.

[13]宋炳林.美国海洋经济发展的经验及对我国的启示.吉林工商学院学报,2012(1):50-52.

[14]孙才志,杨羽頔,邹玮.海洋经济调整优化背景下的环渤海海洋产业布局研究.中国软科学,2013(10):83-95.

[15]王泽宇,崔正丹,孙才志,等.中国海洋经济转型成效时空格局演变研究.地理研究,2015,34(12):2295-2308.

[16]王泽宇,刘凤朝.我国海洋科技创新能力与海洋经济发展的协调性分析.科学学与科学技术管理,2011,32(5):42-47.

[17]向晓梅.我国海洋新兴产业发展模式及创新路径.广东社会科学,2011(5):35-40.

[18]肖立晟,王永中,张春宇.欧亚海洋金融发展的特征、经验与启示.国际经济评论,2015(5):57-66.

[19]杨凤华.江苏省海洋新兴产业发展现状与对策.华东经济管理,2014(1):12-15.

[20]杨小凯,张永生.新贸易理论、比较利益理论及其经验研究的新成果:文献综述.经济学(季刊),2001,1(1):19-44.

[21]殷克东,卫梦星,孟昭苏.世界主要海洋强国的发展与演变.经济师,2009(4):8-10.

[22]于谨凯.我国海洋产业可持续发展研究.经济科学出版社,2007.

[23]于宜法,王殿昌.中国海洋事业发展政策研究.中国海洋大学出版社,2008.

[24]张浩川,麻瑞.日本海洋产业发展经验探析.现代日本经济,2015(2):63-71.

[25]张平,李军,刘容子.英国海洋产业增长概述.海洋开发与管理,2014,31(5):75-77.

[26]中华人民共和国科学技术部.国际科学技术发展报告.科学技术文献出版社,2015.

[27]仲雯雯.我国海洋新兴产业发展政策研究.中国海洋大学,2011.

[28]周剑.海洋经济发达国家和地区海洋管理体制的比较及经验借鉴.世界农业,2015(5):96-100.

[29]陈双喜,田芯.我国保税区与世界自由贸易区的比较研究.大连海事大学学报(社科版),2004,3(2):52-55.

[30]杨建文,陆军荣.中国保税港区创新与发展.上海社会科学院出版社,2008.

[31]邓利娟.台湾自由贸易港区的进展及其影响.台湾研究,2006(2):35-41.

[32]高海乡.中国保税港区转型的模式.上海财经大学出版社,2006.

[33]国家海洋局.2015中国海洋统计年鉴.海洋出版社,2016.

[34]国家海洋局.2016 中国海洋统计年鉴.海洋出版社,2017.

[35]郭天宝,吕途.符拉迪沃斯托克自由港的开放对中俄经贸关系的影响.当代经济,2016(1):4-5.

[36]黄志勇,李京文.实施自由贸易港研究.宏观经济管理,2012(5):31-33.

[37]胡凤乔.世界自由港演化与制度研究.浙江大学,2016.

[38]嘉兴市政府网.2017 年嘉兴市国民经济和社会发展统计公报.www.jiaxinggov.cn.

[39]科学技术部,人力资源和社会保障部,教育部,中国科学院,中国工程院,国家自然科学基金委员会,中国科学技术协会.国家中长期科技人才发展规划(2010—2020).科学技术文献出版社,2011.

[40]李奇,叶兴艺.大连保税区向自由贸易区转型中的政府管理体制与政府职能适应性分析.中国市场,2009(5):67-69.

[41]刘重.国外自由贸易港的运作与监管模式.交通企业管理,2007,22(3):35-36.

[42]刘辉群,刘恩专.中国保税港区发展及其绩效评价.商业研究,2008(11):203-207.

[43]刘湛.大连大窑湾保税港区向自由港转型研究.大连海事大学,2008.

[44]卢栋,徐琳.我国保税港区管理研究.交通企业管理,2010(11):42-43.

[45]马贝,王彦霖,高强.国外海洋产业发展经验对中国的启示.世界农业,2016(7):79-84.

[46]宁波市统计局.宁波统计年鉴(2012).中国统计出版社,2012.

[47]宁波市统计局.宁波市国民经济和社会发展统计公报(2017).tjj.ningbo.gov.cn./read/board.aspx? id=202.

[48]天津市委研究室.天津辟建自由贸易港区的研究报告.天津经济,2008(1):45-50.

[49]台州市统计局.台州市 2016 年国民经济和社会发展统计公报,

stats. zjtz. gov. cn.

[50]台州市统计局.台州统计年鉴(2016),中国统计出版社,2017.

[51]王淑敏.保税港区的法律制度研究.知识产权出版社,2011.

[52]王淑敏.保税港区的法律地位及其监管模式.国际贸易问题,2010(3):125-128.

[53]王志.借鉴美、日成功经验促进中国海洋经济发展.行政事业资产与财务,2015(7):82-84.

[54]徐碧琳.英国自由贸易区的建立与发展:兼议利物浦自由贸易区的运营状况.现代财经,1993(6):54-56.

[55]徐龙,陈曦,陈进红.保税港区的空间组织模式探讨.城市规划,2010(2):80-83.

[56]杨玲丽,丘海雄."钻石模型"的理论发展及其对我国的启示.科技与经济,2008,21(3):55-58.

[57]杨建文,陆军荣.中国保税港区:创新与发展.上海社会科学院出版社,2008.

[58]姚元.我国保税港区向自由贸易区的转型研究.中国海洋大学,2005.

[59]张世坤.保税港区向自由贸易区转型的模式研究.大连理工大学,2005.

[60]张耀光,刘锴,刘桂春,等.中国保税港区的布局特征与发展.经济地理,2009,29(12):1947-1951.

[61]中共中央组织部.国家中长期人才发展规划纲要:2010—2020.党建读物出版社,2010.

[62]白鸥,魏江.技术型与专业型服务业创新网络治理机制研究.科研管理,2016,37(1):11-19.

[63]常玉苗.海洋产业创新系统的构建及运行机制研究.科技进步与对策,2012,29(7):80-82.

[64]陈展之.舟山群岛的海洋文化与旅游开发.浙江师范大学学报(社会科学版),2009,34(3):78-82.

[65]樊在虎.浙江省海洋科技体制创新研究.浙江海洋学院,2013.

[66]傅海威,王任祥.宁波海洋服务业发展路径研究.经济科学出版社,2013.

[67]胡胜蓉.专业服务业创新独占性机制及其与保护绩效关系研究.浙江大学,2013.

[68]李刚,余倩.浅析服务业服务创新.商业研究,2004(4):179-181.

[69]蔺雷,吴贵生.服务创新(第2版).清华大学出版社,2007.

[70]刘建兵,王立,张星.高技术服务业创新模式与案例.科学出版社,2013.

[71]刘堃.海洋经济与海洋文化关系探讨:兼论我国海洋文化产业发展.中国海洋大学学报(社会科学版),2011(6):32-35.

[72]刘顺忠,景丽芳,荣丽敏.知识密集型服务业创新政策研究.科学学研究,2007,25(4):793-797.

[73]马勇,周霄.WTO与中国旅游产业发展新论.科学出版社,2003.

[74]倪国江.基于海洋可持续发展的中国海洋科技创新研究.中国海洋大学,2010.

[75]上海市人民政府.关于在临港地区建立特别机制和实行特殊政策的意见,2012.

[76]王艾敏.海洋科技与海洋经济协调互动机制研究.中国软科学,2016(8):40-49.

[77]王仰东.服务创新与高技术服务业.科学出版社,2011.

[78]王泽宇,刘凤朝.我国海洋科技创新能力与海洋经济发展的协调性分析.科学学与科学技术管理,2011,32(5):42-47.

[79]王志平.上海发展现代服务业的途径与策略.上海人民出版社,2011.

[80]魏江,胡胜蓉.知识密集型服务业创新范式.科学出版社,2007.

[81]魏江,陶颜,陈俊青.服务创新的实施框架及其实证.科研管理,

2008,29(6):52-58.

[82]许庆瑞,吕飞.服务创新初探.科学学与科学技术管理,2003,24(3):34-37.

[83]叶丽莎.科技促进舟山海洋经济发展路径研究.浙江海洋学院,2014.

[84]熊彼特.熊彼特:经济发展理论.邹建平,译.中国画报出版社,2012.

[85]占丰城.开放经济视角下舟山海洋产业升级研究.浙江大学,2015.

[86]张治河,赵刚,谢忠泉.创新的前沿与测度框架:《奥斯陆手册》(第3版)述评.中国软科学,2007(3):153-156.

[87]董颖,石磊.区域经济产业联动与生态化:宁波北仑案例.浙江大学出版社,2014.

[88]范新成.我国发展循环经济的障碍及路径选择.财经政法资讯,2007(1):3-8.

[89]宫小伟.海洋生态补偿理论与管理政策研究.中国海洋大学,2013.

[90]郭守前.产业生态化创新的理论与实践.生态经济,2002(4):34-37.

[91]黄秀蓉.美日海洋生态补偿典型实证及经验分析.宏观经济研究,2016(8):149-159.

[92]黄志斌,王晓华.产业生态化经济学分析与对策.华东经济管理,2000.14(3):7-8.

[93]贺丹,李文超.基于生态经济的产业结构优化研究.江苏大学出版社,2014.

[94]纪玉俊.资源环境约束、制度创新与海洋产业可持续发展:基于海洋经济管理体制和海洋生态补偿机制的分析.中国渔业经济,2014,32(4):20-27.

[95]黎继子,刘春玲.集群式供应链理论与实务.中国物资出版

社,2008.

[96]李姣.海洋新兴产业金融支持体系研究.中国海洋大学,2012.

[97]厉无畏,王慧敏.产业发展趋势研判与理性思考.中国工业经济,2002(4):5-11.

[98]孟祥林.产业生态化:从基础条件与发展误区论平衡理念下的创新策略.学海,2009(4):98-104.

[99]潘爱珍,苗振清.我国海洋教育发展与海洋人才培养研究.浙江海洋学院学报(人文科学版),2009,26(2):101-104.

[100]沈国英,黄凌风,郭丰,等.海洋生态学(第 3 版).科学出版社,2010.

[101]沈满洪.以制度创新推进绿色发展.浙江经济,2015(12):23-25.

[102]苏东水.产业经济学.高等教育出版社,2000.

[103]孙吉亭.海洋科技产业论.海洋出版社,2012.

[104]田家林.长三角生产性服务业发展研究:基于产业生态的视角.人民邮电出版社,2014.

[105]温州市统计局.2017 年温州市国民经济和社会发展统计公报.wztjj,wenzhou. gov. cn/col/coll2438601/index. html.

[106]王伟伟.舟山海洋新兴产业发展的机理与对策研究.浙江大学,2013.

[107]王兆华.区域生态产业链管理理论与应用.科学出版社,2010.

[108]魏小安,陈青光,魏诗华.中国海洋旅游发展.中国经济出版社,2013.

[109]吴云通.基于产业视角的中国海洋经济研究.中国社会科学院研究生院,2016.

[110]尹紫东.系统论在海洋经济研究的应用.地理与地理信息科学,2003,19(3):84-87.

[111]袁政.产业生态圈理论论纲.学术探索,2004(3):36-37.

[112]张腾豪.舟山海洋经济发展及路径选择研究.浙江海洋学

院,2013.

[113]浙江省统计局.浙江统计年鉴 2017.中国统计出版社,2018.

[114]舟山统计信息网.www.zstj.net.

[115]浙江省统计局.浙江科技统计年鉴 2016.浙江大学出版社,2017.

后 记

　　本书是浙江大学舟山海洋研究中心海洋经济发展研究所、浙江大学企业组织与战略研究所同仁们历时 5 年研究成果的集成。本书第一篇的第 1 章、第 2 章和第 3 章由魏江、王世良、郑小勇完成；第二篇的第 4 章和第 5 章由魏江、王世良、李建萍完成，第 6 章由王倩倩完成，第 7 章由李建萍完成；第三篇的第 8 章由戚振江、魏江完成，第 9 章由魏江、朱建忠完成，第 10 章由倪晓磊、戚振江、陈旭东完成，第 11 章由倪晓磊、朱建忠完成，第 12 章由李建萍、陈旭东完成；第四篇由李建萍、魏江完成。博士后李雷副教授与博士生王丁协助我统稿，博士生张莉、李拓宇、孟申思和硕士生李高卫、王特国等参与了本书相关课题的研究。在此，对大家的辛勤劳动和智力付出表示感谢。本书得到浙江大学海洋经济文化研究专项经费、浙江省软科学重点项目、浙江大学－舟山市市校合作经费、舟山市经济和信息化委员会专项经费等的资助。这里要特别感谢浙江大学舟山海洋研究中心时任主任胡富强、现任副主任翁永孟、时任副主任赵川平长期以来对研究所和研究团队的鼎力支持！

魏江

2017 年夏于启真湖畔

图书在版编目（CIP）数据

浙江海洋经济创新发展研究：以舟山为例 / 魏江
著. —杭州：浙江大学出版社，2019.4
ISBN 978-7-308-18581-3

Ⅰ.①浙… Ⅱ.①魏… Ⅲ.①海洋经济—区域经济
发展—研究—浙江 Ⅳ.①P74

中国版本图书馆 CIP 数据核字（2018）第 202473 号

浙江海洋经济创新发展研究——以舟山为例

魏　江　著

策划编辑	陈佩钰
责任编辑	杨利军
文字编辑	马一萍
责任校对	沈巧华
封面设计	项梦怡
出版发行	浙江大学出版社
	（杭州市天目山路 148 号　邮政编码 310007）
	（网址：http://www.zjupress.com）
排　　版	杭州中大图文设计有限公司
印　　刷	虎彩印艺股份有限公司
开　　本	710mm×1000mm　1/16
印　　张	24
字　　数	350 千
版 印 次	2019 年 4 月第 1 版　2019 年 4 月第 1 次印刷
书　　号	ISBN 978-7-308-18581-3
定　　价	88.00 元